畜禽养殖业
清洁生产

张俊安 著

NORTHEAST NORMAL UNIVERSITY PRESS
WWW.NENUP.COM

东北师范大学出版社

图书在版编目（CIP）数据

畜禽养殖业清洁生产 / 张俊安著．　-- 长春：东北
师范大学出版社，2017.11
ISBN 978-7-5681-3947-2

Ⅰ.①畜…　Ⅱ.①张…　Ⅲ.①畜禽—饲养管理　Ⅳ.
①S815

中国版本图书馆 CIP 数据核字（2017）第 279680 号

□ 策划编辑：王春彦

□ 责任编辑：卢永康　　　　　□ 封面设计：优盛文化

□ 责任校对：房晓伟　　　　　□ 责任印制：张允豪

东北师范大学出版社出版发行
长春市净月经济开发区金宝街 118 号（邮政编码：130117）
销售热线：0431-84568036
传真：0431-84568036
网址：http://www.nenup.com
电子函件：sdcbs@mail.jl.cn
河北优盛文化传播有限公司装帧排版
北京一鑫印务有限责任公司
2018 年 2 月第 1 版　　2021 年 1 月第 2 次印刷
幅画尺寸：170mm×240mm　印张：16.5　字数：288 千

定价：59.00 元

环境污染已成为当今世界关注的重要问题之一。虽然各国自然资源条件和经济发达程度的差异，使得农业生产模式各不相同，但以防止环境污染和生产绿色、有机食品为主要内容的可持续发展农业及其相应的技术研究，在全世界已形成一个大趋势。中国在这一工作上起步较晚，理论研究和应用技术都不及发达国家。目前，许多农业科技工作者根据中国自然资源条件及经济技术现状，将研究目标定格在可持续发展的绿色农畜产品清洁生产水平上，是非常现实和客观的，且具较强的可操作性。

我国是一个以农业为支柱产业的大国，农业生产一直在我国占有非常重要的地位，而养殖业作为农业的重要分支，带来的环境问题日益严重，需要引入清洁生产理念，建立起畜禽养殖低投入、高产出、高品质的无公害畜产品清洁生产技术体系，从根本上解决畜禽养殖业污染防治问题。开发能广泛普及的畜禽清洁生产工艺，是解决畜禽养殖业环境污染问题的根本途径。

本书主要围绕畜禽养殖业的污染和畜禽养殖清洁生产展开，共分十章。第一章主要介绍清洁生产的内涵、特点、产生的背景、发展过程及实施清洁生产的作用和战略意义；第二章和第三章主要讲述畜禽养殖业对环境的影响及污染物的产生和处理方法；第四章和第五章是对畜禽养殖业污染物的环境成本和环境承载能力分析；第六章是对畜禽养殖业清洁生产模式的研究；第七章讲述我国畜禽养殖业污染和治理现状；第八章是我国关于畜禽养殖污染的防治政策；第九章介绍国际上一些发达国家的畜禽养殖清洁生产经验；第十章是我国畜禽养殖业清洁生产的对策及建议。

总之，全书以畜禽养殖清洁生产为主线，讲述了畜禽养殖给环境带来的一系列问题和压力。随着人们生活水平的提高，畜禽养殖业发展越来越迅速，但其与环境保护的矛盾也越来越突出，畜禽养殖要持续发展，必须从源头开始控制污染，走清洁生产的道路。

第一章
清洁生产概述

第一节　清洁生产的产生背景及发展

一、清洁生产的产生背景

伴随人类生存环境的不断恶化，自从 20 世纪 60 年代以来，环境保护在全世界范围内开始兴起。保护人类共同的家园，成为全人类的共识，并逐渐汇成当今世界可持续发展的潮流。正是在可持续发展思想、理念及其实践的逐步形成与不断发展的历史大背景下，基于对传统"末端治理"的环境污染控制实践的反思，清洁生产伴随而生，并成为支持可持续发展的有力战略措施。

为了减小经济发展对环境所带来的压力，各国主要是发达国家率先开始了应对环境污染与"公害"的挑战，大量采取了在污染产生后治理污染的末端控制措施，通过各种方式和手段对生产过程末端的废物进行处理，这就是所谓的"末端治理"。同时，基于末端治理的思想和做法也逐渐渗透到环境管理和政府的政策法规中去，进一步强化着末端控制模式的实施。在环境污染不断加剧，大规模复杂的全球环境问题不断出现的情况下，末端治理在实践中愈来愈显露出不能有效保护环境的缺陷。从环境污染防治政策体系的整体设计和技术对策的实施上看，其着眼点侧重于污染产生后的治理，使一个综合的污染产生、控制、排放系统人为地割裂开来，呈现出生产发展与环境保护相互分离脱节，环境污染治理效果不明显的弊端。末端治理作为传统生产过程的延长，不仅需要投入昂贵的设备费用、惊人的维护开支和最终处理费用，而且还要消耗大量资源、能源。特别是很多情况下，这种单一的污染治理方式还会产生二次污染，因而难以从根本上消除污染，还会继续对人类和环境产生着影响和威胁。对传统基于"末端治理"的环境污染控制模式实践的反思，直接导致并促进清洁生产系统的形成及其大规模的实践。联合国环境规划署（UNEP）于1989年提出了名为"清洁生产"（Cleaner Production，意为"不断清洁的生产"）的战略和推广计划，在联合国环境规划署（UNEP）、联合国工业发展组织（UNIDO）及其联合国发展规划署（UNDP）的共同努力下，清洁生产正式走上了国际化的推行道路。

（一）节约资源的需要

规模化畜禽养殖需要消耗大量的水、电、土地等资源。世界先进水平的肉猪料肉比为 2.4：1，而我国目前只有少数可以实现 3.5：1。由此可见，我国畜禽养殖中的畜禽食物并没有被充分消化吸收就被排出体外，直接后果就是造成大量饲料的浪费，也污染了环境。加之养殖方法不科学和管理不到位，导致畜禽养殖的投入高、消耗高、管理粗放，只有寻求通过清洁生产，引入清洁生产理念才能切实提高资源利用效率，减少资源浪费。

（二）环境保护的压力

畜禽养殖规模化集中饲养方式有利于提高畜禽饲养技术、防疫能力和管理水平，从而降低成本，增加经济效益。据调查，河南省潢川县现有年饲养樱桃谷鸭10 万只 / 年以上、生猪 100 头 / 年以上的规模化畜禽养殖场分别为 86 家和 12 家，其中 70% 的畜禽养殖场地处于居民区内，15% ~ 32% 的规模化养殖场距离水源地（水井）最近距离不超过 100 m。由于畜禽养殖业的集约化发展，畜禽粪便污水大量集中而处理效率低，有的未经处理直接排放。信阳市环境监测站对大型养殖场排放粪水的检测结果表明，COD 超标 4 ~ 9 倍、BOD_5 超标 6 ~ 12 倍、SS 超标 3 ~ 8 倍。养殖场选址不当不仅构成了对周边地区的环境压力，还在许多地方造成了畜禽养殖场主与周围居民的环境纠纷，畜禽养殖产生的污染已成为潢川县农村污染的主要来源。

清洁生产着眼于污染预防，将污染物整体预防战略持续地应用于生产全过程，通过不断改善管理和技术水平，提高资源综合利用效率，减少污染物排放以降低对环境和人类的危害。清洁生产领域不断拓展，已经从当初的化工企业逐渐引入到第一、二、三产业的各个领域。实践证明，在畜禽养殖业引入清洁生产理论和成功经验可以从根本上预防和减轻畜禽养殖对环境的污染，而且还可以促使环境质量不断得到持续的改善。

Contents
目 录

（三）国内市场的需要

随着人们生活水平的提高，居民的消费结构正从温饱型向小康型转变，居民畜禽产品的需求正朝着清洁畜禽产品的方向发展。因此，畜禽养殖企业要顺应市场需求，重视发展清洁畜禽产品，不断提高清洁畜禽产品在产量中的比重。

（四）突破"绿色"壁垒的需要

"绿色"壁垒作为贸易技术壁垒，顺应了国际消费潮流；尤其对畜禽产品的品质、卫生和安全及兽药、抗生素等有害物质的残留和病原携带方面的标准要求越来越高，这必将给我国养殖业的发展带来严峻的挑战。因此，只有实施清洁生产，走"绿色"养殖之路（"绿色"养殖是个综合系统工程，涉及绿色种植、绿色饲料加工、养殖环境保护、疾病绿色防治、肉产品绿色加工、包装、运输等一系列的畜禽养、加、运、销整个过程），提供"清洁畜禽产品"才能使我国畜禽产品冲破各国的技术壁垒，展现在世界各地市场上。

同时，外国一些成本低、数量大、质量优的畜禽产品将进入我国及我国原有的国际市场，这些畜禽产品在质量、卫生等方面符合国际市场的标准。为了维护我国在国际贸易中的地位，避免因绿色贸易壁垒对我国出口产品造成影响，只有实施清洁生产，提供符合环境标准的"清洁畜禽产品"，才能在国际市场竞争中处于不败之地。

（五）可持续发展的需要

由于畜禽养殖业的集约化发展，畜禽粪便污水量大、集中，而对畜禽粪便的综合利用处理水平低，使得畜禽养殖业严重污染水质和周边环境，影响了社会经济的可持续发展。畜禽养殖业在危害外部环境的同时，也对内部畜禽生长环境带来不良影响。环境的恶化也直接影响着畜禽养殖场本身的卫生防疫，一些畜禽养殖场不注意畜禽养殖的防疫卫生，造成患病率和死亡率增高，畜禽产品质量下降，企业经营风险和成本加大，影响了畜禽养殖企业自身的健康可持续发展。

推行清洁生产是解决我国规模化养殖场环境问题、生产安全合格畜产品、实现畜牧业可持续发展的重要手段。畜禽养殖业的清洁生产贯穿两个全过程控制，生产全过程控制和废弃物处置的全过程控制。生产全过程控制包括清洁的饲料投入、清洁的畜禽生长环境、清洁的畜禽产品。废弃物处置的全过程控制包括畜禽养殖业废弃物的减量化、无害化、资源化综合利用过程。

二、清洁生产的发展

（一）国外清洁生产的推行概况

早在1976年11月，欧洲经济共同体在巴黎召开了"无废工艺和无废生产国际研讨会"，提出了开发"低废、无废技术"的要求。同年 11 月，在日内瓦举行的"在环境领域内进行国际合作的全欧高级会议"上，通过了《关于少废无废工艺和废料利用的宣言》，指出无废工艺是协调社会和自然和谐关系的战略方向和主要手段。1977 年，欧共体制定了关于"清洁工艺"的政策。1979 年 4 月，欧共体理事会宣布推行清洁生产政策，1984 年、1985 年、1987 年欧共体环境事务管理委员会 3 次拨款支持建立清洁生产示范工程。1989 年，联合国环境规划署（UNEP）正式提出了清洁生产战略和推广计划。1990 年，联合国环境规划署召开第一次清洁生产研讨会，正式开始实施清洁生产计划。在联合国工业发展组织（UNIDO）和联合国发展规划署（UNDP）的共同努力下，清洁生产正式走上了国际化的推行道路。1992 年，联合国环境与发展大会在巴西里约热内卢召开，大会通过的《21 世纪议程》，明确地指出实施清洁生产是实现可持续发展战略的先决条件。同年，联合国环境规划署召开巴黎清洁生产部长级会议和高级研讨会；1994 年，陆续在 26 个国家成立了国家清洁生产中心。1998 年，67 个发起国家和组织发表了《国际清洁生产宣言》。

近年来，工业污染控制战略发生重大变化，已经逐步用预防污染政策取代以末端处理为主的污染控制政策。经过 20 多年的发展，清洁生产逐步趋于成熟，并为各国政府和企业所普遍认可。美国、加拿大、德国、法国、荷兰、丹麦、日本、韩国、泰国等国家纷纷出台有关清洁生产的法规和行动计划，世界范围内出现了大批清洁生产国家技术支持中心，实施了一大批清洁生产示范项目。

至今，清洁生产已经建立了全球、区域、国家、地区多层次的组织与交流网络。

联合国环境规划署自 1990 年每两年召开一次清洁生产国际高级研讨会。国外许多国家在再资源化、再能源化和减少环境负荷等方面有很多研究，并且垃圾分类分选、重金属分离、防止二次污染等，已成为热门课题。

美国是世界上较早提出并实施清洁生产的国家。1984 年通过的《资源保护与回收法——有害和固体废物修正案》中提出，要在可能的情况下，尽量减少和杜绝废物的产生。1988 年，美国环保署颁布了《废物最小化机会评价手册》，系统地描述了采用清洁工艺（少废、无废工艺）的技术可能性，并叙述了不同阶段的程序和步骤。

美国是世界上最早立法推行污染预防（即清洁生产、源头削减）的国家，并且特别重视环境技术的发展。1990 年 10 月，美国国会通过了《污染预防法案》，把污染预防作为美国的国家政策，从法律上确认污染应削减或消除在其产生之前，取代了长期采用的末端治理的污染控制政策，要求工业企业通过源头削减包括原材料的替代、技术和设备改造、工艺流程的改进、产品的重新设计以及促进生产各环节的内部管理，减少污染的排放，并在组织、技术、宏观政策和资金方面做了具体的安排。1991年，美国有一半以上的州有了污染预防法，同年美国国家环保局又颁布了污染预防战略，并且指导开展实施了绿光计划、33/50计划、源削减检查计划、能源之星电脑计划等一系列清洁生产活动，成效非常显著。

加拿大政府通过广泛的政策协调，将清洁生产与污染预防紧密地结合起来，并形成了有效的政策体系。《污染预防——联邦行动战略》是加拿大政府为向全国推行污染预防，将环境因素纳入一切决策过程而采取的步骤。《污染预防规划手册》指导读者如何在环境保护法的框架下制定一个针对某种特殊有毒物质的污染预防规划，同时还指导在整个生产和设备操作中如何实施污染预防。

加拿大政府在制定了清洁生产的原则后，具体工作往往由顾问公司承担，工作成效显著。例如，啤酒工业1995年和1990年相比，能耗有了大幅度降低；造纸工业能耗持续下降，原材料利用率不断上升，悬浮物、BOD等污染物的产生和排放量也不断下降。

荷兰是清洁生产活动开展较早、取得成效较好的国家，其清洁生产的推行主要靠宣传和培训，并有效地借助于政策法规和环境管理制度的实施。例如，荷兰环境保护部规定，在排污许可证制度的实施过程中，必须结合实施清洁生产审核，各级环境保护部门建立了相应的监督管理职能，负责清洁生产审核和排污许可证的发放，对于未通过清洁生产审核的企业拒绝发放排污许可证。

1988年秋，在荷兰经济部和环境部的大力支持下，荷兰技术评价组织对荷兰公司进行了防止污染物产生和排放的大规模调查研究，制定出防止污染物产生和排放的政策及措施，并选择了金属加工业、食品业和乳品业等5个行业中的10家企业建立示范点，由清洁生产专家为试点企业的项目进行方案设计和实施指导，进行预防污染的实践，将其实施结果编制成了《防止废物产生和排放手册》，已于1990年4月出版。近十几年来，荷兰在防止污染和固体废物资源化方面取得了明显进展。例如，95%的煤灰被利用作为原料，85%的废油回收作为燃料，65%的污泥用作肥料。为促进清洁生产的开展和利用，荷兰政府给工厂提供新设备费用的15%～40%进行补贴。

丹麦于1991年6月颁布了丹麦环境保护法（污染预防法），于1992年1月1日起正式执行。这一法案的目标就是努力预防和防治对大气、水、土壤的污染以及振动和噪声带来的危害，减少对原材料和其他资源的消耗和浪费，促进清洁生产的推行和物料循环利用，减少废物处理中出现的问题。

目前，国际上最成功的生态工业园区是丹麦的 Kalunborg 生态工业园区。该园区以发电、炼油、制药和石膏制板等 4 个行业为核心企业，把一家企业的废弃物或副产品作为另一家企业的原料，通过企业间工业共生和代谢的生态群落关系，建立"纸浆—造纸""肥料—水泥"和"炼钢—肥料—水泥"等工业联合体。

发电厂以炼油厂的废气为燃料，其他公司与炼油厂共享冷却水；发电厂煤炭燃料的副产品用于生产水泥和铺路材料，余热为养鱼场和城里的居民住宅提供热能。

该园区以闭环方式进行生产的构想，要求各个参与企业的输入和产品相匹配，形成一个连续的生产流，每个企业的废物都是另一个合作企业可利用的有效燃料或原料。同时，对于各参与企业都必须产生一定的经济效益，如节省成本等。Kalunborg 的工业共生仍在不断进化中，它的成功说明人为地创造这种副产品的交换网络是可行的。

德国在清洁生产活动中采取了务实的态度，如在污染预防方面采用基于技术的方法，并将经济可行性作为一个限制因素。为鼓励企业实施清洁生产，政府给予一定的资金援助与扶持，制定一系列优惠激励政策和措施，鼓励企业从清洁生产中获得环境、经济和社会效益，实施清洁生产标志制度。

1991 年，德国首次按照"资源—产品—资源"的循环经济思路制定了《包装废弃物处理法》，其目的是大幅度减少包装废弃物填埋与焚烧的数量，要求德国生产商和零售商对于用过的商品包装，首先要避免其产生，其次要对其回收利用。以 1991 年为界，在此之前德国的废物排放逐年加速增长，在此之后则发生逆转呈逐年下降趋势。1996 年，德国公布更为系统的《循环经济和废物管理法》，把资源闭路循环的循环经济思想从包装问题推广到所有的生产部门。

德国有很多化学公司致力于在生产过程中采用无废少废技术防止和减少污染。作为道琼斯可持续性世界指数名列第一的化工公司，BASF 坚持从经济和生态两个角度看产品的整个生命周期，关注原材料和能源的消耗、最佳性能以及再循环与废弃物处理等。BASF 公司自 1987 年以来推行生产工艺过程的审计办法，使环境保护与生产密切结合，其目的在于减少生产过程中废物排至大气、水域和土壤之中，使之达到最少量。德国宝马汽车制造商生产的汽车，从设计阶段就贯彻循环经济理念，从零部件的可拆性、互换性和装配性考虑，使报废汽车 70% 的零件还可以返用。近年，还提出要达到 90% 以上零件可以返用的新目标。德国推行清洁生产的结果，使 GDP 在增长两倍多的情况下，主要污染物减少了近 75%，收到了经济和环境效益双赢的效果。

法国政府为防治和减少废物的产生制定了采用清洁工艺生产的生态产品和综合利用废物等一系列政策。法国环境部还设立了专门机构从事这一工作，每年给清洁生产示范工程补贴 10% 的投资，给科研的资助高达 50%。从 1980 年起设立了无污染工厂的奥斯卡奖金，奖励采用清洁工艺做出成绩的企业。环境部还对 100 多项清洁工艺的技术经济情况进行调研，其中，清洁工艺设备运行费低于原工艺设备的占 68%，对超过原工艺设备运行费的给予财政补贴，以鼓励和支持清洁生产的发展和推行。

英国施行的清洁生产和环保法律主要有《环境保护法》《污染预防法》《水资源法》《废弃物管理法》等。立法主要遵循可持续发展、污染者付费、污染预防三个基本原则，并据此形成了环境影响评价体系、综合污染控制和环境管理标准。英国鼓励工业企业建立工业污染集中控制系统，实施废物综合利用；采取经济手段，鼓励清洁生产，限制排放污染物；设立专门执法机构，负责企业的清洁生产与技术进步，推广采用新能源，提高能源资源利用效率。

苏联化学工业部 1989 年 2 月召开部务会议，中心议题是生态问题，决定开展争当生态优秀企业的劳动竞赛，并制定了化工企业改用少废无废工艺技术的规划。环境保护的战略目标是把化学工业改造成无排放物的工业部门。苏联在 20 世纪 80 年代末颁布的企业法中明确规定，实现无废生产是企业的基本方向。

无废少废工艺生产的产品在 1990 年占整个工业产品总产值的 35%，1995 年为 55%，2000 年为 65%。苏联推行清洁生产的突出实例是五一化工联合企业开发的工业供水和废物的闭路循环技术。从 1980 年起，此联合企业完全停止了向水体排放任何工业废水，生产中全部使用净化工业废水和城市污水的回用水，每年由废物制得的产品超过 3 万吨（1 吨 =1 000 千克，全书同），每年由于降低原材料消耗和能耗及由产生废物制得的产品所得的经济效益为 450 万卢布。

波兰工业部和环境部联合签署了《清洁生产政策》，发表了《清洁生产宣言》，制订了清洁生产计划。全国已有 670 多家企业参加清洁生产活动，有 440 多人获得清洁生产专家资格。仅 1992—1993 年，因实施清洁生产全国固体废物、废水、废气和新鲜水用量分别削减了 22%、18%、24% 和 22%。清洁生产在波兰正日益普及，已成为工业企业实现可持续发展的有力手段。

澳大利亚政府把清洁生产视为企业最佳环境管理手段，积极在企业中宣传、推广。1992 年，澳大利亚制订了国家清洁生产计划。1993 年，建立了国家清洁生产中心，全面开展清洁生产咨询服务、技术转让和人员培训等工作。在汽车工业、玻璃工业、印刷工业和塑料工业等领域率先进行清洁生产试点和示范，对有意实施清洁生产和清洁生产卓有成效的企业，分别给予赠款、低息贷款支持和清洁生产奖。

　　日本政府于 1999 年 6 月 5 日提出面向 21 世纪的"环境立国"新战略，表示要将 21 世纪定位为"环境世纪"，要在日本建立起"最适量生产、最适量消费、最小量废弃"的经济模式，在经济增长的同时切实提高人类生存的环境质量。2000年 6 月 2 日，正式颁布《循环型社会形成推进基本法》，并于 2001 年 1 月生效，争取一边控制垃圾数量、实现资源再利用，一边为建立"循环型社会"奠定基础。日本为研究开发和采用清洁生产工艺，将污染物消除在工艺过程中，努力实现化学工业工艺过程的闭路循环系统。其指导思想是尽可能使生产过程不排放污染物；对于生产过程排放的污染物，尽量做到循环利用，或进行处理后再加以利用；无法回收利用的污染物应进行无害化处理，做到不污染环境。

　　韩国政府和工业界对清洁生产的认识较高，政府的污染防治政策，清洁技术的应用，是通过通知或法案实施的。例如，1992 年通过了《关于促进资源节约与重复利用的法案》；1995 年颁布了《环境标志标准的通知》，提出了环境友好产品和清洁生产认证体系；1994 年通过了《关于环境技术开发和支持法案》，目的在于促进环境技术的开发。其清洁生产活动的政策支持手段主要包括财政支持（研究与开发拨款和贷款，先进工艺技术开发项目拨款和贷款）、生态标志体系、清洁生产开发奖励、信息等方面的支持措施及各种支持计划。

　　泰国的环境法规以"命令和控制"手段为主，通过罚款及其他惩罚办法来执法。迄今为止，还没有直接针对企业污染预防或废物最少化的具体立法。然而，泰国现行立法的改进和修正案有利于工厂中的废物最少化。泰国纺织工业的清洁技术项目始于 1991 年 8 月。1992 年 7 月 28 日，通过工业界与政府的合作努力，泰国工业联合会向工业部提出新环境标准建议。此后，纺织工业俱乐部和"漂白、染色、印花与精整工业协会"便不断开展促进预防与新法规达标的活动。食品、化工及其他工业的清洁技术计划还处于初期阶段。

　　印度 1992 年发布《污染削减政策声明》，旨在全国范围内推动清洁生产的实施。印度政府为解决工业用水严重污染问题，采取了政策扶持和强制执行等措施，其中包括低息贷款和资金援助等。联合国工业发展组织（UNIDO）与印度国家生产力委员会及其他工业组织密切合作，于 1993 年在草浆造纸、纺织印染、农药加工等行业实施企业废物削减示范项目。这些项目共有 5 个目标：证实工业行业中的机会和效益；开发一种小型工业企业废物最少化的系统工作方法；确认小型工业企业废物最少化的障碍和鼓励措施；为环境和工业主管部门制定废物最少化政策；推广这些实例研究的结果。

　　为响应实施可持续发展与推行清洁生产的号召，各种国际组织积极投入到推行清洁生产的热潮中。联合国工业发展组织和联合国环境规划署（UNIDO/UNEP）率先在 9 个国家（包括中国）资助建立了国家清洁生产中心。目前，世界上已经出现了 37 个清洁生产中心。世界银行（WB）等国际金融组织也积极资助在发展中国家展开清洁生产的培训工作和建立示范工程。国际标准化组织（ISO）制定了以污染预防和持续改善为核心内容的国际环境管理系列标准 ISO14000。发源自美国的污染预防圆桌会议这种交流形式正在迅速向其他地区和国家扩散，地区性的研讨会使清洁生产的活动遍及世界各大洲，进一步推动清洁生产在世界范围内的实施。

2000 年 10 月，第六届清洁生产国际高级研讨会在加拿大蒙特利尔市召开，对清洁生产进行全面系统的总结，并将清洁生产形象地概括为技术革新的推动者、改善企业管理的催化剂、工业运动模式的革新者、连接工业化和可持续发展的桥梁。

当前清洁生产的形势汹涌澎湃，但仍然处于不断发展的过程中，正如联合国环境规划署（UNEP）执行主席在 2000 年 10 月第六届清洁生产国际高级研讨会上，对目前清洁生产发展现状的概括："对于清洁生产，我们已经在很大程度上达成全球范围内的共识，但距离最终目标仍有很长的路，因此必须做出更多的承诺。"联合国环境规划署和工业发展组织的一系列活动，在全世界范围内有力地推动了清洁生产，对我国推行清洁生产也是极大的促进。

（二）清洁生产在我国的形成和发展

我国推行清洁生产的历程可以划分为四个阶段，即前期准备阶段、试点示范阶段、大力推行阶段及法制规范化阶段。

1.前期准备阶段（20 世纪 70 年代末—1992）

20 世纪 70 年代末，我国就强调要通过调整产业布局、产品结构，通过技术改造和"三废"的综合利用等手段防治工业污染。20 世纪 80 年代初，随着环境问题的日益严重，我国召开第一次全国工业污染防治会议，明确了"预防为主、防治结合"的环境政策，指出要通过技术改造把"三废"排放减少到最小限度。1983 年，第二次全国环境保护工作会议明确提出，环保工作的方针是环境污染问题要尽力在计划过程和生产过程中解决，实现经济效益、社会效益和环境效益统一的指导原则。20 世纪 80 年代中期，我国举行过两次少废无废工艺研讨会，不少工业部门和企业开发应用了一批少废无废工艺，取得一定的成绩。1985 年，我国提出"持续、稳定、协调发展"的方针，初步提出持续发展的思想。1992 年，原国家环境保护总局与联合国环境署工业与环境办公室联合举办了第一次国际清洁生产研讨会。同年，我国将推行清洁生产列入国务院发布的《环境与发展十大对策》。这不但是我国环境保护政策的新里程碑，也是在物质生产领域内建设具有中国特色社会主义的具体纲领，为推行清洁生产创造了极为有利的条件。

2. 试点示范阶段（1993—1998）

1993 年 10 月，国家经贸委和原国家环境保护总局在上海召开第二次全国工业污染防治工作会议。会议正式引入清洁生产概念，实现污染防治工作重心上的"三个战略"转移，确定了清洁生产在我国环境保护的战略地位。1994 年 3 月，国务院常务会议讨论通过了《中国 21 世纪议程》，专门设立"开展清洁生产和生产绿色产品"这一领域，明确指出推行清洁生产是实现可持续发展的优先领域。1996 年 8 月，国务院颁布《关于环境保护若干问题的决定》，明确规定所有大、中、小型新建、扩建、改建和技术改造项目，要提高技术起点，采用能耗物耗小、污染物排放量少的清洁生产工艺。1997 年 4 月，原国家环境保护总局制定并发布《关于推行清洁生产的若干意见》，要求地方环境保护主管部门将清洁生产纳入已有的环境管理政策中，以便更深入地促进清洁生产。为指导企业开展清洁生产工作，原国家环境保护总局还会同有关工业部门编制了《企业清洁生产审计手册》及啤酒、造纸、钢铁、水泥、食品等行业的清洁生产审计指南。

3. 大力推行阶段（1999—2002）

1999 年，全国人大环境与资源保护委员会成立了清洁生产立法小组。1999 年 5 月，国家经贸委发布《关于实施清洁生产示范试点的通知》，选择北京、上海等 10 个试点城市和石化、冶金等 5 个试点行业开展清洁生产示范和试点。

同年，江苏省出台《关于加快清洁生产步伐的若干意见》，从支持立项审批、加大资金扶持力度、信贷支持、科研推广扶持等 10 个方面制定了具体的优惠扶持政策。2002 年 6 月 29 日，第九届全国人民代表大会常务委员会第二十八次会议审议通过《中华人民共和国清洁生产促进法》。这是我国第一部清洁生产的法律，它确立了清洁生产的法律地位，是我国推行清洁生产进程中的里程碑。

4. 法制规范化阶段（2003 年至今）

《中华人民共和国清洁生产促进法》于 2003 年 1 月 1 日起正式实施，对经济贸易行政主管部门和环境保护行政主管部门在清洁生产促进工作中的职责进行了详细的规范。同年，原国家环境保护总局开始陆续颁布行业的清洁生产标准。2003 年 12 月，国务院在《关于加快推行清洁生产意见的通知》中要求提高清洁生产技术开发水平和创新能力，用先进适用技术改造传统产业，科技开发计划应将清洁生产作为重点领域。为全面推行清洁生产，国家发展改革委和原国家环境保护总局联合发布了《清洁生产审核暂行办法》，自 2004 年 10 月 1 日起实施，明确了开展强制性审核的划分依据。2005 年，国务院下发的《关于落实科学发展观加强环境保护的决定》中明确提出"实行清洁生产并依法强制审核"的要求。2005 年 12 月 13 日，原国家环境保护总局出台《重点企业清洁生产审核程序的规定》，体现了推进全国重点企业开展清洁生产审核工作的重要性和紧迫性。2008 年 7 月 1 日，国家环境保护部下发《关于进一步加强重点企业清洁生产审核工作的通知》，明确了环保部门在重点企业清洁生产审核工作中的职责和作用。要求抓好重点企业清洁生产审核、评估和验收，加强清洁生产审核与现有环境管理制度的结合，规范管理清洁生产审核咨询机构，提高审核质量，规定了重点企业清洁生产审核的奖惩措施。2008 年，国家环境保护部、国家清洁生产中心为进一步推进重点企业清洁生产审核工作的开展，提出构建国家清洁生产三级体系的工作思路，并在全国选定 4 家省级清洁生产中心作为第一批试点单位。这些都标志着我国的清洁生产工作已走上法制规范化的道路。

自 1993 年开始，我国与世界银行、亚洲开发银行、加拿大、美国、挪威等开展了清洁生产合作项目。目前，全国绝大多数省、自治区、直辖市都先后开展了清洁生产的培训和试点工作，试点项目达 700 多个，通过实施清洁生产，普遍取得良好的经济效益和环境效益。全国范围内已建立 205 家清洁生产咨询服务机构，培训近 5 万名清洁生产审核与管理人员，审核近 7 000 家企业，已建立近 40 个行业或地方的清洁生产中心。通过对开展清洁生产审核的 219 家企业进行统计，推行清洁生产后获得经济效益 5 亿多元，COD 排放量平均削减率达 40% 以上，废水排放量平均削减率达 40% ~ 60%，工业粉尘回收率达 95%。至今，已颁布的行业清洁生产标准达到 57 个，涉及 45 个行业类别。

清洁生产作为一整套系统而完整的可持续发展战略，已经得到国际社会的普遍认可和接受，并在世界各国广泛推广和应用。

清洁生产强调预防为主、全过程控制，采取污染物源头削减措施，企业通过采用清洁生产方案，可以大幅度减少污染物的排放总量和排放种类，取得明显的环境效益。

通过采用清洁生产方案，企业可以提高资源能源利用率和生产效率，由于污染物排放种类和排放总量的减少，可减小污染物处理设施的建设规模，减少一次性投资和运行费用，降低企业的生产成本，从而为企业带来可观的经济效益。

同时，推行清洁生产可带来巨大的社会效益。一方面可以改善职工的劳动条件和工作环境，提高职工的劳动积极性和工作效率，保护公众健康；另一方面有利于企业树立良好的社会公众形象，提高企业的环保声誉和产品竞争力，引导公众绿色消费。

第二节　清洁生产的内涵及特点

一、清洁生产的定义及内涵

世界各国给予清洁生产充分的重视，最先明确提出其概念的是美国。美国使用污染预防这一名词代表清洁技术的概念。美国国会 1990 年 10 月通过《污染预防法》，把污染预防作为国家政策，取代了长期采用的末端处理的污染控制政策。

美国环保局将污染预防定义为："采用不同原材料、改进工艺或操作等在源头削减（限制）污染物（或废弃物）的产生。这包括减少使用有害物料，降低能源、水或其他资源消耗的措施，以及通过维护或更为有效地使用来保护自然资源的措施。"清洁生产在不同地区和国家存在着不同而相近的提法。例如，欧洲国家称为"少废无废工艺""无废生产"，日本多称"无公害工艺"，美国则称为"废料最少化""污染预防""减废技术"。此外，还有"绿色工艺""生态工艺""源削减""污染削减""再循环"等。这些不同提法或术语实际上描述了清洁生产概念的不同方面。这些概念均不能确切表达当代环境污染防治应用于生产可持续发展的新战略。

联合国环境规划署与环境规划中心（UNEP/PAC）综合各种说法，采用"清洁生产"这一术语，来表征从原料、生产工艺到产品使用全过程的广义的污染防治途径，并给出以下定义：清洁生产是指将整体预防的环境策略持续地应用于生产过程和产品中，以增加生态效率和减少人类及环境的风险。对生产过程而言，清洁生产是指通过节约能源和资源，淘汰有害原料，减少废物和有害物质的产生和排放；对于产品，它意味着减少从原材料选取到产品使用后最终处理，整个生命周期对人体健康和环境构成的影响；对于服务，则意味着将环境考虑纳入设计和所提供的服务中。根据这一清洁生产的概念，其基本要素可描述如图 1-1 所示。

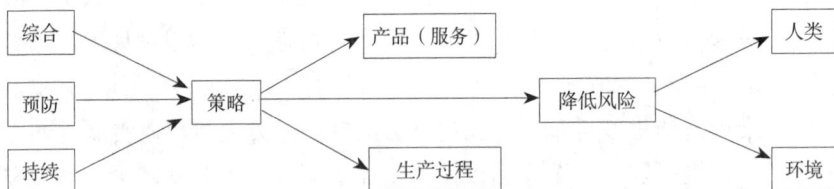

图 1-1　清洁生产基本要素

我国《中国 21 世纪议程》中关于清洁生产的定义是：既可满足人们的需要又可合理使用自然资源和能源并保护环境的实用生产方法和措施，其实质是一种物料和能耗最少的人类生产活动的规划和管理，将废物减量化、资源化和无害化，或消灭于生产过程之中。同时，对人体和环境无害的绿色产品的生产将随着可持续发展进程的深入，日益成为今后产品生产的主导方向。在新颁布的《清洁生产促进法》中关于清洁生产的定义是：不断采取改进设计、使用清洁的能源和原料、采用先进的工艺技术与设备、改善管理、综合利用等措施，从源头削减污染，提高资源利用效率，减少或者避免生产、服务和产品使用过程中污染物的产生和排放，以减轻或者消除对人类健康和环境的危害。《清洁生产促进法》关于清洁生产的定义，借鉴了联合国环境规划署的定义，结合我国实际情况，表述更加具体、更加明确，便于理解。

清洁生产概念包含四层含义：一是清洁生产的目标是节省能源、降低原材料消耗，减少污染物的产生量和排放量；二是清洁生产的基本手段是改进工艺技术、强化企业管理，最大限度地提高资源、能源的利用水平和改变产品体系，更新设计观念，争取废物最少排放及将环境因素纳入服务中去；三是清洁生产的方法是排污审计，即通过审计发现排污部位、排污原因，并筛选消除或减少污染物的措施及产品生命周期分析；四是清洁生产包含两个全过程控制，即生产全过程和产品整个生命周期全过程。清洁生产谋求达到两个目标：一是通过资源的综合利用、短缺资源的代用、二次资源的再利用以及节能、节料、节水，合理利用自然资源，减缓资源的耗竭；二是减少废料和污染物的生成和排放，促进工业产品在生产、消费过程中与环境相容，降低整个工业活动对人类和环境的风险。清洁生产的终极目标是保护人类与环境，提高企业自身的经济效益。

清洁生产概念是西方国家在总结工业污染治理经验教训后提出来的。清洁生产，从环境保护的角度看，它是国际社会在工业污染治理经验教训的基础上提出的一种环境预防的战略措施。从生产发展的角度看，它是对传统生产方式的根本变革。随着清洁生产实践的不断深入，其定义一再更新，不仅适用于生产过程的污染防治，而且其原则和方法又逐步扩展到服务、产品过程，向着产品和服务生命周期的全过程控制发展，并在全方位冲击影响着环境保护、社会经济、法制建设、宣传教育、金融贸易、消费行为等各个领域，朝着建立"循环经济"和"循环社会"推进。

二、清洁生产的内容

清洁生产的内容核心是将资源与环境考虑有机融入产品及其生产的全过程中，

主要包括清洁的生产过程，清洁的产品及服务。生产过程一般包括原料准备直到产品的最终形成，即由生产准备、基本生产过程、辅助生产过程以及生产服务等过程构成的全部活动过程。清洁的产品指产品在使用过程中以及使用后不含危害人体健康和破坏生态环境的因素，产品的包装合理，产品使用后易于回收、重复使用和再生；产品的设计应考虑节约原材料和能源，少用昂贵和稀缺的原料，产品寿命和使用功能合理。所谓服务，提供的是一种便利，一种精神上的消费，是一种无形的"产品"。所以，"服务"的概念常常包括在"产品"中。

当前实施清洁生产的工具主要有清洁生产审核、环境标志、产品生命周期评价、生态设计以及环境管理体系（ISO14000）等，其中清洁生产审核是较为成熟、应用较广泛的一种方法。清洁生产审核，也称清洁生产审计，在国外也称污染预防评价或废物最小化评价。它是指通过对一家企业（工厂）的具体生产工艺和操作的细致调查和分析，掌握该公司（工厂）产生的废物的种类和数量的详尽情况，提出如何减少有毒有害物料的使用以及废物产生的备选清洁生产方案，在对备选方案进行技术、经济和环境等可行性分析后，选定并实施一些可行性的清洁生产方案，进而使生产过程产生的废物量达到最小或者完全消除。

清洁生产审核是企业实现清洁生产的重要内容。在实现污染预防分析和评估的过程中，通过制定并实施减少能源、水和原材料的消耗，消除或减少生产过程中有毒物质的使用，减少各种废弃物排放及其毒性的方案，来实现消除或削减污染，提高经济效益的效果。

三、清洁生产的特点

清洁生产是现代科技和生产力发展的必然结果，是利于节约资源、保护环境的一种新型现代化管理手段，具有以下四个特点：

（一）持续性

清洁生产要求对产品和工艺持续不断地进行改进，只有不断的持续改进才能使企业的生产、管理、工艺、技术和设备等达到更高水平，实现节约资源、保护环境的目的。一条具体的清洁生产措施，可能涉及技术的研究与开发、技术的采纳、配套的管理措施乃至企业文化的转变，其显著效果往往需要较长时间才能显现出来，因此需要在企业内部持续不断地贯彻清洁生产思想。

（二）预防性

清洁生产是对产品生产过程产生的污染进行综合预防，以预防为主，通过污染物产生源的削减和回收利用，使废物减量化，以有效防止污染的产生。

（三）适应性

清洁生产结合企业产品特点和工艺生产要求，使其符合企业生产经营发展的需要。不仅要考虑不同经济发展阶段的要求和企业经济的支撑能力，还要在技术可靠前提下，进行社会、经济、环境效益分析，使生产体系运行最优化。

（四）综合性

清洁生产具有综合性特征，它是企业整体战略的一部分，应贯彻到企业的各个职能部门，借以提高企业竞争优势、开拓潜在市场。推行清洁生产需要明确职责并进行科学的规划，制定发展战略、政策、法规，包括产品设计、能源与原材料的更新与替代、开发少废无废清洁工艺、污染物处理处置及物料循环回用等。

第三节　清洁生产的作用和战略意义

一、清洁生产的作用

西安生态养殖场采用生态工程的结构，形成了一套利用水葫芦、细绿萍、鱼池和稻田处理粪便污染的净化体系，解决了农村中大型猪场造成的环境污染问题，并提高了经济效益。

下面以西安生态养殖场为例来讨论生态养殖清洁生产的作用，可从物流、能流和经济效益三方面分析。

（一）物　流

首先，是产品替代。第一，水生青饲料（水葫芦、细绿萍）取代土生青饲料（青玉米、青大豆、大白菜、向日葵），青饲料的供给问题得到彻底解决。与土生青饲料相比，水生青饲料有三个明显优势。一是营养成分全面、丰富；二是光能利用率高，进而产生量高，而所需的管护用工极少，节省了大量耕地和劳动力；三是喜肥，能够迅速、大量吸收猪粪尿中的氮、磷、钾等营养物质，同时，水葫芦对猪粪尿水中的化学需氧量、生化需氧量以及汞、铅、镍等重金属离子均有明显降解效果。发展水生饲料不仅可以对肥水净化并利用，而且可以增加土地产出和提高劳动生产率。第二，把最初规划中配置的几百亩（1 公顷 =15 亩）饲料地用来生产水稻，吸收肥水中有机物及氮、磷等营养物质，节约化肥的同时净化水质，1 kg 水稻可以换回 3 kg 玉米，比单纯饲料种植有更大的产出。

其次，是产品增加。水生青饲料取代土生青饲料以后，因其具有喜高肥和净化的双重作用，使猪粪尿得到多级利用。经水生青饲料吸收利用后的废水排入防疫沟和鱼池后，只需放入鱼苗而不用增加其他投入。在多级利用水中鱼蚌混养，珍珠产量高达 60 kg。此外，用鱼塘里的水灌溉稻田，能够增加水稻产量。

最后，是投入量减少。放养水生饲料以后，减少了土地和劳动力的投入量。此外，减少化肥用量，由于多级利用的猪粪水比渠水肥沃，用它灌溉水稻田在水稻增产的同时，平均每亩还节省近一半化肥。

（二）能　流

水生饲料与生猪之间的能量传递构成了闭路循环。从一个流程看，是猪粪尿流入细绿萍池为细绿萍提供养料，繁育起来的细绿萍成为猪饲料的过程。如果将各个流程连接起来可以发现，这种闭路循环中，猪借助细绿萍的快速繁育功能将自己的排泄物转化为一部分饲料，而细绿萍又借助猪的代谢功能为自己的再生产提供一部分养料。根据熵定理，该过程将以一个固定的速率衰竭。这个衰竭速率就是生猪排出的细绿萍能量占其摄入的细绿萍能量的比率和细绿萍摄取猪粪尿能量占排放细绿萍池的猪粪能量的比率的乘积。若这两个比率分别按 0.9 和 0.4 计算，则根据等比级数求和公式可知，从猪粪尿进入闭路循环到完全衰竭止，累计的转换率为 0.562 5。这说明通过水生饲料和生猪饲养的闭路循环，猪粪尿的能量转化率大大提高。需要提出的是，太阳能进入这个闭路循环，对减缓衰竭速率具有重要的影响。此外，水葫芦与上述过程相似不再赘述。

稻谷换玉米是能量增加的又一成功经验。虽然单位稻谷中的能量（3 600 cal/kg）低于玉米（3 935 cal/kg），但稻谷因其价格是玉米的 3 倍左右，所以 1 吨稻谷可以换3 kg 玉米。稻谷换玉米使可利用的能量增加 2.28 倍。由于稻谷换玉米带来的能量增长效益显著，用稻谷换来的玉米占玉米消耗总量的份额也快速上升，这又为肥水净化提供了更大空间。

（三）经济效益

首先，清洁生产改善了作业环境，虽然其作用难以完全用价值形态表现出来，但它确实又是很重要的，可用行为科学的知识加以解释。劳动者在空气新鲜、没有污染的环境中工作，会比在又脏又臭的环境中精力充沛，思想更集中，劳动效率也会高，因而会创造出更多的经济效益。

其次，清洁生产发挥出的替代效应经济产生影响。第一，猪粪尿的利用。可少施化肥 50%，100 亩节约近 500 元；同时每亩又可增产 50 kg，100 亩增产 5 000 kg约合 1 500 元，两者合计近 2 000 元。第二，减少土地占用量。清洁生产前，处理800 吨猪粪，如果堆积 1.5 m 高，这些猪粪便大约占地一亩；清洁生产后，这一亩地用来生产稻谷，纯收入约 150 元，也属增加部分。

最后，清洁生产的旁侧效应对经济效益产生影响。在主体生产前后附加一些生产项目，充分利用主体生产中的废弃物进行生产，可以大大提高价值流量。在细绿萍、水葫芦池中放养鱼，就是一个有说服力的例子。池中只需放鱼苗而不必投饵料，仅靠上级净化后产生的浮游生物作饵料，平时无需专人从事喂养工作，该场细绿萍和水葫芦池鱼收入为 6 000 元，扣除税金、劳务等费用，净收入为 4 620 元。按精养鱼收入计算净收入为 600 元，该场利用清洁生产工艺的旁侧效应多收益了 1 020 元。

二、清洁生产的战略意义

清洁生产是可持续发展战略引导下的一场新革命，是 21 世纪工业生产发展的主要方向。其主要意义包括：

（一）推行清洁生产是实现可持续发展的必然选择和重要保障

可持续发展战略的提出是人类发展观的一次根本转变，是对传统发展模式的反思和创新。清洁生产要求持续地将污染预防贯穿于生产全过程，强调从源头抓起，着眼于生产全过程控制；要求最大限度地利用资源和能源，通过循环使用或重复利用，使原材料最大限度地转化为产品，把污染消灭在生产过程之中，从而保障资源的永续利用，减少对人类的危害和对环境的污染。因此，实施可持续发展战略，必须大力推行清洁生产。

（二）推行清洁生产是促进经济增长方式转变，提高经济增长质量和效益的有效途径和客观要求

清洁生产一方面通过改进生产方式，进一步提高能源的利用率，既可减少污染的产生量和排放量，又可节约资源和能源，用较少的投入获得较大的收益，具有显著的经济效益。另一方面可以大幅减少末端治理的污染负荷，节省投入，提高企业防治污染的积极性和自觉性。清洁生产包含了企业深化改革、转变经济增长方式的丰富内涵，是实现粗放型经营向集约型发展模式转变的具体体现，可以有力地促进经济的运行质量和经济效益的提高。

（三）推行清洁生产是防治工业和农业污染的最佳模式和必然选择

清洁生产采取源头控制措施，既可减少有毒有害原料的用量，又可提高原材料的转化率，通过减少污染物的产生量和排放量来减少二次污染的机会。清洁生产可以避免或减少末端治理可能产生的风险，如填埋、储存的泄漏，焚烧产生的有害气体、处理污水产生的二次污染。推行清洁生产可有效地降低单位产值的能

耗和物耗，防治工业和农业污染。

（四）推行清洁生产是实现环境效益、经济效益、社会效益统一的重要途径

清洁生产通过替代有毒有害的原材料、产品和能源，替代污染严重的工艺和设备，改进操作技术和管理方式，从而改善工人、农民的劳动条件和工作环境，提高工人、农民劳动的积极性和工作效率。清洁生产可以减轻产品生产与消费过程对环境的污染，有利于提高企业的环保形象，有利于提高产品的市场竞争力。清洁生产可以改善企业与环境管理部门之间的关系，解决环境与经济相割裂的矛盾。通过实施清洁生产措施，企业能够实现环境、经济和社会的协调持续发展。

实施清洁生产、发展循环经济是实现可持续发展的重要途径。可持续发展观强调的是经济、社会和环境的协调发展，其核心思想是经济发展应当建立在社会公正和环境、生态可持续的前提下，既要满足当代人的需要，又不对后代人满足其需要的能力构成危害。可持续发展的基本内容主要有三个方面：① 强调发展。发展是满足人类自身需求的基础和前提，停止发展，人类就难以继续生存，可持续发展就无从谈起；② 强调协调。经济增长目标、社会发展目标与环境保护目标三者之间必须协调统一，经济增长不能超过自然环境的承载能力，必须以自然资源与环境为基础、与环境承载能力相协调。因为经济发展离不开环境和资源的支持，发展的可持续性取决于环境和资源的可持续性；③ 强调公平。既要体现当代人在自然资源利用和物质财富分配上的公平，也要体现当代人和后代人之间的公平，不同国家、不同地区、不同人群之间也要力求公平。

可见，在发展、协调、公平三者之间，环境与经济的协调至关重要。只有实现生态环境与社会经济的协调发展，才能实现真正意义上的发展，即可持续发展，也才能实现完整意义上的公平。这就需要在企业积极采用清洁生产技术，尽可能把污染物的排放消除在生产过程之中，以减轻生态环境的负荷。在降低资源的单位使用量的同时，通过科技进步，增加可再生资源的单位使用量，发展稀缺资源和不可再生资源的替代品生产。在全社会把发展循环经济确立为国民经济和可持续发展的基本战略目标，进行全面规划和实施：制定相应的法律法规，对不符合循环经济的行为加以规范；把资源循环利用和环境保护纳入企业的创新、开发和经营策略中；树立可持续的价值观和消费观，鼓励公众自愿选择有利于环境的生活和消费方式；在保证人类生存需要和一定生活质量的同时，通过各种有效手段和措施，限制或避免因过度消费而造成的资源破坏和环境污染。只有这样才能提高整个生态环境协调的承载能力，从根本上化解生态环境与社会经济发展的矛盾。

　　畜禽养殖是一个盈利率很低的行业，即便是西安生态养殖场也不例外，养猪场专门拿出一笔资金来治理环境污染，难度是可想而知的。西安生态养殖清洁生产工艺较好治理污染问题的一个重要原因，就在于通过发展绿色畜牧产业，提高产品品质，建立起畜牧养殖业低投入、高产出、高品质的无公害畜产品清洁生产技术体系，实现畜牧养殖行业无废物排放，资源再生利用。这种清洁生产工艺，对资金极为短缺、又急需加快经济增长速度的发展中国家，具有极大的普适性，是解决畜禽养殖业环境问题、保护畜禽养殖业可持续发展的根本途径。

　　畜禽养殖应该秉承"减量化、无害化"的发展理念，积极推进清洁生产，依据养殖品种及其规模的不同，合理选择清洁生产的实现路径，推动畜禽养殖业的可持续发展，实现畜禽养殖业的经济效益、社会效益和环境效益的良性循环。

第二章
畜禽养殖生态环境影响分析

第一节　畜禽养殖对水体环境的影响

一、畜禽养殖对水体的污染

畜禽粪便在堆放和圈舍清洗过程中很容易进入水体，对水体的污染主要表现在有机污染和氮、磷污染，这些高浓度的畜禽废水直接排入或随雨水冲刷进入江河湖库，造成水体严重污染，藻类大量繁殖、溶解氧降低、鱼类死亡、富营养化严重，丧失天然水体的一切功能并极难恢复。

目前我国畜禽养殖场粪污处理设施相对不足，大量的养殖污水没有实现达标排放，养殖污水中含有大量的氮、磷，兽药和微生物（见表 2-1），被排放进入河流、湖泊等水体后，对地表水、地下水造成污染，是许多河流水质下降、湖泊富营养化的"罪魁祸首"之一。

表 2-1　畜禽养殖废水污染物排放平均浓度（毫克／升）

种　类	清粪方式	COD_{Cr}	$NH_4^+ - N$	TN	TP	粪大肠菌群（个／升）
猪	干清粪	$2\ 164 \times 10^3$	$2\ 161 \times 10^2$	3.70×10^2	43.5	—
猪	水冲粪	$2\ 116 \times 10^4$	$5\ 190 \times 10^3$	8.05×10^3	1.27×10^3	$\geq 2.40 \times 10^8$

续 表

种 类	清粪方式	COD_{Cr}	$NH_4^+ - N$	TN	TP	粪大肠菌群(个/升)
肉牛	干清粪	$8\ 187 \times 10^3$	22.1	41.4	5.33	—
奶牛	干清粪	$6\ 182 \times 10^3$	34.0	45.0	12.6	2.40×10^8
蛋鸡	水冲粪	$6\ 106 \times 10^3$	2.61×10^2	3.42×10^3	3.14	
鸭	干清粪	—	1.85	4.70	0.139	

注："—"表示无数据

对水体主要的威胁来自畜禽粪便和污水中有机物、硝态氮和磷元素。畜禽污水中的氮主要以铵态氮形式存在，排入环境中后很快在微生物的作用下通过硝化反应转化成硝态氮。硝态氮作为阴离子，不容易被土壤吸附，很容易以径流和淋溶的方式流失，污染地表水和地下水。地下水硝态氮含量高会对饮用水安全造成危害，而且在一定条件下，地下水可能渗入地表水，引起藻类疯狂生长、水体缺氧以及鱼类死亡等水体富营养化现象。磷元素相对稳定，一般不会随粪污径流进入环境水体，但在一定条件下仍然会进入土壤中造成土壤磷饱和，从而导致磷元素随水流失，进入水体造成水体富营养化。

此外，畜禽粪便和污水中有大量的病毒、致病菌及寄生虫卵等，如果处理不当，这些病原体容易进入环境中，有可能造成人畜之间的传播，对人类健康构成威胁。

二、水环境承载压力测算方法

水环境承载压力是指在一定时期内，既定水质环境标准下，某区域畜禽粪便进入水体后所需用于稀释污染物的地表水资源总量与该区域可用于稀释污染物的地表水资源总量的比值。畜禽粪便入水率受自然条件、粪便处理方式和管理水平等因素的影响，暂时还无统一取值标准。结合国内已有研究（张维理等，2004；马林等，2006；张绪美等，2007），畜禽粪便入水率按30%计算，牧区、农牧交错区大牲畜粪便燃烧率按20%计算（李国江，2007；刘刚、沈镭，2007；毛留喜等，2008）。参照《地面水环境质量标准》（CGB 3838–2002）Ⅲ类标准（COD_{cr}：20 mg/L，BOD_5：4 mg/L，$NH_4^+ - N$：1 mg/L，TN：1 mg/L，TP：0.2 mg/L），根据畜禽粪便中流入水体的各类污染物总量，用各类污染物的入水量分别除以既定环境标准下该类污染物的上限值，从而把各类污染物的排放量转化为既定水环境标准下稀释该类污染物所需要的地表水资源量，各类污染物所需要的地表水资源总量的最大值即为承载畜禽粪便所需要的地表水资源量，可得我国畜牧业水环境承载压力计算公式：

$$W = \frac{L_{required}}{L_{water}} ; L_{required} = Max\left(\frac{C_i}{c_i}\right)$$

W：区域水环境承载压力指数；$L_{required}$：既定水环境标准下稀释畜禽粪便所需要的地表水资源量；L_{water}：可用于稀释畜禽粪便污染物的地表水资源总量，即可承载水资源总量；C_i：畜禽粪便排入水体中的 i 类污染物含量；c_i：既定水环境标准下 i 类污染物含量上限值。若 $W > 1$，则水体环境超载，排入水体的畜禽粪便超出区域地表水资源的承载能力，畜牧业对水体造成污染；若 $W \leqslant 1$，则水环境不超载，排入水体的畜禽粪便在区域地表水资源的承载范围内，畜牧业对水体不造成污染。

表 2-2　畜禽粪便污染物含量

单位：千克/吨

编　号	类　别	COD	TP	TN	BOD$_5$	NH$_4^+$—N
1	猪粪	52.00	3.41	5.88	57.03	3.08
2	猪尿	9.00	0.52	3.30	5.00	1.43
3	牛粪	31.00	1.18	4.37	25.53	1.71
4	牛尿	6.00	0.40	8.00	4.00	3.47
5	羊粪	4.60	2.60	7.50	4.10	0.80
6	禽粪	45.70	5.80	10.40	38.90	2.80

注：数据来源于原国家环境保护总局文件［环发（2004）43 号］

第二节　畜禽养殖对土壤环境的影响

一、对土壤的污染

畜禽粪污主要包括畜禽粪便以及畜禽舍垫料、饲料残渣和动物羽毛等，含有大量的氮和磷、兽药以及添加剂等物质。清洗畜禽舍、饲养场地以及畜禽舍消毒等产生的污水中同样含有病原以及有机污染物。此外，动物呼吸和消化道排出的气体以及畜禽粪污在堆放、处理和贮存的过程中排放的恶臭气体等都会对空气造成污染。因此，畜禽粪污对水体、土壤以及空气等都会造成污染。

畜禽废弃物对土壤的影响包括粪便堆放贮存和还田两个阶段。

合理的畜禽粪便还田对改善土壤是有利的，农田利用是消纳和处理畜禽粪便最为常用的方式之一。畜禽粪便营养丰富，原粪中除含有大量有机质，氮、磷、钾及微量元素外，还含有各种生物酶（来自畜禽消化道、植物性饲料和肠道微生物）和微生物。畜禽粪便施入农田后，有机物等在微生物的作用下分解为二氧化碳、水以及小分子物质，其中有效态的营养成分很快被作物吸收和利用，其他有机物可能在微生物的作用下缓慢分解和转化，表现出缓释肥料的特性，尤其是腐殖质能提高土壤有机质含量，改善土壤结构。

虽然畜禽粪便含有大量植物生长所需的营养物质，但其中也含有重金属、抗生素、矿物质以及一些杂草种子等，不合理的贮存和利用将对环境构成潜在的威胁。

目前，大部分养殖场中粪便堆放场、堆肥场基本为露天，缺乏防雨防渗设施，粪便中的污染物很容易渗入土壤和地下水，导致土壤空隙堵塞，造成土壤透气、透水性下降，从而影响土壤质量。

饲料中添加的多种矿物质元素是动物必需的营养元素，如钙、磷、铜、铁、锌、锰等，在饲料调制时必须添加，然而家畜对这些元素的吸收利用率仅有5% ~ 15%，绝大部分都将直接排出体外（见表2-3）。因此，畜禽粪便中含有大量的铜、锌等金属元素，常年粪便还田很可能导致铜和锌等元素在土壤中累积，造成土壤中铜、锌等重金属元素含量超标，从而导致农产品质量安全问题。

表2-3　畜禽粪便中部分有害物质（毫克/千克）

种　类	钙	铁	镁	钠	锰	钴
	（克/千克）	（克/千克）	（克/千克）	（克/千克）		（克/千克）
猪粪	11.4 ~ 55.8	2.3 ~ 29.2	3.2 ~ 22.9	2.3 ~ 13	128 ~ 662	0.05 ~ 17.8
鸡粪	15.0 ~ 136.3	2.4 ~ 20.5	3.9 ~ 37.9	3.1 ~ 21.8	242 ~ 917	0.13 ~ 10.1

续　表

种　类	铜（克/千克）	锌（克/千克）	铬（克/千克）	砷（克/千克）	镍（克/千克）	铅（克/千克）
猪粪	92.1 ~ 1 082	281 ~ 1 295	1.06 ~ 688	0.55 ~ 65.4	3.5 ~ 17.9	0.68 ~ 21.8
鸡粪	42.4 ~ 775	83.9 ~ 699	6.82 ~ 298	0.72 ~ 64.4	3.68 ~ 15.7	0.45 ~ 352.7

种　类	镉（克/千克）	汞（克/千克）	土霉素（克/千克）	四环素（克/千克）	金霉素（克/千克）
猪粪	0.126 ~ 5.77	0.03 ~ 0.08	4.34 ~ 134.75	0 ~ 78.57	0 ~ 121.75
鸡粪	0.18 ~ 44.35	0 ~ 1.82	3.96 ~ 23.43	0 ~ 14.56	0 ~ 19.03

注：粪便取自北京地区

抗生素在动物饲养防疫过程中被广泛添加到饲料中，大部分抗生素随畜禽粪便排出体外，其进入土壤后虽然能被微生物分解掉一部分，但土壤中仍存在未分解的抗生素。不但对生态环境造成破坏，还可能导致土壤中抗生素的存在，甚至可能通过作物利用进入食物链中，对人类健康构成潜在威胁。

另外，畜禽粪便中含有可溶性的氯化钠和氯化钾等物质，其长期在土壤中积累很可能导致土壤盐碱化，从而造成土地退化。

畜禽粪便不宜直接还田，而是通过堆肥发酵后还田利用。新鲜畜禽粪便中含有病原微生物、寄生虫以及杂草种子等，其直接施用到农田后，会对环境造成污染。此外，粪便中的有机质在被土壤微生物降解过程中产生热量、氨和硫化氢等，对植物根系不利，还有可能造成恶臭和病原菌污染。堆肥不但能够有效杀死畜禽粪便中的病原微生物、寄生虫以及杂草种子等，而且有效提高堆肥中腐殖酸以及有效态氮、磷、钾等元素的含量，更容易被植物吸收和利用。因此，畜禽粪便经过腐熟和无害化处理后方可施用。目前，我国畜禽粪便大部分都是直接施用，其方式虽然简单，但对环境以及人类健康存在着潜在的威胁。

二、土壤环境承载压力测算方法

土壤环境承载压力是指一定时期内，某区域可承载土壤中氮、磷养分投入量所需要的土地面积与该区域可承载土地面积的比值。农业生产系统中氮、磷平衡状态，是决定作物产量、土壤肥力以及对农业环境影响的重要因素（陈敏鹏、陈吉宁，2007）。化肥和畜禽粪便是农业生产系统中养分输入的主要来源，作物移走和养分损失则是养分输出的主要途径。根据土壤表观养分平衡理论，良性的农业生产系统中氮、磷输入量与输出量应相等：氮/磷超载量＝作物移走氮/磷量－化肥氮/磷输入量－畜禽粪便氮/磷输入量。农业生产系统中氮、磷养分缺失会使土壤肥力不足，造成农作物减产；氮、磷养分盈余则会导致土壤养分流失，造成环境污染，养分盈余问题就会显现（Tamminga，2003）。综合考虑化肥使用、作物吸收和牧区畜禽粪便燃烧做燃料等因素，可得我国畜牧业土壤环境承载压力计算公式：

$$T = \frac{S_{required}}{S_{land}}; S_{required} = S_{land} + S_{surplus}; S_{surplus} = \frac{F_{surplus}}{f_{max}};$$

$$F_{surplus} = Y_{manure} + Y_{fertilizer} - Y_{crop} - Y_{pasture};$$

$$Y_{manure} = \sum_{i=1} Q_i \times r_i \times p_i - \sum_{=1} M_i \times r_i \times p_i \times \rho;$$

$$Y_{crop} = \sum_{j=1} C_j \times \theta_j; Y_{pasture} = W \times S \times \eta \times \varepsilon$$

T：区域土壤环境承载压力指数，根据土壤施肥的木桶效应原理，取土壤对氮、磷养分承载压力的最大值作为最终的土壤环境承载压力指数；$S_{required}$：承载土壤中氮、磷养分投入量所需要的土地面积；S_{land}：可用于承载土壤中氮、磷养分投入量的土地面积，包括耕地、园地和可利用草地；$S_{surplus}$：承载土壤中氮、磷养分盈余量所需要的土地面积；$F_{surplus}$：氮、磷养分盈余量；Y_{manure}：畜禽粪便中氮、磷养分含量；$Y_{fertilizer}$：化肥中氮、磷养分折纯量；Y_{crop}：农作物移走的氮、磷养分量；$Y_{pasture}$：饲草移走的氮、磷养分量；f_{max}：单位土地面积所能承载的氮、磷养分的最大量，假定每公顷土地承载的氮素为 225 kg（环境保护部，2010）、磷素为 35 kg（Oenemaetal.，2004）；i：畜禽类别；Q_i：第 i 种畜禽的存栏或出栏量 [猪、肉牛、家禽采用出栏数据，役用牛、奶牛、马、驴、骡、羊采用存栏数据（王方浩等，2006）]；r_i：i 类畜禽的粪便排泄系数；P_i：第 i 种畜禽的粪便的氮、磷养分含量；M_i：牧区、农牧交错区大牲畜（牛、马、驴、骡）存栏量；ρ：牧区、农牧交错区大牲畜粪便作为燃料直接燃烧的比例，本文取 $\rho = 0.2$（李国江，2007；刘刚、沈镭，2007）；j：农作物类别；C_j：j 类农作物年产量；θ_j：j 类农作物 100 kg 产量所需氮、磷养分量；W：草地鲜草产量，按 2 482.62 kg/hm² 计算（毛留喜等，2008）；S：可利用草地面积；η：单位饲草干物质含量，按经验数据 20% 折算；ε：饲草干物质中氮、磷养分含量，氮素按 1.6% 计算（中国羊网，2011）、磷素按 0.3% 计算（中国爱畜牧人网，2010）。若 $T > 1$，则土壤环境超载，区域土地资源不能完全消纳土壤中的氮、磷养分投入量，畜牧业对土壤环境造成污染；若 $T \leq 1$，则土壤环境不超载，区域土地资源能够消纳土壤中的氮、磷养分投入量，畜牧业对土壤环境不造成污染。

表2-4　单位饲养周期畜禽粪便排泄系数及其养分含量

编　号	畜禽种类	粪便排泄量（t/a）	总氮含量（%）	总磷含量（%）
1	猪	1.054 7	0.238	0.074
2	役用牛	10.1	0.351	0.082
3	肉牛	7.7	0.351	0.082
4	奶牛	19.4	0.351	0.082
5	马	5.9	0.378	0.077
6	驴/骡	5.0	0.378	0.077
7	羊	0.87	1.014	0.220
8	家禽	0.032	1.250	0.940

表2-5　农作物及饲草养分含量

编　号	作物及牧草	单　位	氮素含量（kg）	磷素含量（kg）
1	谷物	100 kg	2.74	1.18
2	水果	100 kg	0.51	0.18
3	蔬菜	100 kg	0.40	0.19
4	豆类	100 kg	5.15	1.33
5	薯类	100 kg	0.43	0.19
6	棉花	100 kg	5.00	1.80
7	花生	100 kg	6.80	1.30
8	油菜籽	100 kg	5.80	2.50
9	芝麻	100 kg	8.23	2.07

续　表

编　号	作物及牧草	单　位	氮素含量（kg）	磷素含量（kg）
10	甘蔗	100 kg	0.38	0.04
11	甜菜	100 kg	0.40	0.15
12	烟叶	100 kg	4.10	0.70
13	茶叶	100 kg	6.40	2.00
14	可利用草地	1 hm²	7.94	1.49

第三节　畜禽养殖对大气环境的影响

一、对大气的污染

畜禽粪便中存有大量的未被消化吸收的有机物，在有氧及无氧条件下，可分解成氨、乙烯醇、硫化氢、甲烷、三乙胺、硝酸盐及多种低级脂肪酸等有恶臭的气体，畜禽养殖散发出的恶臭，其臭味化合物有 168 种，其中 30 种臭味化合物的阈值很低（ < 0.001 mg/m³），故臭味很大。

畜禽粪便和污水在处理和利用过程中会产生含碳、氮等元素的气体污染物，对空气质量有很大影响。

畜禽粪便尤其是液体粪便还田后，极易导致氨气的挥发，而氨气是造成酸雨的原因之一。国外有文献报道，规模畜禽场密集的地区其植物种类和密度相对较低，主要原因之一就是畜禽场周围氨气浓度较大，污染了植物生长的环境。氨气的酸化过程可能会导致铝元素进入环境，从而导致鱼类中毒，干扰植物对营养元素的吸收。氨气的挥发和排放导致环境中氮元素含量增加，不但容易引起水体富营养化，而且很可能导致环境中氮平衡被打破，甚至影响生态的平衡。

氧化亚氮和甲烷是畜禽养殖场排放的重要气体污染物，其与二氧化碳相似，都属于温室气体，对臭氧层有破坏作用。规模化养殖场的粪污会排放大量二氧化碳和甲烷等温室气体，根据有关数据，畜牧业温室气体排放量占全球总排放量的18%，其对全球气候变暖带来的影响日益引起社会的广泛关注。

畜禽场粪污会产生很高浓度的恶臭污染物，主要来自畜禽粪污堆肥和处理过程中粪便中有机物的分解，主要成分是氨气和硫化氢，还包括脂肪酸、有机酸、苯酚等几十种成分。恶臭气体浓度过高不但导致动物应激反应，造成动物生产力下降，而且影响饲养员呼吸系统，从而对工作人员身体健康造成威胁。另外，大量恶臭气体严重污染周围居民的生活环境。有研究表明，年出栏 10 万头的猪场，每天向大气排放菌体 360 亿个、氨气 381.6 千克、硫化氢 348 千克、粉尘 621.6 千克。恶臭带来的环境影响已经成为制约养殖场进一步发展的主要瓶颈之一。

二、我国畜禽业温室气体排放时空特征分析

（一）研究方法与数据来源

生命周期评价是一种用于评估产品从原材料的获取、产品的生产直至产品使用后的处置整个生命周期对环境影响的技术和方法，生命周期评价方法为测算畜牧业温室气体排放提供了一种从系统的角度来分析问题的思路和评估方法。Williams 等（2006）对英国畜禽产品消费所产生的温室气体排放进行了全生命周期测算，将消费单位畜禽产品（鸡蛋、牛奶、牛肉、猪肉、羊肉和家禽）所产生的温室气体排放量乘以除进出口之外的英国畜禽产品消费总量，得出英国年畜禽产品消费产生的温室气体总排放量为 5 750 万吨（以 CO_2 当量计），参照相关学者对整个英国消费品引起的温室气体排放量的研究，计算出畜禽产品消费产生的温室气体排放量占整个英国消费品产生的温室气体排放总量的 7% ~ 8%（Druckman et al.，2007；Jackson etal.，2006）。王效琴等（2012）运用生命周期评价方法分析了西安郊区某规模化奶牛场的温室气体排放特点和排放量，研究表明，该奶牛场温室气体排放主要来自奶牛肠道发酵、饲料生产与加工、粪便贮存，其排放量分别占排放总量的 48.86 %，18.97% 和 16.39%；主要排放的温室气体是 CH_4 和 N_2O，分别占总排放量的 55.56% 和 26.9%。孙亚男等（2010）运用生命周期评价分析思路，从组织层次上分析了河北保定某规模化奶牛场温室气体排放情况，研究表明，该奶牛场温室气体排放主要来自胃肠道发酵排放、土地利用系统和粪便管理系统，分别占总排放量的 46.5%，22.9% 和 19.6%。

这里基于生命周期评价方法，选取家畜胃肠道发酵、粪便管理系统、畜禽饲养环节耗能、饲料粮种植、饲料粮运输加工和畜禽产品屠宰加工 6 大环节，采用面板数据测算 1990—2011 年我国国内各地区畜牧业全生命周期温室气体排放量，进一步分析我国畜牧业温室气体排放的时序、结构与区域特征。由于数据的可得性和畜牧养殖规模较小等原因，港澳台地区除外。基础数据来源于 1991—2012 年的《中国统计年鉴》和《中国农村统计年鉴》，部分数据来源于《中国畜牧业年鉴》

和《全国农产品成本收益年鉴》，另行注明的除外。

1. 直接的温室气体排放测算

畜牧业直接的温室气体排放来源于畜禽饲养环节，主要包括家畜胃肠道发酵、粪便管理系统和畜禽饲养环节耗能3个环节。由于畜禽养殖过程中的繁殖和屠宰会引起年度内养殖数量的波动，为更加准确地估算各类畜禽的温室气体排放量，本书根据各类畜禽的生产周期对其年存栏、出栏数据进行调整，再根据该类畜禽的年均饲养量估算其温室气体排放量。当畜禽生产周期大于或等于1a时，将该类畜禽的年末存栏数量作为年均饲养量；当畜禽生产周期小于1a时，采用年出栏数据作为年均饲养量，计算年均饲养量，计算公式如下：

$$APP = \begin{cases} Herds_{end}, if: Days_{live} \geq 1year \\ Days_{live} \cdot \left(\dfrac{NAPA}{365} \right), if: Days_{live} < 1year; \end{cases}$$

APP：畜禽年均饲养量；$Herds_{end}$：年末存栏量（头/只）；$NAPA$：年畜禽出栏量（头/只）；$Days_{live}$：畜禽平均饲养周期。家畜胃肠道发酵和粪便管理系统排放的温室气体排放测算借鉴胡向东、王济民（2010）的计算方法。

（1）家畜胃肠道发酵产生的CH_4排放

家畜胃肠道发酵产生的CH4排放量与家畜的消化道类型、年龄和体重以及所采食饲料的质量和数量等因素有关。因禽类胃肠发酵CH_4排放量极微，本书不予考虑。家畜胃肠道发酵产生的CH_4排放量计算公式如下：

$$E_{gt} = \sum APP_i \cdot ef_{i1}$$

E_{gt}：家畜胃肠道发酵的CH_4排放量；i：家畜类别；APP_i：i类家畜平均饲养量；ef_{i1}：i类家畜胃肠道发酵CH_4排放因子（见表2-6）。

（2）粪便管理系统产生的CH_4排放

粪便管理系统产生的CH4排放取决于畜禽粪便排放量和粪便厌氧降解的比例。在粪便的储存和管理过程中，厌氧条件下粪便的降解会产生CH_4。尤其是在集约化畜禽养殖场，粪便排放量大，且多在化粪池、池塘、粪池或粪坑等液基系统中储存或管理，由此形成厌氧环境，使得粪便降解产生大量CH_4。当粪便以固体形式堆积或堆放处理时，粪便趋于在更加耗氧的条件下进行降解，产生的CH_4较少。粪便管理系统产生的CH_4排放量计算公式如下：

$$E_{mc} = \sum APP_i \cdot ef_{i2}$$

E_{mc}：畜禽粪便管理系统的 CH_4 排放量；i：畜禽养殖类别；APP_i：i 类畜禽平均饲养量；ef_{i2}：i 类畜禽粪便管理系统 CH_4 排放因子（见表 2-6）。

（3）粪便管理系统产生的 N_2O 排放

粪便管理系统排放的 N_2O 源于畜禽粪便中氮素的硝化与反硝化作用。硝化作用是指畜禽粪便中的蛋白质水解产生氨基酸，再经微生物作用氨化分解产生氨气，氨气遇水产生 NH_4^+，NH_4^+ 通过一系列的中间反应形成 NO_3，同时某些中间体自身化学分解产生 N_2O。而反硝化作用是指在通气不良的条件下，将 NO_3 作为电子受体进行呼吸代谢产生 N_2O（覃春富等，2011）。粪便管理系统产生的 N_2O 排放量计算公式如下：

$$E_{md} = \sum_{i=1}^{n} APP_i \cdot ef_{i3}$$

E_{md}：畜禽粪便管理系统的 N_2O 排放量；i：畜禽养殖类别；APP_i：i 类畜禽平均饲养量；ef_{i3}：i 类畜禽粪便管理系统 N_2O 排放因子（见表 2-6）。

表 2-6　畜禽胃肠发酵和粪便管理系统的温室气体排放因子

畜禽品种	CH_4（kg/头·a）		N_2O（kg/头·a）
	胃肠发酵	粪便管理	粪便管理
生猪	1.00	3.50	0.53
黄牛	47.80	1.00	1.39
奶牛	68.00	16.00	1.00
水牛	55.00	2.00	1.34
马	18.00	1.64	1.39
驴	10.00	0.90	1.39
骡	10.00	0.90	1.39
羊	5.00	0.16	0.33
禽类	0.00	0.02	0.02

（4）畜禽饲养环节的 CO_2 排放

畜禽饲养过程中机械设备运转、栏舍防寒保暖和生产照明等需要消耗电力、煤炭等能源，生产过程中的能源消耗也直接产生温室气体排放。畜禽饲养环节生产耗能产生的 CO_2 排放量计算公式如下：

$$E_{ME} = \sum_{i=1}^{n} NAPA_i \cdot \frac{cost_{ie}}{price_e} \cdot ef_e + \sum_{i=1}^{n} NAPA_j \cdot \frac{cost_{ic}}{price_c} \cdot ef_c$$

E_{ME}：畜禽生产耗能引起的 CO_2 排放量；i：畜禽养殖类别；$NAPA_i$：i 类畜禽年生产量；$cost_{ie}$：i 类畜禽每头（只）用电支出，参照《全国农产品成本收益资料汇编》；$price_e$：畜禽养殖用电单价，参照 2008 年国家发改委发布的《关于提高华北、东北、华东、华中、西北和南方电网电价的通知》（发改价格 [2008]1677、1678、1679、1680、1681 和 1682 号文），各省份农业用电价格按均价 0.427 5 元 /KW·h 估算；ef_e：电能消耗的 CO_2 排放因子，参照国家发改委气候司发布的《2012 中国区域电网基准线排放因子》，对 6 大区域电网的 OM 算法值取均值，$ef_e = 0.973\ 4\ t_{CO_2}$/MW·h；$cost_{ic}$：$i$ 类畜禽每头（只）用煤支出，参照历年《全国农产品成本收益资料汇编》；$price_c$：畜禽养殖用煤单价，养殖场用煤用途多为取暖，取暖煤并无统一价格，按 800 元 / 吨估算；ef_c：燃煤消耗的 CO_2 排放因子，参照《中国能源统计年鉴 2008》和 IPCC（2006 第二卷第 1 章表 1.2、表 1.4），煤炭排放因子按 1.98 t/t 计算（孙亚男等，2010）。

表 2-7　2012 年中国区域电网基准线排放因子

电网 / 排放因子	基于 OM 算法的年排放因子（t_{CO_2}/MW·h）	基于 BM 算法的年排放因子（t_{CO_2}/MW·h）
华北区域电网	1.002 1	0.594 0
东北区域电网	1.093 5	0.610 4
华东区域电网	0.824 4	0.688 9
华中区域电网	0.994 4	0.473 3
西北区域电网	0.991 3	0.539 8
南方区域电网	0.934 4	0.379 1
均值	0.973 4	0.547 6

2.间接的温室气体排放测算

畜牧业间接的温室气体排放来源于与畜禽饲养相关的上下游产业链，主要包括饲料粮种植、饲料粮运输加工和畜禽产品屠宰3个环节。

（1）饲料粮种植产生的 CO_2 排放

玉米、大豆和小麦是畜禽饲料的主要来源，饲料粮种植过程中农药、化肥、能源、农膜等投入及其他生产活动所产生的温室气体排放应计入畜牧业间接的温室气体排放。饲料粮种植环节产生的 CO_2 排放量计算公式如下：

$$E_{FE} = \sum_{i=1}^{n} Q_i \cdot t_i \cdot q_j \cdot ef_{j1}$$

E_{FE}：畜禽生产消耗的饲料粮种植环节所引起的 CO_2 排放量；Q_i：i 类畜禽产品年产量，包括猪肉、牛肉、羊肉、禽肉、牛奶和禽蛋；t_i：单位畜禽产品耗粮系数（数据来源：《中国农村统计年鉴》《全国农产品成本收益资料汇编》）；q_j：i 类畜禽饲料配方中 j 类粮食所占比重，包括玉米、大豆和小麦。其中猪的精饲料中玉米占 56.15%；牛的精饲料中玉米占 37%，豆饼等饼类占 14.6%；羊的精饲料中玉米占 62.61%，豆饼等饼类占 12.89%；肉鸡的精饲料中玉米占 57%，小麦占 5%，豆饼等饼类占 17%；蛋鸡的精饲料中玉米占 63.28%，豆饼等饼类占 13.98%；奶牛的精饲料中玉米占 46.79%，豆饼等饼类占 28.65%（谢鸿宇等，2009）；ef_{j1}：j 类粮食的 CO_2 当量排放系数，玉米排放系数为 1.5 t/t，小麦排放系数为 1.22t/t（谭秋成，2011），豆饼是大豆在经过第一次处理提取之后的副产品，大豆种植的温室气体排放在畜牧业中不予计算。

（2）饲料粮运输加工产生的 CO_2 排放

经种植环节生产出玉米、大豆、小麦等饲料原料，需经过运输、清理、筛选、粉碎、配料、混合、制粒、挤压膨化等工艺才能制成饲料，该环节消耗能源所排放的温室气体也应计入畜牧业间接的温室气体排放。饲料粮运输加工环节产生的 CO_2 排放量计算公式如下：

$$E_{GP} = \sum_{i=1}^{n} Q_i \cdot t_i \cdot q_j \cdot ef_{j2}$$

E_{GP}：畜禽生产消耗的饲料粮运输加工环节产生的 CO_2 排放量；Q_i：i 类畜禽产品年产量，包括猪肉、牛肉、羊肉、禽肉、牛奶和禽蛋；t_i：单位畜禽产品耗粮系数（数据来源：《中国农村统计年鉴》《全国农产品成本收益资料汇编》）；i 类畜禽产品粮食消耗量；q_j：i 类畜禽饲料配方中 j 类粮食所占比重（谢鸿宇等，2009），包括玉米、大豆和小麦；ef_{j2}：j 类粮食运输加工环节的 CO_2 当量排放因子（联合国粮农组织发布的《畜牧业长长的阴影——环境问题与解决方案》），用于畜禽饲料的玉米、大豆、小麦的单位产品加工运输环节中 CO_2 当量排放系数分别为 0.010 2，0.101 3 和 0.031 9 t/t。

（3）畜禽屠宰加工产生的 CO_2 排放

畜禽活体经屠宰加工后进入市场流通成为消费品，畜禽屠宰加工环节的能源消耗所产生的温室气体排放属于畜牧业间接的温室气体排放。畜禽屠宰加工环节产生的 CO_2 排放量计算公式如下：

$$E_{SP} = \sum_{i=1}^{n} Q_i \cdot \frac{MJ_i}{e_n} \cdot ef_e$$

E_{SP}：畜禽屠宰加工环节产生的 CO_2 排放量；Q_i：i 类畜禽产品年产量，包括猪肉、牛肉、羊肉、禽肉、牛奶和禽蛋；MJ_i：单位畜禽产品屠宰加工能耗，猪肉、牛肉、羊肉、禽肉、牛奶和禽蛋的屠宰加工耗能系数分别为 3.76、4.37、10.4、2.59、1.12 和 8.16 $MJ \cdot kg^{-1}$（Sainz，2003）；e_n：一度电的热值，e_n=3.6 MJ；ef_e：电能消耗的 CO_2 排放因子，参照《2012 中国区域电网基准线排放因子》中 6 大区域电网的 OM 算法值取均值，ef_e = 0.973 4 t_{CO2} / MW · h。

3. 总排放量

以 CO_2 当量计算，中国畜牧业全生命周期温室气体排放计算公式如下：

$$E_{Total} = E_{GT} + E_{CD} + E_{ME} + E_{FE} + E_{GP} + E_{SP}$$
$$= E_{gt} \cdot GWP_{CH_4} + (E_{mc} \cdot GWP_{CH_4} + E_{md} \cdot GWP_{N_2O}) + E_{ME} + E_{FE} + E_{GP} + E_{SP}$$

E_{Total}：以 CO_2 当量计算的畜牧业全生命周期温室气体总排放量；E_{GT}：家畜胃肠道发酵的 CO_2 当量排放量；E_{CD}：畜禽粪便管理系统的 CO_2 当量排放量；E_{gt}：家畜胃肠道发酵的 CH_4 排放量；E_{mc}：畜禽粪便管理系统的 CH_4 排放量；E_{md}：畜禽粪便管理系统的 N_2O 排放量；E_{ME}：畜禽生产耗能产生的 CO_2 排放量；E_{FE}：畜禽生产所消耗的饲料粮所引起的 CO_2 排放量；E_{GP}：饲料粮加工运输环节产生的 CO_2 排放量；E_{SP}：畜禽屠宰加工环节产生的 CO_2 排放量；GWP_{CH_4}：CH_4 全球升温潜能值，取 21（孙亚男等，2010）；GWP_{N_2O}：N_2O 全球升温潜能值，取 310（孙亚男等，2010）。

（二）研究结果与特征分析

1. 我国畜牧业全生命周期温室气体排放时序特征

1990—2011 年的 22 年间，我国畜牧业全生命周期及各个环节的 CO_2 当量排放量均呈现上升的趋势（见表 2-8）。畜牧业全生命周期 CO_2 当量总排放量（E_{Total}）年均增长率为 2.22%，家畜胃肠道发酵（E_{GT}）、粪便管理系统（E_{CD}）、饲养环节耗能（E_{ME}）、饲料粮种植（E_{FE}）、饲料粮运输加工（E_{GP}）和畜禽屠宰加工（E_{SP}）各环节 CO_2 当量排放量年均增长率分别为 0.47%、1.89%、5.10%、5.45%、5.67% 和 5.67%，其中 E_{GT} 和 E_{CD} 的年均增长率显著低于 E_{ME}、E_{FE}、E_{GP}、和 E_{SP} 的年均增长率。历年畜牧业全生命周期温室气体排放强度呈现逐年下降趋势，年均下降率 4.96%。

表 2-8　1990—2011 年我国畜牧业全生命周期 CO_2 当量排放量及排放强度

（10^4t, t/10^4 元）

年　度	E_{Total}	E_{GT}	E_{CD}	E_{ME}	E_{FE}	E_{GP}	E_{SP}	P_N
1990	32 111.38	14 064.76	12 417.58	960.31	4 527.25	136.61	4.87	16.33
1991	32 769.22	13 961.06	12 608.04	1 008.70	5 033.97	151.99	5.46	15.31
1992	34 588.13	14 600.52	13 227.76	1 094.63	5 493.25	165.99	5.96	14.85
1993	36 832.97	15 278.12	13 988.62	1 210.00	6 163.33	186.19	6.72	14.28
1994	38 978.93	16 202.95	15 191.48	1 384.50	6 007.99	186.05	5.95	12.95
1995	45 465.51	17 464.07	16 813.68	1 593.14	9 305.63	279.70	9.30	13.15
1996	48 371.37	18 628.08	18 155.10	1 760.26	9 529.02	288.27	10.64	12.56
1997	41 552.50	15 331.51	15 407.99	1 503.23	9 027.52	271.98	10.26	9.80
1998	46 141.22	16 633.17	16 625.76	2 100.42	10 457.26	314.01	10.60	10.13
1999	46 945.58	16 872.28	17 059.86	2 043.90	10 637.95	320.50	11.08	9.86
2000	46 399.19	17 291.57	17 451.72	1 697.63	9 655.22	291.51	11.54	9.17
2001	47 157.95	17 329.87	17 761.25	1 740.33	10 010.78	303.68	12.04	8.77
2002	48 806.66	17 832.30	18 313.64	1 673.16	10 649.32	325.56	12.68	8.56
2003	50 924.24	18 649.54	19 150.93	1 942.91	10 834.03	333.28	13.54	8.33
2004	53 726.97	19 428.81	19 987.94	2 013.54	11 913.39	368.95	14.34	8.19
2005	55 749.63	19 539.86	20 673.31	2 247.77	12 870.80	402.23	15.65	7.88
2006	56 366.88	19 504.23	20 885.18	2 512.00	13 040.29	409.16	16.01	7.59

续 表

年　度	E_{Total}	E_{GT}	E_{CD}	E_{ME}	E_{FE}	E_{GP}	E_{SP}	P_N
2007	46 910.94	15 499.52	17 105.13	2 249.30	11 672.25	370.91	13.82	6.18
2008	44 098.37	12 568.15	16 385.97	2 312.20	12 423.89	393.55	14.60	5.44
2009	50 185.45	16 015.18	18 275.23	2 357.83	13 107.55	414.62	15.05	5.85
2010	51 095.57	15 801.92	18 526.92	2 614.69	13 703.67	432.98	15.39	5.72
2011	50 877.15	15 521.11	18 386.63	2 727.64	13 791.16	435.09	15.52	5.60
年均增长率	2.22%	0.47%	1.89%	5.10%	5.45%	5.67%	5.67%	−4.96%

注：为便于横向比较历年畜牧业全生命周期温室气体排放强度，$P_N=E_{Total}/V_N$（P_N：历年全国畜牧业 CO_2 当量排放强度；E_{Total}：历年全国畜牧业 CO_2 当量排放总量，万吨；V_N：以 1990 年不变价格计算的历年全国畜牧业产值，亿元）

2.我国畜牧业全生命周期温室气体排放的结构特征

（1）各环节温室气体排放所占比例

E_{GT}、E_{CD}、E_{ME}、E_{FE}、E_{GP} 和 E_{SP} 分别代表家畜胃肠道发酵、粪便管理系统、饲养环节耗能、饲料粮种植、饲料粮运输加工和畜禽屠宰加工六大环节 CO_2 排放当量占我国畜牧业全生命周期 CO_2 当量排放总量的比例（见表2-9）。22 年间，E_{GT} 和 E_{CD} 呈现下降趋势，年均增长率分别为 −1.71% 和 −0.32%，而 E_{ME}、E_{FE}、E_{GP} 和 E_{SP} 呈现上升趋势，年均增长率分别为 2.82%、3.16%、3.38% 和 3.38%，但 22 年间 E_{GP} 和 E_{SP} 所占比重分别低于 1% 和 0.05%。

表2-9 1990—2011 年我国畜牧业各环节 CO_2 当量排放量占总排放量的比例（%）

年　度	E_{GT}	E_{CD}	E_{ME}	E_{FE}	E_{GP}	E_{SP}
1990	43.80	38.67	2.99	14.10	0.43	0.02
1991	42.60	38.48	3.08	15.36	0.46	0.02
1992	42.21	38.24	3.16	15.88	0.48	0.02
1993	41.48	37.98	3.29	16.73	0.51	0.02
1994	41.57	38.97	3.55	15.41	0.48	0.02

续 表

年 度	E_{GT}	E_{CD}	E_{ME}	E_{FE}	E_{GP}	E_{SP}
1995	38.41	36.98	3.50	20.47	0.62	0.02
1996	38.51	37.53	3.64	19.70	0.60	0.02
1997	36.90	37.08	3.62	21.73	0.65	0.02
1998	36.05	36.03	4.55	22.66	0.68	0.02
1999	35.94	36.34	4.35	22.66	0.68	0.02
2000	37.27	37.61	3.66	20.81	0.63	0.02
2001	36.75	37.66	3.69	21.23	0.64	0.03
2002	36.54	37.52	3.43	21.82	0.67	0.03
2003	36.62	37.61	3.82	21.27	0.65	0.03
2004	36.16	37.20	3.75	22.17	0.69	0.03
2005	35.05	37.08	4.03	23.09	0.72	0.03
2006	34.60	37.05	4.46	23.13	0.73	0.03
2007	33.04	36.46	4.79	24.88	0.79	0.03
2008	28.50	37.16	5.24	28.17	0.89	0.03
2009	31.91	36.42	4.70	26.12	0.83	0.03
2010	30.93	36.26	5.12	26.82	0.85	0.03
2011	30.51	36.14	5.36	27.11	0.86	0.03
年均增长率	-1.71	-0.32	2.82	3.16	3.38	3.38

（2）不同畜禽类别温室气体排放所占比例

畜禽可分为牛（肉牛、奶牛、役用牛）、猪、羊（肉羊）、家禽（肉禽、蛋禽）和大牲畜（马、驴、骡）5大类，根据1990—2011年各畜禽类别CO_2当量排放量占我国畜牧业全生命周期排放总量的比例分析（见表2-10）：22年间，我国猪、牛、羊的CO_2当量排放量所占比例相对平稳，家禽的排放比例呈上升趋势，大牲畜的排放比例呈下降趋势；猪、牛、羊、家禽和大牲畜的CO_2当量排放量占我国畜牧业全生命周期排放总量的平均比例分别为28.98%、41.64%、13.61%、12.13%

和 3.64%，牛类养殖引起的 CO_2 当量排放占主导。反刍家畜（牛和羊）总排放量占 55.25%，非反刍畜禽（猪、家禽和大牲畜）总排放量占 44.75%。

表 2-10　1990—2011 年我国畜牧业各畜禽类别 CO_2 当量排放量占总排放量的比例（%）

年　度	猪	牛	羊	家　禽	大牲畜
1990	24.16	49.54	14.13	6.06	6.10
1991	25.26	48.25	13.62	6.90	5.97
1992	25.63	48.37	12.98	7.42	5.61
1993	25.96	47.68	12.79	8.36	5.22
1994	27.39	47.55	13.40	6.70	4.96
1995	27.37	43.52	13.26	11.65	4.21
1996	27.68	43.52	13.69	11.13	3.98
1997	27.61	41.12	13.43	13.75	4.10
1998	30.01	40.56	12.67	13.08	3.69
1999	29.40	40.36	12.85	13.81	3.57
2000	28.23	41.91	13.58	12.73	3.55
2001	29.05	41.30	13.74	12.58	3.32
2002	28.90	41.00	14.04	12.95	3.11
2003	28.81	41.36	14.66	12.29	2.88
2004	28.59	40.95	14.91	12.92	2.63
2005	29.22	40.16	14.78	13.37	2.47
2006	29.96	39.90	14.53	13.27	2.34
2007	30.39	38.68	13.81	14.47	2.65
2008	34.86	31.40	14.55	16.43	2.75
2009	32.44	37.05	12.89	15.26	2.36
2010	33.41	36.24	12.51	15.55	2.29

续 表

年　度	猪	牛	羊	家　禽	大牲畜
2011	33.30	35.56	12.63	16.22	2.29
平均比例	28.98	41.64	13.61	12.13	3.64

3. 我国畜牧业全生命周期温室气体排放的区域特征

从排放总量看，2011 年我国各省份畜牧业全生命周期 CO_2 当量排放量居前 10 位的依次为河南、四川、山东、内蒙古、河北、云南、湖南、辽宁、广东和湖北（见表 2-11）；东部、中部、西部和东北地区畜牧业全生命周期 CO_2 当量排放量分别占全国的 24.88%、24.19%、34.12% 和 11.31%，西部地区所占比重最大（见表 2-12）；农区、牧区和农牧交错区畜牧业全生命周期 CO_2 当量排放量分别占全国的 63.88%、14.07% 和 22.59，农区排放占主导（见表 2-12）。

从排放强度看，2011 年我国各省份畜牧业全生命周期 CO_2 当量排放量排放强度居前 10 位的依次为西藏、青海、甘肃、新疆、贵州、宁夏、内蒙古、云南、天津和山西，集中于牧区和农牧交错区省份（见表 2-11）；东部、中部、西部和东北地区的排放强度分别为 1.63、1.77、2.76 和 1.52 t/ 万元，西部地区最高（见表 2-12）；农区、牧区和农牧交错区的排放强度分别为 1.81、4.51 和 1.85 t/ 万元，牧区最高，农牧交错区次之，农区最低（见表 2-12）。

表 2-11　2011 年我国各省份畜牧业全生命周期 CO_2 当量排放量及排放强度（10^4t，t/10^4 元）

省　份	E_{Total}	E_{GT}	E_{CD}	E_{ME}	E_{FE}	E_{GP}	E_{SP}	P_S
北京	236.73	56.11	51.69	41.95	83.99	2.90	0.10	1.45
天津	224.92	64.48	53.04	18.53	85.80	2.97	0.11	2.28
河北	2 700.81	912.97	676.19	134.76	945.01	30.53	1.34	1.61
山西	668.14	241.06	193.97	27.47	199.24	6.14	0.26	2.26
内蒙古	3 078.54	1 535.11	955.94	103.77	463.18	19.75	0.78	3.08
辽宁	2 318.34	667.40	605.08	158.33	860.27	26.22	1.04	1.52
吉林	1 508.42	597.93	425.85	67.70	403.77	12.71	0.46	1.40
黑龙江	1 927.17	873.86	474.52	95.23	465.98	16.96	0.62	1.62

续　表

省　份	E_{Total}	E_{GT}	E_{CD}	E_{ME}	E_{FE}	E_{GP}	E_{SP}	P_S
上海	128.87	28.94	32.60	21.26	44.54	1.48	0.05	1.66
江苏	1 496.18	251.34	393.14	121.99	707.82	21.09	0.79	1.26
浙江	701.59	137.21	214.27	63.26	278.18	8.39	0.28	1.28
安徽	1 494.15	369.62	429.78	109.07	567.96	17.08	0.65	1.38
福建	792.31	194.84	234.95	52.09	301.07	9.12	0.24	1.65
江西	1 428.39	460.01	422.18	85.02	447.24	13.57	0.39	1.95
山东	4 004.05	1 074.28	964.52	513.97	1 406.42	43.19	1.67	84
河南	4 283.67	1 586.02	1 164.60	251.31	1 241.46	38.67	1.61	1.95
湖北	1 967.73	603.25	568.78	116.76	658.58	19.67	0.69	1.63
湖南	2 463.44	819.21	770.28	110.07	741.04	22.13	0.71	1.73
广东	2 018.45	464.74	535.14	283.48	712.67	21.94	0.47	1.76
广西	1 933.16	723.10	584.32	74.21	534.54	16.57	0.41	1.76
海南	355.06	135.26	104.32	18.49	94.01	2.90	0.07	1.71
重庆	938.08	263.02	272.66	100.96	292.37	8.79	0.27	2.21
四川	4 030.13	1 678.02	1 313.00	170.85	841.62	25.65	1.00	1.89
贵州	1 385.28	663.46	419.82	47.27	246.96	7.56	0.22	3.63
云南	2 466.83	1 092.79	772.97	136.71	449.75	14.21	0.41	3.05
西藏	1 369.82	873.69	448.25	26.90	20.01	0.93	0.05	25.31
陕西	813.25	317.03	232.81	43.72	212.24	7.19	0.26	1.47
甘肃	1 368.89	728.26	490.82	35.28	110.74	3.63	0.15	6.50
青海	1 089.17	658.76	367.27	29.71	32.17	1.21	0.06	9.13
宁夏	342.17	175.87	99.84	9.85	54.20	2.33	0.08	3.51
新疆	1 620.59	850.86	536.64	78.97	148.58	5.25	0.30	3.91

注：为便于横向比较各省份畜牧业全生命周期温室气体排放强度，取 P_S：$=E_{Total}/V_S$（P_S：省域畜牧业 CO_2 当量排放强度；E_{Total}：省域畜牧业 CO_2 当量排放总量，万吨；V_S：按当年价格计算的省域畜牧业产值，亿元）

表2-12　2011年我国各地区畜牧业全生命周期 CO_2
当量排放量、排放强度及占全国的比重（ 10^4 t, t/ 10^4 元，%）

地区	E_{Total}	P_D	t
东部	12 658.96	1.63	24.88
中部	12 305.52	1.77	24.19
西部	17 357.38	2.76	34.12
东北	5 753.93	1.52	11.31
农区	32 501.08	1.81	63.88
牧区	7 158.13	4.51	14.07
农牧交错区	11 495.13	1.85	22.59

注：（1） t 为各地区畜牧业 CO_2 当量排放量占全国畜牧业排放总量的比重（%）；（2）为便于横向比较各地区畜牧业全生命周期温室气体排放强度，取 $P_S = E_{Total} / V_D$（ P_S ：地区畜牧业 CO_2 排放强度； E_{Total} ：地区畜牧业 CO_2 当量排放总量，万吨； V_D ：按当年价格计算的地区畜牧业产值，亿元）

第四节　畜禽养殖对人体健康和畜牧业发展的影响

提高人口素质已成为21世纪我国人口发展战略的重要任务。人口素质包括思想素质、文化素质和身体素质，而身体素质是其他两方面的基础。除了先天遗传外，健康的体质取决于赖以生存的环境质量和高品质的、安全的食品。然而，畜牧业的迅猛发展，导致大量的畜禽粪便、生产污水等污染环境；畜禽体内有害有毒物质的残留超标以及各种细菌、寄生虫、病毒通过畜禽产品危及人类的健康。因此，净化畜牧业生产环境，为人类提供高品质、安全的畜禽产品，对保障人们的身体健康，具有非常重要的意义。

一、畜禽养殖过程中的环境问题

（一）我国畜禽养殖与环境问题

畜禽养殖是国民经济的一个基础产业。畜禽养殖污染主要指畜禽养殖的粪尿污染，畜禽产品中有毒有害物质的残留及来自畜禽场的废物。例如，洗刷用具、场地消毒和饮用后的污水；死鸡、死猪；孵化残余物——蛋壳、死胚、胎粪等；含有致癌性毒素的霉变饲料；预防用各种疫菌苗空瓶和抗生药物的瓶、袋等；饲料加工粉尘；屠宰场的废物、污水、下水、废气；苍蝇、蚊虫等。其中，最主要的是畜禽粪尿污染（见表 2-13）和畜产品残留构成的对人类健康的困扰。

表 2-13　畜禽粪尿引起的污染

因　素	影　响	后　果
氮的渗透	气味、硝酸的产生	空气及饮用水质量下降
氮、磷和有机物的渗透	流水中氮气的消耗和水体的酸化	对植物和土壤有害
氮气的排放	通过沉积渗漏导致环境的酸化	对植物和土壤有害
病原体	细菌污染	影响人体健康及贝类生存
磷、铜、锌及微量元素、药物	土壤的富集	导致作物减产、影响人体健康

改革开放以来，随着人类生活水平的不断提高，对肉蛋奶的需求量不断增加，致使畜禽生产规模愈来愈大，现代化、集约化程度愈来愈高，饲养密度及饲养量急剧增加，畜禽饲养及活体加工过程中产生的大量排泄物和废弃物，对人类、其他生物以及畜禽自身生活环境的污染愈来愈突出。

据有关部门测算，1 头猪 1 年产生的粪尿量约 2.5 吨，相当于 5 个人的总和；饲养 600 余万头猪，年产粪便量 1 500 万吨，相当于 3 000 多万人。不难想象，如果粪便处理设施跟不上，会是什么状况？一个万头养猪场 1 年至少向周围排出粪尿近 3 万吨，按中等饲养水平计算，这些粪尿中折合氨 30 ～ 40 万千克，磷 32 ～ 57 万千克，如果用于施肥，按最高利用率计算，需要 1 万亩农田及相应的运输工具，才能使之得到自然消纳。况且元素氮和磷能到达地表及地下水，污染土壤和水体的环境。据对地下水和饮水水源调查与测试，80% 的城市水质受到不同程度污染；60% 的农村饮水受到污染；约 5 000 万人口，4 000 多万头牲畜的饮水不符合卫生标准。近几年全国因水质污染造成的经济损失达 434 亿元。

由此可见，畜禽养殖过程中，不仅破坏了养殖场及周边地区的生态环境，而且通过空气、水体、土壤等中介，污染和破坏了城市居民的生存环境，降低了人们的生活质量，直接或间接影响了人体健康。同时，给畜牧场的自身发展以及畜牧业的可持续发展带来不利影响。

（二）国外经验与教训

20世纪60年代以来，在发达国家中，一批大型集约化畜牧场相继在城镇郊区建立，每天都有大量的畜禽粪便以及生产污水的产生，对环境造成污染甚至破坏。60年代日本曾用"畜产公害"来形容这一严重局面。面对这一现实，许多发达国家迅速采取措施，并通过立法对畜牧业生产过程中的环境问题加以干预和限制，如从饲养规模上、设施上、环保方面，制定一系列的法规，并且进行严格的监管，很快收到了效果。例如，欧共体制定了法规，对每公顷土地承载的畜禽头数加以限制，以使畜禽粪便能被土地自然消纳；澳大利亚为防止对环境造成污染，严格控制新建大型现代化养殖场；美国佛罗里达州甚至由政府补贴鼓励奶牛场主停业。此外，一些发达国家还通过发展农牧结合的小型农场，合理利用和处理畜禽粪便和污水，达到既提高土壤肥力又提高环境质量的目的。

二、当前消费者对畜产品的观点和要求

随着国民经济的迅速发展和人民生活质量的不断提高，人们不仅要求动物性食品富含营养，卫生安全，而且要求整个生产全过程有良好的生态环境，即畜牧业生产必须达到经济效益、社会效益、生态效益三统一。现在，人们的饮食已从吃饱到吃好，发展到注重食品的安全性，对食物的营养功能和健康要求，也越来越高。从畜牧业生产角度而言，如何给人类带来绿色、安全的畜产品，使人们吃上放心的"肉、蛋、奶"，将是人们普遍关注的热点问题。畜产品的安全性涉及面广，衡量畜产品品质的标准有很多，一般认为，安全卫生的畜产品应无传染病和寄生虫病侵袭；无有害药物残留；无注水及掺杂使假；无不良气味和色泽异常，并来源于非污染环境且无外源性的二次污染。其中，畜产品中的药物残留和人畜共患的传染病、寄生虫病以及有害化学物质的污染是影响畜产品安全与卫生最重要的因素。因此，只有良好的生产环境，才能生产高品质、安全的畜产品。

动物性食品的品质大致有以下衡量标准：（1）营养成分；（2）卫生与健康；（3）口感味道；（4）生态方面；（5）动物的来源；（6）食物的外观；（7）价格。目前发达国家的消费者对食品质量提出越来越多的要求，关注的焦点是食物的来源而不是产量。欧洲功能食品科学（FUFOSE）将功能食品定义为：含某种特殊成分（营养或非营养），对人类身体机能起积极作用的食品，包括那些具有潜在有害成分但通过技术手段可被除去的食品。这些特殊食品在日本、美国和其他发达国家起着越来越多的作用。

在我国，关于畜产品的安全性涉及面广，笔者认为饲料与饲料添加剂的不当

应用与发展是影响畜产品安全的重要因素之一。如：盲目的、大剂量的使用抗生素，经常造成动物药物中毒或致死；有停药期的药物不停药，一直喂至上市屠宰，造成肉中药物残留量高而危害人体健康，并使出口日本、韩国和俄罗斯市场以及香港特区的畜产品受阻，损失惨重；非法添加未经批准的饲料添加剂，如B-兴奋剂盐酸克特罗、激素、安眠药类等对畜产品的安全性造成很不利的影响。另外，畜牧生产中对饲料原料的正确选择也极为重要。例如，畜用水、油脂等尚无卫生指标，如果水和油被污染，最终导致畜产品被污染，将危及人们的健康。英国在牛的饲料中用了含有疯牛病病毒的肉骨粉，造成疯牛病的发生，并通过牛肉感染人体导致死亡。比利时因在鸡饲料中加入含二噁英的油脂，造成肉鸡生产性能大幅度下降，经研究机构检测，发现鸡体内的二噁英含量比普通鸡高 800 ~ 1 000 倍。由于二噁英毒性极强，被国际癌症研究中心定为第一类人类致癌物质。据比利时统计，二噁英事件给该国造成的经济损失达 15 亿美元。

因此，没有一个良好的生产环境，就不可能生产高品质、安全的畜产品，而品质低劣、不安全的畜产品不仅不利于提高人类身体素质，而且没有市场，这样，畜牧业生产就失去了经济意义和发展动力。

三、净化畜牧业生产环境、生产安全畜产品、确保人类健康的对策

1. 加强畜牧业生产环境保护和环境质量监测，制定出一套切实可行的畜禽场环境质量标准和畜禽废弃物排放标准，使畜禽生产走上生态发展，使之良性循环。例如，上海市专门成立了"上海市畜禽粪便治理指挥部"，北京市则通过公开招标的方式寻找解决"畜禽粪便无害化处理及综合利用新技术"的措施。

2. 通过各种手段设法减少畜禽因粪便引起的环保问题。例如，用消化酶添加剂提高畜禽消化功能，减少畜禽粪便，减轻畜禽排泄物及其气味的污染等；可用菊芋提高体重和饲料转化率，也可降低粪尿中的臭味；沸石控制腹泻和减少粪臭；沙漠植物丝兰属提取物可降低氨浓度和提高猪生长效能；改变日粮电解质平衡，可降低氨从血浆中渗出。目前世界上应用最广泛、处理量较大、费用低廉、适应性较强、比较经济的方法，是采用生物手段净化畜粪及其污水，主要利用厌氧发酵原理，将污物处理为沼气和有机肥。另外，目前已有许多国家利用鸡粪加工饲料，德国、美国的鸡粪饲料"托普蓝"已作为蛋白质饲料出售，英国和德国的鸡粪饲料进入了国际市场。猪粪也被用来喂牛、喂鱼、喂羊等。这种对粪便的再利用，既减少了粪便污染，又可收到废物资源化的效果。

3. 合理使用现有的饲料添加剂。许多国家注册饲料添加剂必须符合以下 3 个

要求：必须通过试验加以清楚的证明，该添加剂对畜禽有作用效果；如促生长、防病、抗氧化、着色等；同样需要证明，该添加剂不会对畜禽生长造成不良影响；保证对人、畜及环境的安全性。根据畜禽的营养需要合理使用饲料添加剂，避免大剂量地添加无机盐。例如，过量添加硫酸铜、硫酸亚铁、硫酸锌等，不仅会造成畜禽吸收不全，而且通过粪尿排泄会污染环境或造成土壤板结。

严格控制药物饲料添加剂的使用。在 21 世纪的前期，只允许在小动物饲料中使用已批准的畜禽专用的抗菌药物添加剂，在中后期禁止使用药物添加剂，避免药物残留对人体造成危害。严禁使用激素和镇静类饲料添加剂。

开发应用高效安全的新型饲料添加剂。安全的畜产品在目前条件下可定义为低污染、低残留、对人体无害的畜产品。国外从 20 世纪 80 年代、我国从 90 年代以来，逐步开发了一些无污染、对人体无害的新型饲料添加剂，如：① 有机微量元素类：酵母硒、蛋氨酸锌、赖氨酸铜等；② 酶制剂类：蛋白酶、淀粉酶、纤维素酶等；③ 酸制剂类：柠檬酸、延胡索酸、乳酸、正磷酸等，这些酸制剂可有效控制肠道中的有害细菌，减少畜禽下痢的发生；④ 益生素制剂：乳酸杆菌、双歧杆菌等有益微生物；⑤ 低聚寡糖类：甘露寡糖、果寡糖、大豆寡糖等。此类添加剂被用作调控机体微生物区系和增强免疫力的特殊糖类的物质；⑥ 中草药类：其优点为毒副作用小，不产生抗药性或抗药性极小，目前常用的有 40 多种；⑦ 使用数量充足的特殊氨基酸；⑧ 消除抗营养因子。

饲料原料的卫生。生产安全畜产品要从原料抓起，否则，无卫生标准的原料都有可能影响饲料的卫生指标，从而导致畜产品被污染。另外，饲料厂采购饲料原料时要对产地的疫情有所了解，避免采购来自疫区的饲料原料；厂区内不许饲养畜禽；饲料贮存库应防止鼠、鸟类带进病原微生物污染饲料；外来的（尤其是来自疫区）运输工具和人员进入饲料厂，应采取一定的消毒处理措施，以防传染病源的交叉传播。

4. 在畜禽饲养、管理、运输过程中应做到标准化、科学化、规范化、环保化。

5. 减少畜产品加工过程中的环境污染，生产和制作无毒、无害、无污染、符合卫生检疫标准的动物食品。

6. 开发饲料新品种，如功能饲料，有助于人类的健康。

四、加强重大动物疫病防控，确保人类健康和畜牧业发展

（一）重大动物疫病与人类健康

回顾人类的疫病历史，我们就会发现，不少疫病最初都是来源于某些家养动

物或野生动物。曾导致世界上千万人死亡的人类流感大流行，追根溯源其病原均系由猪、禽流感病毒基因重组变异而来。至今病死率仍居各类传染病之首的狂犬病，虽然直接传染来源绝大多数是带毒的病犬和病猫，但原始来源则是带毒的野生犬科和鼬科动物。被称作"黑死病"的鼠疫，病死率高达 30% ~ 100%，累计致死人数已达 2 亿之多，而且近年来又有死灰复燃之势。曾肆虐于我国和世界 31 个国家和地区的严重急性呼吸道系统综合征（SARS），其病原体通过全基因序列测定，已证明为新出现的一种冠状病毒，而其传染来源，至少与称作花脸狐的果子狸有某种联系。由此可见，一些家养和野生动物的疫病，不仅直接威胁这些动物生存，而且严重威胁人类健康和生命。

（二）重大动物疫病的发生与野生动物保护

野生动物作为生物多样性的重要组成部分，其在保持生态平衡中的重要性，已被人们所认识，如上所述，野生动物是许多重要疫病的传染来源或宿主。同时，野生动物也是人类和一些家养动物疫病的受害者，如禽流感使禽类成群发病死亡，猪瘟病毒使野猪感染致死，狂犬病几乎使非洲野狗灭绝。凡此种种，均提示我们，对于野生动物保护，既需要提高认识，自觉遵守和执行有关野生动物保护法，又要从动物疫病与人畜共患病防治角度，加强对野生动物疫病的调查与防治工作，将野生动物疫病防治工作提到保护野生动物重要措施的高度来认识。

（三）重大动物疫病与畜牧业可持续发展

我国是一个农业大国，农业人口近 8 亿，种植业占农业经济的 67%，畜牧业只占农业经济的 33%，与发达国家的 60% ~ 80% 相比，还有较大距离。就数量来说，我国肉、蛋产量虽位居世界第一，堪称世界养殖大国，但我国畜产品出口量比例很小，其重要原因之一是口蹄疫、禽流感等动物疫病的存在，严重影响了我国畜产品的出口。另外，由于猪瘟、新城疫等重大动物疫病的发生，每年造成动物死亡的直接经济损失和由其所造成的饲料、人工、药物浪费等间接经济损失数额巨大。这不仅严重制约着我国畜牧业的可持续发展，而且直接影响我国粮食和其农副产品的转化、农业产业链的延伸，农村第二、三产业的发展与农村富余劳动力的就业和增收。为使我国由农业大国尽快转变为农业强国，尽快实现由植物农业向动物农业的转变，自然需要加强动物疫病防治，以保障畜牧业的增产增收和可持续发展。

第五节　畜禽养殖污染特点

一、畜禽养殖污染物排放量大、处理水平低下

据 2001 年某省环保局和省农业厅组织的调查分析，2000 年全省畜禽粪尿产生总量为 2 669.42 万吨，其中畜禽粪产生量 1 369.53 万吨，占 51.3%，畜禽尿产生量为 1 299.89 万吨，占 48.7%。畜禽粪尿中以猪粪尿产生总量最大，为 1 715.49 万吨，占全省畜禽粪尿产生总量的 64.3%。畜禽粪尿中以猪粪尿产生总量最大，为 1 715.49 万吨，占全省畜禽粪尿产生总量的 64.3%，肉牛和鸭粪尿产生总量分列第二、第三位，分别占全省畜禽粪尿产生总量的 7.80% 和 7.57%，其他依次为羊、肉鸡、蛋鸡、鹅、奶牛、兔、鹌鹑和鸽。2000 年全省工业废水排放量为 13.60 亿吨，化学需氧量排放量为 34.33 万吨，而同期畜禽养殖污水排放量达 8.68 亿吨，相当于全省工业废水排放量的 64%；畜禽养殖化学需氧量排放量为 20.10 万吨，相当于同期全省工业废水化学需氧量排放量的 59%。全省畜禽养殖污水处理率仅为 2.8%，粪尿处理率仅为 5.0%。因此，污染处理水平低，不能适应畜禽养殖业发展的需求。

二、畜禽养殖污染以有机污染为主

畜禽养殖业所排放的污染物以有机污染为主，主要是化学需氧量、氨氮、总氮、总磷等易引起水体富营养化的污染物。其在畜禽粪便中的含量如表 2-14 所示：

表 2-14　畜禽粪尿污染物平均含量（千克 / 吨鲜粪尿）

粪尿类别		化学需氧量（COD_{cr}）	五日生化需氧量（BOD_5）	氨 氮（NH_3-N）	总 磷（TP）	总 氮（TN）
牛	粪	31.0	24.53	1.71	1.18	4.37
	尿	6.0	4.0	3.47	0.40	8.0
猪	粪	52.0	37.03	3.08	3.41	5.88
	尿	9.0	5.0	1.43	1.43	3.3

续　表

粪尿类别		化学需氧量 （COD$_{cr}$）	五日生化需氧量 （BOD$_5$）	氨　氮 （NH$_3$-N）	总　磷 （TP）	总　氮 （TN）
羊、兔	粪	4.63	4.10	0.80	0.80	7.5
	尿	4.63	4.10	0.80	0.80	14.0
鸡、鹌鹑、鸽		45.0	47.87	4.78	4.78	9.84
鸭、鹅		46.0	30.0	0.80	0.80	11.0

三、污染区域性差异

畜禽养殖遍布各（镇）、村，点多面广，各地养殖规模、品种结构及污染物的综合利用水平不同，且规模化程度参差不齐，造成了区域、流域间污染程度的差异（见表2-15，以浙江省为例），对排放污染物的集中治理带来了难度。杭嘉湖平原（太湖流域）及衢州市是畜禽养殖污染的重点地区。

表2-15　畜禽粪尿污染物产生量区域排序

序号	区域名称	畜禽粪尿产生总量（吨）	占全省百分比（％）	累计占全省百分比（％）	化学需氧量（COD$_{cr}$）产生量（吨）	五日生化需氧量（BOD）产生量（吨）	氨氮产生量（吨）	总磷产生量（吨）	总氮产生量（吨）
1	嘉兴市	5 097 049	19.09	19.09	114 028.34	81 142.88	10 651.64	10 347.43	25 647.46
2	杭州市	3 741 652	14.02	33.11	100 155.36	76 251.23	9 704.63	10 013.09	18 450.30
3	衢州市	2 844 360	10.66	43.77	73 785.95	52 720.27	5 969.16	6 088.08	14 234.55

续　表

序号	区域名称	畜禽粪尿产生总量（吨）	占全省百分比（%）	累计占全省百分比（%）	化学需氧量（CODcr）产生量（吨）	五日生化需氧量（BOD）产生量（吨）	氨氮产生量（吨）	总磷产生量（吨）	总氮产生量（吨）
4	金华市	2 501 842	9.37	53.14	64 511.74	48 545.47	6 005.74	5 678.62	12 285.2
5	宁波市	2 326 907	8.72	61.86	70 733.42	54 507.48	7 216.65	9 279.36	11 859 330
6	绍兴市	2 276 354	8.53	70.38	60 534.38	44 456.26	6 021.30	7 191.20	11 101.72
7	台州市	2 215 490	8.3	78.68	58 592.27	44 958.52	5 549.24	5 298.42	10 972.26
8	温州市	1 862 886	6.98	85.66	48 257.65	37 198.94	4 620.18	4 588.75	9 650.47
9	丽水市	1 838 146	6.89	92.55	45 575.37	34 031.91	4 136.05	3 549.64	9 000.02
10	湖州市	1 771 951	6.64	99.19	44 211.35	33 673.31	4 416.87	5 136.04	9 882.20
11	舟山市	2 175 232	0.81	100	6 219.56	4 793.32	567.60	703.63	1 230.43
总计		2 669 416	–	–	686 605.39	512 279.59	64 858.97	6 787.26	134 313.94

畜禽养殖污染主要集中在猪、鸭、肉牛养殖业（见表2-16）。

表 2-16 畜禽粪尿污染物产生量畜禽种类排序

序号	畜禽种类名称	畜禽粪尿产生总量（吨）	占全省百分比（%）	累计占全省百分比（%）	COD$_{cr}$产生量（吨）	BOD产生量（吨）	氨氮产生量（吨）	总磷产生量（吨）	总氮产生量（吨）
1	猪	17 154 869	64.26	64.26	382 716.97	255 848.54	33 292.70	24 265.97	70 310.45
2	肉牛	2 083 072	7.8	72.07	53 853.51	42 293.08	4 316.86	2 123.51	10 659.82
3	鸭	2 019 929	7.57	79.63	92 916.73	60 597.87	12 523.56	22 219.22	1 615.94
4	羊	1 573 088	5.89	85.53	4 855.64	4 299.81	838.99	1 027.75	15 206.95
5	肉鸡	1 435 150	5.38	90.9	64 581.75	68 700.63	6 860.02	7 678.05	14 121.88
6	蛋鸡	1 076 900	4.03	94.94	48 460.50	51 551.20	5 147.58	5 761.42	10 596.70
7	鹅	496 895	1.86	96.8	22 857.7	14 906.	397.52	3 080.75	5 465.85
8	奶牛	431 294	1.62	98.42	11 330.14	8 904.41	881.13	445.28	2 180.96
9	兔	333 155	1.25	99.66	991.61	878.10	171.34	790.05	3 272.04
10	鹌鹑	71 575	0.27	99.93	3 220.88	3 426.30	342.13	384.36	704.30
11	鸽	18 233	0.07	100	820.49	872.81	87.15	97.91	179.41

第三章
畜禽养殖粪便污染物的产生与处理

第一节　畜禽养殖业中粪便污染物的产生

一、生猪养殖业中粪便污染物的产生

（一）各生长阶段猪粪、尿日产生量

分别对生猪的仔猪期、保育期、育肥期和母猪的空怀期、妊娠期五个生长阶段的猪粪、尿日平均产生量统计分析结果如表 3-1、表 3-2 所示。

表3-1　生猪各生长期粪、尿日产生量（均值 +SD）

地点	猪粪（kg/d）			猪尿（L/d）		
	仔猪期	保育期	育肥期	仔猪期	保育期	育肥期
海南	0.25 ± 0.16b	0.50 ± 0.49b	1.73 ± 0.51a	0.91 ± 0.35c	2.86 ± 0.72b	4.23 ± 1.21a
湖南	0.41 ± 0.27c	1.02 ± 0.67b	2.11 ± 0.94a	0.73 ± 0.29c	1.71 ± 0.82bc	3.44 ± 1.32a
黑龙江	0.36 ± 0.09c	0.70 ± 0.18c	1.81 ± 0.18a	0.94 ± 0.47b	3.58 ± 1.56a	4.12 ± 2.50a

注：用 t 检验法进行多重比较。同行字母不同，表示生猪不同生长阶段间该指标差异显著（$p < 0.05$），相同字母表示生猪不同生长阶段间该指标数值差异不显著，下同。

表 3-2　母猪各生长期粪、尿日产生量（均值 +SD）

地　点	猪粪（kg/d）		猪尿（L/d）	
	空怀期	妊娠期	空怀期	妊娠期
海南	2.70 ± 1.49b	3.23 ± 1.51a	3.86 ± 1.42b	4.73 ± 1.51a
湖南	2.32 ± 1.67b	3.61 ± 1.92a	4.21 ± 1.82b	5.24 ± 1.42a
黑龙江	1.98 ± 0.98b	2.81 ± 0.98a	5.78 ± 1.36b	7.52 ± 2.30a

　　表 3-1 数据显示，生猪在不同生长阶段粪便日产生量除了海南地区仔猪期与保育期的猪粪、黑龙江地区仔猪期和保育期的猪粪、湖南地区仔猪期和保育期的猪尿之间差异不显著，其他保育阶段粪便产生量均显著高于仔猪阶段，育肥阶段粪便产生量显著高于保育阶段和仔猪阶段。育肥期猪粪产生量相对保育期最少增加了 106%（湖南地区）、最多增加了 246%（海南地区）。表 3-2 数据显示，母猪产生粪便量在空怀阶段和妊娠阶段均存在差异显著，三个地区母猪猪粪妊娠阶段比空怀阶段均增加 19.6% 以上，猪尿均增加 22.5% 以上。

　　猪粪、尿中各污染物日产生量三个典型地区养殖场所使用的饲料和饲养量不一致可能是导致猪粪、尿日产量之间的差异性的原因，这种差异性也表现在粪便中污染物浓度的区别上，因此将三个典型地区生猪粪便中污染物含量取平均值后再进行统计分析，如表 3-3，图 3-1、3-2、3-3、3-4 所示。

表 3-3　各生长阶段猪粪、尿日污染物系数（三地均值 ±SD）　g/d

		仔猪阶段	保育阶段	育肥阶段	空怀阶段	妊娠阶段
猪粪	COD_{cr}	37.25 ± 15.5d	100.42 ± 41.3c	212.12 ± 44.2b	402.08 ± 84.7a	436.22 ± 114a
	TN	2.00 ± 0.51c	4.57 ± 0.74c	13.83 ± 4.54b	12.69 ± 4.53b	21.42 ± 6.54a
	TP	0.85 ± 0.24d	1.67 ± 0.46d	3.68 ± 0.84c	4.68 ± 1.75b	5.65 ± 2.01a
	NH_3-N	0.68 ± 0.16c	1.47 ± 0.37b	3.72 ± 0.84a	3.35 ± 0.67a	3.72 ± 0.66a
猪尿	COD_{cr}	6.38 ± 2.43d	23.97 ± 10.24c	56.89 ± 18.34b	82.72 ± 30.1ab	97.53 ± 24.21a
	TN	2.41 ± 0.67e	6.17 ± 2.14d	16.40 ± 5.13c	22.01 ± 5.64b	30.85 ± 7.25a
	TP	0.10 ± 0.02c	0.32 ± 0.07b	0.50 ± 0.12b	1.02 ± 0.24a	1.09 ± 0.22a
	NH_3-N	1.21 ± 0.34d	3.70 ± 0.46c	12.17 ± 3.14b	11.11 ± 2.54b	15.58 ± 3.21a

　　由上表中可以看出 COD_{cr} 的标准偏差较大，说明数据波动幅度较大，具有一定

的随机性。可能是地区间饲料差异性和猪粪本身质地较细，COD_{cr}难以准确测定的缘故。随着猪生长，粪便产生量显著增加，各阶段污染物产生量呈上升趋势，特别是母猪的妊娠阶段，猪粪、尿的平均产生量高达 3.2 g/d、5.8 L/d，为育肥阶段的 1.7、1.5 倍，因此所含 COD_{cr} 日产生量较保育阶段分别增加了 205.6%、171.4%。

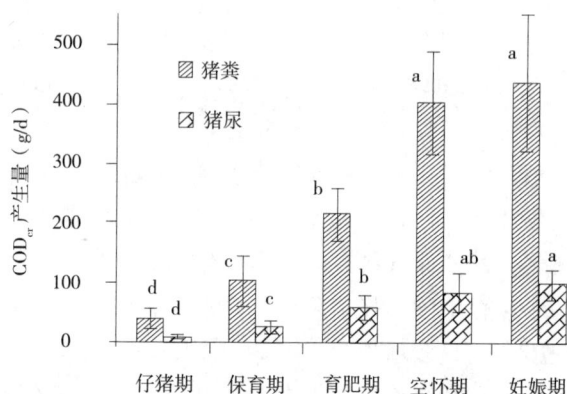

图 3-1　猪粪、尿 COD_{cr} 日产生量

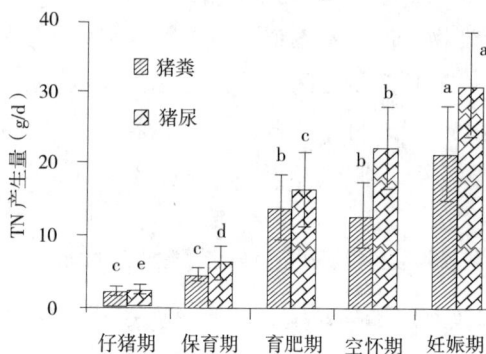

图 3-2　猪粪、尿 TN 日产生量

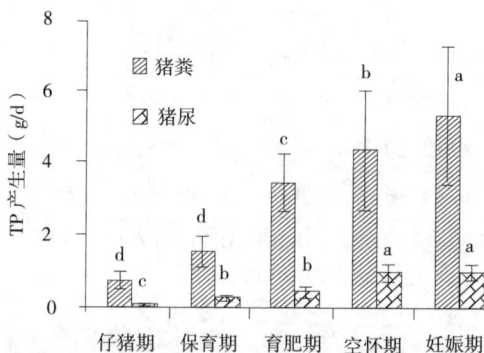

图 3-3　猪粪、尿 TP 日产生量

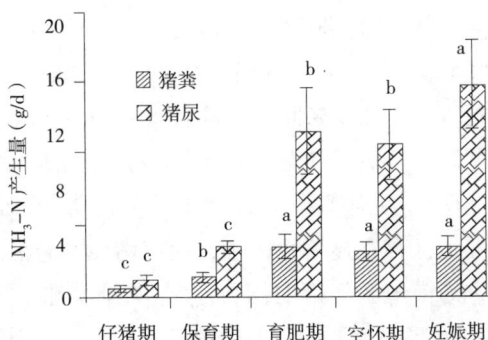

图 3-4　猪粪、尿 NH_3-N 日产生量

由上列各图可以看出，猪粪和猪尿对各污染物日产生量贡献率各不相同。各生长阶段 COD_{cr}、TP 的日产生量中猪粪占绝大部分，而 TN 和 NH_3-N 的日产生量中猪尿贡献居多。具体表现为，在仔猪阶段、保育阶段、育肥阶段、空怀阶段和妊娠阶段 COD_{cr} 的日产生量猪粪贡献率分别为 85.3%、80.7%、78.8%、82.9%、81.7%；TP 的日产生量猪粪贡献率分别为 89.5%、84.1%、88.0%、82.1%、83.8%；TN 的日产生量猪尿贡献率分别为 54.6%、57.4%、54.2%、63.4%、59.0%；NH_3-N 的日产生量猪尿贡献率分别为 64.2%、71.5%、76.6%、76.8%、80.7%。

（二）各生长阶段产污系数估算

分别对生猪的仔猪期、保育期、育肥期和母猪的空怀期、妊娠期五个生长阶段污染物浓度进行检测，并通过各生长阶段猪粪和尿液的产生量对其进行产污系数估算，各生长阶段测定结果统计分析如下。

1. 仔猪阶段产污系数

依据仔猪阶段猪粪、尿中各污染物浓度的检测结果和该阶段粪便产生量计算得到三个典型地区仔猪生长阶段的产污系数，如表 3-4 所示。

表 3-4　三地仔猪生长阶段产污系数（均值 ±SD）　g/d

	海　南	湖　南	黑龙江	三地平均
COD_{cr}	54.47 ± 18.24a	33.24 ± 16.44b	43.18 ± 17.21a	43.63 ± 20.14
TN	3.87 ± 0.46b	4.84 ± 0.84a	4.52 ± 0.76a	4.41 ± 0.64
TP	0.88 ± 0.14a	1.27 ± 0.34a	0.69 ± 0.12a	0.95 ± 0.24
NH_3-N	1.46 ± 0.37a	2.18 ± 0.2a	2.03 ± 0.26a	1.89 ± 0.46

结果显示，三个典型地区仔猪 COD_{cr} 日产生量为 33.24 ~ 54.47 g/d 之间，平均日产生量 43.63 g/d；TN 日产生量为 3.87 ~ 4.84 g/d 之间，平均日产生量 4.41 g/d；TP 日产生量为 0.69 ~ 1.27 g/d 之间，平均日产生量 0.95 g/d；NH_3-N 日产生量为 1.46 ~ 2.18 g/d 之间，平均日产生量 1.89 g/d。对三地同一污染物日产生量数据运用 SPSS19.0 进行 T 检验，在 P 值小于 0.05 水平下，湖南地区仔猪 COD_{cr} 日产生量与海南地区、黑龙江地区存在显著性区别，而海南地区与黑龙江地区之间 COD_{cr} 日产生量差异不明显；海南地区仔猪 TN 日产生量与湖南地区、黑龙江地区存在显著性区别，而湖南地区和黑龙江地区之间 TN 日产生量差异不显著；TP 和 NH_3-N 日产生量各地区之间均不存在显著性差异。

2. 保育阶段产污系数

依据保育阶段猪粪、尿中各污染物浓度的检测结果和该阶段粪便产生量计算得到三个典型地区生猪保育阶段的产污系数，如表 3-5 所示。

表 3-5　三地生猪保育生长阶段产污系数（均值 ± SD）　g/d

	海　南	湖　南	黑龙江	三地平均
COD_{cr}	112.47 ± 37.86b	155.27 ± 49.45a	105.40 ± 31.64b	124.38 ± 24.64
TN	9.69 ± 2.01 b	11.83 ± 2.34a	10.72 ± 2.14ab	10.74 ± 1.95
TP	1.66 ± 0.21b	2.51 ± 0.25a	1.80 ± 0.24b	1.99 ± 0.34
NH_3-N	3.67 ± 0.84b	5.62 ± 1.34a	6.22 ± 1.47a	5.17 ± 1.86

结果显示，三个典型地区生猪保育阶段 COD_{cr} 日产生量为 105.40 ~ 155.27 g/d 之间，平均日产生量 124.38 g/d；TN 日产生量为 9.69 ~ 11.83 g/d 之间，平均日产生量 10.74 g/d；TP 日产生量为 1.66 ~ 2.51 g/d 之间，平均日产生量 1.99 g/d；NH_3-N 日产生量为 3.67 ~ 6.22 g/d 之间，平均日产生量 5.17 g/d。对三地同一污染物日产生量数据运用 SPSS19.0 进行 T 检验，在 P 值小于 0.05 水平下，湖南地区生猪保育阶段 COD_{cr}、TP 日产生量显著高于海南地区、黑龙江地区，而海南地区与黑龙江地区之间 COD_{cr}、TP 日产生量差异不显著；海南地区生猪保育阶段 TN 日产生量显著低于湖南地区，而黑龙江地区与湖南地区和海南地区之间 TN 日产生量差异不明显；海南地区生猪保育阶段 NH_3-N 日产生量显著低于湖南地区和黑龙江地区，而黑龙江地区与湖南地区之间 NH_3-N 日产生量差异不明显。

3. 育肥阶段产污系数

依据育肥阶段猪粪、尿中各污染物浓度的检测结果和该阶段粪便产生量计算得到三个典型地区生猪育肥阶段的产污系数，如表3-6所示。

表3-6　三地生猪育肥生长阶段产污系数（均值 ±SD）　g/d

	海　南	湖　南	黑龙江	三地平均
COD_{cr}	298.65 ± 68.47a	242.50 ± 74.54b	265.88 ± 76.34a	269.01 ± 64.58
TN	35.81 ± 6.84a	26.98 ± 5.35b	27.91 ± 5.76ab	30.23 ± 6.43
TP	4.32 ± 0.75a	3.88 ± 0.64b	4.35 ± 0.84a	4.18 ± 0.86
NH_3-N	19.85 ± 4.61a	13.28 ± 3.64b	14.57 ± 3.76b	15.90 ± 5.46

结果显示，三个典型地区生猪育肥阶段COD_{cr}日产生量为242.50 ~ 298.65 g/d之间，平均日产生量269.01 g/d；TN日产生量为26.98 ~ 35.81 g/d之间，平均日产生量30.23 g/d；TP日产生量为3.88 ~ 4.35 g/d之间，平均日产生量4.18 g/d；NH_3-N日产生量为13.28 ~ 19.85 g/d之间，平均日产生量15.90 g/d。对三地同一污染物日产生量数据运用SPSS19.0进行T检验，在P值小于0.05水平下，湖南地区生猪育肥阶段COD_{cr}、TP日产生量显著低于海南地区、黑龙江地区，而海南地区与黑龙江地区之间COD_{cr}、TP日产生量差异不显著；海南地区生猪育肥阶段TN日产生量显著高于湖南地区，而黑龙江地区与海南地区和湖南地区之间TN日产生量差异不显著；海南地区生猪育肥阶段NH_3-N日产生量显著高于湖南地区和黑龙江地区，而湖南地区和黑龙江地区之间不存在显著性差异。

4. 空怀母猪产污系数

依据母猪空怀阶段猪粪、尿中各污染物浓度的检测结果和该阶段粪便产生量计算得到三个典型地区仔猪生长阶段的产污系数，如表3-7所示。

表3-7　三地母猪空怀阶段产污系数（均值 ±SD）　g/d

	海　南	湖　南	黑龙江	三地平均
COD_{cr}	537.36 ± 123.4a	461.64 ± 112.1ab	455.42 ± 98.46b	484.80 ± 124.5
TN	38.87 ± 7.98a	30.25 ± 6.58a	34.97 ± 7.46a	34.70 ± 8.61

续　表

	海　南	湖　南	黑龙江	三地平均
TP	6.64 ± 2.45a	4.99 ± 0.84b	5.48 ± 1.64ab	5.70 ± 1.85
NH_3-N	16.88 ± 4.61a	12.39 ± 3.51b	14.12 ± 4.34a	14.46 ± 3.54

　　结果显示，三个典型地区母猪空怀阶段 COD_{cr} 日产生量为 455.42 ~ 537.36 g/d 之间，平均日产生量 484.80 g/d；TN 日产生量为 30.25 ~ 38.87 g/d 之间，平均日产生量 34.70 g/d；TP 日产生量为 4.99 ~ 6.64 g/d 之间，平均日产生量 5.70 g/d；NH_3-N 日产生量为 12.39 ~ 16.88 g/d 之间，平均日产生量 14.46 g/d。对三地同一污染物日产生量数据运用 SPSS19.0 进行 T 检验，在 P 值小于 0.05 水平下，海南地区母猪空怀阶段 COD_{cr} 日产生量显著高于黑龙江地区，而湖南地区与黑龙江地区和海南地区之间 COD_{cr} 日产生量差异不显著；海南地区母猪空怀阶段 TN 日产生量三地之间不存在显著性区别；海南地区母猪空怀阶段 TP 日产生量显著高于湖南地区，而黑龙江地区与海南地区和湖南地区之间 TN 日产生量差异不显著；湖南地区母猪空怀阶段 NH_3-N 日产生量显著低于其余两地，而海南地区和黑龙江地区之间不存在显著性差异。

　　5. 妊娠母猪产污系数

　　依据母猪妊娠阶段猪粪、尿中各污染物浓度的检测结果和该阶段粪便产生量计算得到三个典型地区母猪妊娠阶段的产污系数，如表 3-8 所示。

表3-8　三地母猪妊娠阶段产污系数（均值 ±SD）　g/d

	海　南	湖　南	黑龙江	三地平均
COD_{cr}	584.03 ± 143.5a	513.01 ± 108.4b	504.19 ± 134.5b	533.75 ± 137.6
TN	59.71 ± 6.75a	47.02 ± 6.24a	50.08 ± 7.64a	52.27 ± 8.45
TP	7.64 ± 2.14a	5.54 ± 1.24b	7.06 ± 1.54a	6.74 ± 1.34
NH_3-N	20.37 ± 5.47a	17.59 ± 4.51a	19.97 ± 5.31a	19.31 ± 4.67

　　结果显示，三个典型地区母猪妊娠阶段 COD_{cr} 日产生量为 504.19 ~ 584.03 g/d 之间，平均日产生量 533.75 g/d；TN 日产生量为 47.02 ~ 59.71 g/d 之间，平均日产生量 52.27 g/d；TP 日产生量为 5.54 ~ 7.64 g/d 之间，平均日产生量 6.74 g/d；

NH_3-N 日产生量为 17.59 ~ 20.37 g/d 之间，平均日产生量 19.31 g/d。对三地同一污染物日产生量数据运用 SPSS19.0 进行 T 检验，在 P 值小于 0.05 水平下，海南地区母猪妊娠阶段 COD_{cr} 日产生量显著高于湖南地区、黑龙江地区，而湖南地区与黑龙江地区之间 COD_{cr} 日产生量差异不显著；湖南地区母猪妊娠阶段 TP 日产生量显著低于海南地区和黑龙江地区，而海南地区和黑龙江地区之间 TP 日产生量差异不显著；母猪妊娠阶段 TN 和 NH_3-N 日产生量三地区之间均不存在显著性差异。

（三）生猪产污系数整合

规模化养殖场的管理水平直接影响生猪各生长阶段饲养周期的长短。据多个省市规模化养殖场实地调研数据显示，断奶后仔猪体重增加至 20 kg 需要 30 ~ 34 d，体重从 20 kg 饲养至 60 kg 的保育阶段需要 63 ~ 67 d 左右，60 kg 饲养至 110 kg 出栏的育肥阶段需要 70 d 左右；母猪空怀阶段是指母猪断奶后至再次配种成功，一般情况下母猪断奶一周后即可发情配种，20 d 左右即可确定是否受胎成功；母猪正常情况下，妊娠阶段一般在 108 ~ 120 d 之间，平均 114 d。为便于管理划分，本研究将母猪断奶前的哺乳期以及所产仔猪的产污系数并入母猪妊娠阶段，哺乳期一般为 30d 左右。

据调研数据显示，目前我国规模化养殖场母猪平均产仔率为 9 ~ 12 头，不同品种组合母猪产仔率也有差别。本研究中母猪为长白猪，是目前我国推广应用范围最广的母猪类型，实验期间海南地区实验母猪共产仔 28 头，湖南地区母猪产仔 29 头，黑龙江地区母猪产仔 33 头。母猪平均产仔率为 10 头。

本研究中依据体重变化测得猪的仔猪阶段 30 d、保育阶段 65 d、育肥阶段 70 d 以及母猪的空怀阶段 28 d、妊娠阶段 145 d（包括哺乳期 31 d）。

随着猪生长周期的变化，生猪每日的粪便量及其所含污染物浓度均有不同变化，所以对生猪各生长阶段中日产污系数进行如下加权计算：

$$FP\text{-}PPC_i = Pi\text{-}PPC_i \times 30 + Nu\text{-}PPC_i \times 65 + Fa\text{-}PPC_i \times 70$$
$$+ （Dr\text{-}PPC_i \times 28 + Pr\text{-}PPC_i \times 145）/10$$

式中：$FP\text{-}PPC_i$——出栏一头生猪第 i 中污染物的产污系数，g/ 头；

$Pi\text{-}PPC_i$——仔猪第 i 中污染物的日产污系数，$g \cdot 头^{-1} \cdot d^{-1}$；

$Nu\text{-}PPC_i$——保育猪第 i 中污染物的日产污系数，$g \cdot 头^{-1} \cdot d^{-1}$；

$Fa\text{-}PPC_i$——育肥猪第 i 中污染物的日产污系数，$g \cdot 头^{-1} \cdot d^{-1}$；

$Dr\text{-}PPC_i$——空怀母猪第 i 中污染物的日产污系数，$g \cdot 头^{-1} \cdot d^{-1}$；

$Pr\text{-}PPC_i$——妊娠母猪第 i 中污染物的日产污系数，$g \cdot 头^{-1} \cdot d^{-1}$；

由此得出出栏一头生猪产污系数，如表 3-9 所示。

表 3-9　生猪产污系数表　g/pig

污染指标	产污系数
COD_{cr}	37 127.35
TN	3 788.05
TP	562.2 142
NH_3-N	1 820.298

二、奶牛养殖业中粪便污染物的产生

（一）奶牛饲料采食量及其成分含量

北京市三元绿荷奶业集团长阳分公司第二分场采用意大利 Storti 集团生产的 TMR（全混合日粮）搅拌车生产全混合日粮饲喂奶牛，在各个季节试验期间，每天直接采集每个阶段奶牛 TMR 饲料样，各项指标数据由第三方专业检测机构 PONY 谱尼测试科技（北京）有限公司按照国家相应标准进行检测后提供。将体重在 300 kg ~ 450 kg，平均为 330 ± 94 kg 的育成期奶牛和体重在 550 kg ~ 770 kg，平均为 665 ± 59 kg 的成年期奶牛在不同季节的各次试验获得的数据采用 EXCEL 和 SAS8.2 统计软件进行整理分析，统计结果见表 3-10。

表 3-10　育成期奶牛和成年期奶牛采食饲料成分量

指　标		采食量	粗蛋白	全　氮	全　磷	铜
单　位		kg/d·头	g/d·头	g/d·头	g/d·头	g/d·头
春	育成牛	19.31	1 132.98	181.28	73.55	387.77
	产奶牛	38.90	3 195.75	511.32	207.93	625.51
夏	育成牛	21.18	865.35	138.46	22.67	133.11
	产奶牛	39.27	2 761.99	441.93	62.42	255.71
秋	育成牛	18.97	776.51	124.24	20.30	118.98
	产奶牛	35.71	2 508.52	401.36	56.66	232.18

续　表

指　标		采食量	粗蛋白	全　氮	全　磷	铜
单　位		kg/d·头	g/d·头	g/d·头	g/d·头	g/d·头
冬	育成牛	19.48	979.47	156.71	21.95	179.66
	产奶牛	34.09	2 699.57	431.93	47.37	359.38
平均	育成牛	18.23	855.12	140.48	21.13	228.81
	产奶牛	35.65	3 080.21	441.12	54.70	409.41

由表 3-10 可以看出，无论是育成奶牛，还是成年奶牛，夏季的采食量均高于其他各季节。再者，以平均值来看，成年期奶牛饲料采食量约为育成期奶牛饲料采食量的两倍，但因两个阶段奶牛日粮组成成分不同、营养水平不同，所以两个阶段奶牛采食各成分总量并未呈等比关系。例如，以饲料干基计算，当成年期奶牛饲料中粗蛋白的浓度在 16.1%，DM ~ 18.4%，DM，育成期奶牛饲料中粗蛋白的浓度在 10.4%，DM ~ 11.0%，DM 时，成年期奶牛采食饲料中粗蛋白的总量为 3 080.21 ± 1 050.39 g/d·头，大大高于育成期奶牛采食饲料中粗蛋白的总量 855.12 ± 109.70 g/d·头。当成年期奶牛饲料中磷含量在 0.16%，DM ~ 0.53%，DM，育成期奶牛饲料中磷含量在 0.11%，DM ~ 0.34%，DM 时，成年期奶牛采食饲料中磷的总量为 54.70 ± 11.37 g/ 天·头，也明显高于育成期奶牛采食饲料中磷的总量 21.13 ± 5.46g/d·头。

（二）奶牛场污染物产生情况

在全年试验期间，测定了体重在 300 kg ~ 450 kg，平均为 330 ± 94 kg 的育成期母牛和体重在 550 kg ~ 770 kg，平均为 665 ± 59 kg 的成年期奶牛在不同季节的粪尿产生量，并将收集的全部新鲜粪尿样品于农业部畜牧环境设施设备质量监督检验测试中心（北京）完成各项指标检测，将各次试验获得的数据采用 EXCEL 软件进行平均值和标准差的计算。每天每头奶牛排泄系数用以下公式计算：

$$FP_{i, j, k} = QF_{i, j} \times CF_{i, j, k} + QU_{i, j} \times CU_{i, j, k}$$

式中：$FP_{i, j, k}$ ——排泄系数，g/d·头；

$QF_{i, j}$ ——粪产量，kg/d·头；

$CF_{i, j, k}$ ——第 i 种动物第 j 生产阶段粪便中含第 k 种污染物的浓度，mg/kg；

$QU_{i, j}$ ——尿液产量，L/d·头；

$CU_{i, j, k}$ ——第 i 种动物第 j 生产阶段尿中含有第 k 种污染物的浓度，mg/L。

1.奶牛粪尿特性及其排泄系数

表3-11给出了北京地区典型奶牛养殖场每天每头育成期奶牛污染物的排泄系数，表3-12给出了北京地区典型奶牛养殖场每天每头成年期奶牛污染物的排泄系数。

表3-11　育成期奶牛污染物排泄系数

	粪便产生量	尿液产生量	有机质	COD	NH_4^+-N	全　氮	全　磷	铜	尿　液
	kg/头·d	kg/头·d	kg/头·d	g/头·d	g/头·d	g/头·d	g/头·d	g/头·d	g/头·d
春	13.22	8.35	1.78	221.72	4.51	139.39	13.36	185.04	8.36
	± 1.03	± 0.62	± 0.12	± 56.81	± 0.74	± 5.16	± 1.67	± 32.67	± 0.24
夏	14.80	8.81	2.05	215.60	3.36	124.53	14.49	140.52	7.94
	± 1.58	± 1.13	± 0.25	± 28.03	± 0.35	± 8.03	± 1.92	± 21.87	± 0.07
秋	12.99	6.47	1.69	178.69	3.92	105.24	8.41	126.48	7.95
	± 1 .15	± 1.24	± 0.19	± 43.44	± 1.02	± 6.74	± 3.16	± 20.41	± 0.17
冬	14.71	8.26	1.71	260.15	4.79	119.32	13.54	73.02	8.49
	± 2.21	± 1.59	± 0.41	± 21.03	± 0.54	± 8.21	± 5.75	± 30.16	± 0.16
平均	13.85	8.17	1.80	219.42	4.36	120.41	11.67	130.89	8.22

表3-12　成年期奶牛污染物排泄系数

	粪便产生量	尿液产生量	有机质	COD	NH_4^+-N	全　氮	全　磷	铜	尿　液
	kg/头·d	kg/头·d	kg/头·d	g/头·d	g/头·d	g/头·d	g/头·d	g/头·d	g/头·d
春	34.02	13.96	4.21	326	10.89	320.84	44.85	314.62	8.40
	± 4.09	± 1.65	± 0.46	± 60.80	± 2.81	± 15.21	± 6.44	± 37.07	± 0.20
夏	34.08	15.60	4.15	476.63	13.77	231.05	36.11	285.84	8.26
	± 3.98	± 3.57	± 0.60	± 12.40	± 1.69	± 21.40	± 2.42	± 41.22	± 0.36

续　表

	粪便产生量	尿液产生量	有机质	COD	NH_4^+-N	全　氮	全　磷	铜	尿　液
	kg/头·d	kg/头·d	kg/头·d	g/头·d	g/头·d	g/头·d	g/头·d	g/头·d	g/头·d
秋	33.53	13.38	3.84	353.67	9.07	257.88	28.27	188.52	8.07
	±3.42	±3.82	±0.36	±81.19	±2.35	±16.75	±9.87	±45.32	±0.34
冬	30.14	11.10	4.17	331.25	6.22	222.97	32.85	209.74	8.63
	±2.34	±1.33	±0.59	±87.16	±1.38	±13.16	±9.98	±44.08	±0.05
平均	32.84	13.24	4.07	362.46	9.65	257.79	35.31	244.12	8.35

　　从表 3–11 和表 3–12 中可以看出，无论是育成奶牛还是成年奶牛，粪便产生量和尿液产生量夏季高于其他三个季节。

　　以各种污染物排泄系数的四季平均值来看，两个阶段奶牛粪尿中各污染物的排泄系数并未完全呈等比关系，育成期奶牛粪便产生量为 13.85 kg/头·d，尿液产生量为 8.17 kg/头·d，尿液 pH 值为 8.22，有机质为 1.80 kg/头·d，COD 的量为 219.42 g/头·d，NH_4^+-N 的量为 4.36 g/头·d，全氮的量为 120.41 g/头·d，全磷的量为 11.67 g/头·d，铜的磷为 130. 89 mg/头·d；成年期奶牛粪便产生量为 32.84 kg/头·d，尿液产生量为 13.24 kg/头·d，尿液 pH 值为 8.35，有机质为 4.07 kg/头·d，COD 的量为 362.46 g/头·d，NH_4^+-N 的量为 9.65 g/头·d，全氮的量为 257.79 g/头·d，全磷的量为 35.31 g/头·d，铜的磷量为 244.12 mg/头·d。两个阶段奶牛日粮组成成分不同、营养水平不同，对日粮中各种营养物质的消化吸收能力也不相同。

　　2. 对于不同阶段奶牛排泄系数的比较分析

　　（1）体重、采食量与粪尿产生量

　　为了直观进行体重在 300 kg ~ 450 kg，平均为 330 ± 94 kg 的育成期奶牛和体重在 550 kg ~ 770 kg，平均为 665 ± 59 kg 的成年期奶牛在采食量、粪尿产生量的比较，见图 3–5。从中可以看出，采食量、粪尿产生量与奶牛体重大致成二倍正相关关系。将各组数据以单位体重表示（表 3–13），则可以发现随着体重的增加，成年期奶牛相对于育成期奶牛的采食量已有所下降；粪便的产生量却相对增加，说明成年期奶牛的消化机能低于育成阶段的奶牛；成年期奶牛尿液量相对减少的可能原因与泌乳有关。虽然成年期奶牛相对于育成期奶牛的单位体重尿液量有所减少，但由于单位体重粪便产生量增加较多，致使污染物单位体重产生总量也相应增加；也说明在单位体重下，成年期奶牛对环境的贡献率要高于育成期奶牛。

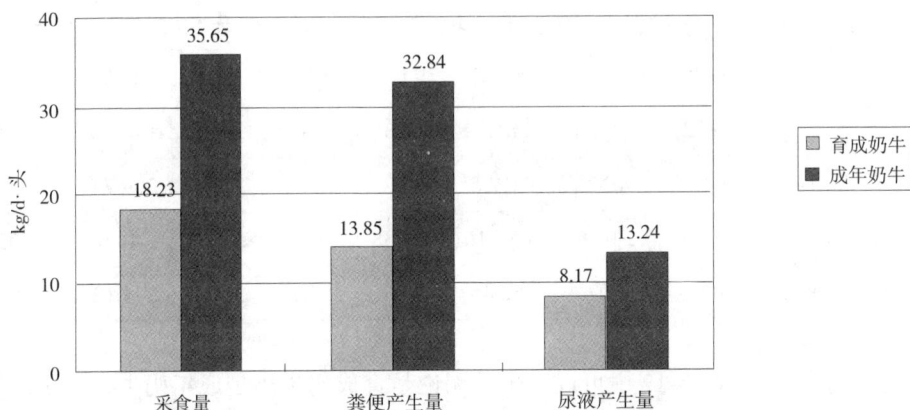

图 3-5　育成奶牛和成年奶牛采食量、产粪量、产尿量比较

表 3-13　单位体重采食量、粪尿产生量比较

	采食量 （kg/d-kgBW）	粪便产生量 （kg/d-kgBW）	尿液产生量 （kg/d-kgBW）
育成期奶牛	0.055 2	0.042 0	0.024 8
成年期奶牛	0.053 6	0.049 4	0.019 9

（2）日采食营养物质和日产生污染物质

奶牛通过饲料摄入的粗蛋白、总磷以及微量元素不能完全被动物体吸收，不能吸收的部分将随着粪便和尿液排出体外，为了对这些指标数据能够进行翔实的分析说明，将其进行了分别比较。

a. 氮。在全年试验期间，体重在 300 kg ~ 450 kg，平均为 330 ± 94 kg 的育成期奶牛和体重在 550 kg ~ 770 kg，平均为 665 ± 59 kg 的成年期奶牛日采食氮量平均分别为 140.48 ± 20.19 g/d · 头和 441.12 ± 41.11 g/d · 头，粪产生氮量平均为 63.94 ± 12.47 g/d · 头和 157.79 ± 16.8 g/d · 头，尿产生氮量平均为 52.54 ± 7.81 g/d · 头和 90.29 ± 19.12 g/d · 头。分别

将两个阶段奶牛每日采食氮量和粪、尿氮产生量进行直观比较，见图 3-6 和图 3-7。

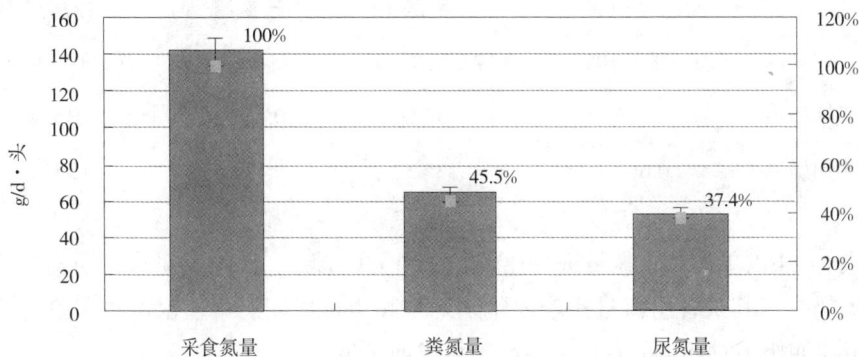

图 3-6　育成奶牛采食氮量和粪尿氮量

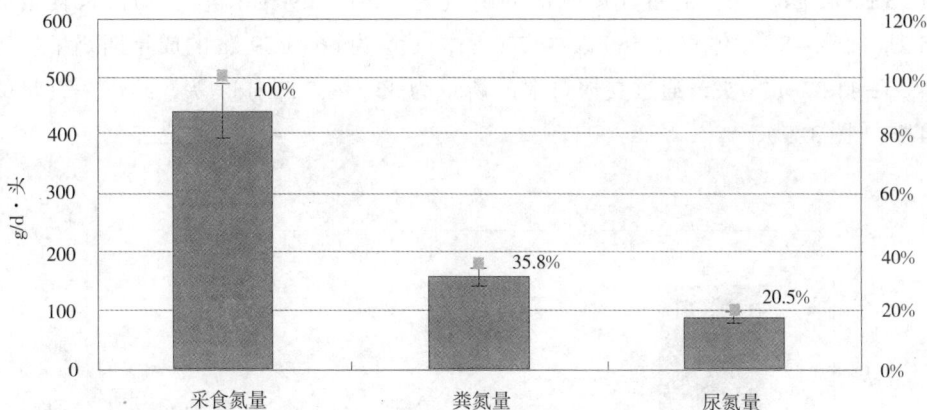

图 3-7　成年奶牛采食氮量和粪尿氮量

从图 3-6 可以看出，在日粮粗蛋白水平为 10.4% ~ 13.7%，平均为 11.7% 情况下，育成期奶牛每日粪氮、尿氮的产生量分别占采食氮量的 45.5% 和 37.4%。换言之，每日采食的氮仅有 17.1% 被机体利用，约为 24.02 g。

从图 3-7 可以看出，在日粮粗蛋白水平为 10.8% ~ 19.1%，平均为 14.9% 情况下，成年期奶牛每日粪氮、尿氮的产生量分别占采食氮量的 35.8% 和 20.5%。换言之，43.7% 用于维持需要和泌乳、增重等。

表3-14 单位体重采食氮量、粪尿氮量和总氮量比较

	采食氮量	粪氮量	尿氮量	粪尿总氮量
	（g/d–kgBW）	（g/d–kgBW）	（g/d–kgBW）	（g/d–kgBW）
育成期奶牛	0.425 7	0.193 8	0.159 2	0.353 0
成年期奶牛	0.663 3	0.237 3	0.135 8	0.373 1

表3-14以单位体重氮量进行比较，从中可以看出，除尿氮量成年期奶牛低于育成期奶牛，其余各组氮量比较成年期奶牛高于育成期奶牛，也说明在单位体重下，成年期奶牛对环境的贡献率要高于育成期奶牛。

b. 磷。矿物质元素磷主要通过粪便排泄，而尿液中含量很少。体重在300 kg ~ 450 kg，平均为 330 ± 94 kg的育成期奶牛通过采食饲料摄入的磷量为 21.13 ± 5.46 g/d·头，通过粪尿排泄的磷量为 11.67 ± 2.90 g/d·头，约占采食量的55.2%（图3-8）；体重在550 kg ~ 770 kg，平均为 665 ± 59 kg的成年期奶牛摄入 54.70 ± 11.37 g/d·头，通过粪尿排泄的磷量为 35.31 ± 7.22 g/d·头，约占采食量的64.6%（图3-9）。

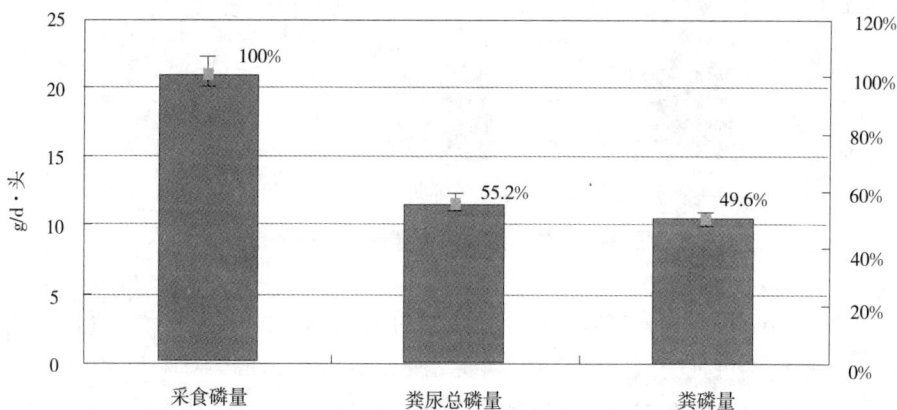

图3-8 育成奶牛采食磷量和粪尿磷量

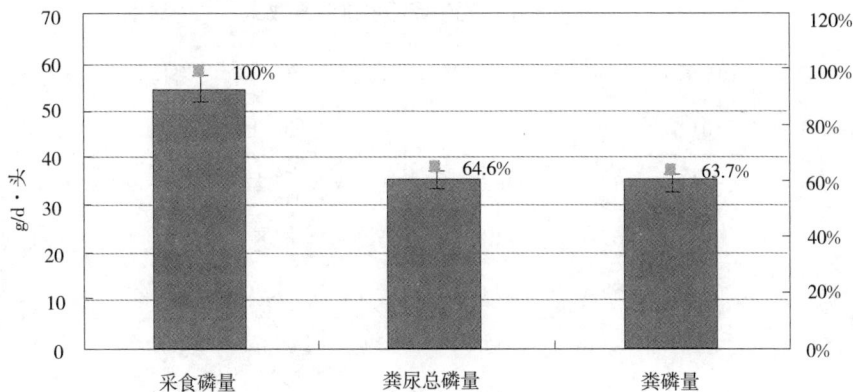

图 3-9　成年奶牛采食磷量和粪尿磷量

以饲料干基计算，该场育成期奶牛磷含量在 0.11%，DM ～ 0.34%，DM，平均含量为 0.19%，DM；成年期奶牛磷含量在 0.16%，DM ～ 0.53%，DM 平均含量为 0.30%，DM；大致在 NRC（National Research Council，2001）标准和我国《NY/T34-2004 奶牛饲养标准》（冯仰廉，2004）范围之内。

磷在土壤中的移动性较差，易在土壤中累积，若将奶牛粪便直接作为磷肥，由于粪尿是混合在一起的，而尿液的 pH 值呈弱碱性，磷在碱性条件下会与碳酸钙和碳酸镁发生反应，导致其作为磷肥的有效性降低。过多的磷会通过土壤的淋洗进入地表径流，造成地表水污染及水源富氧化。

c.铜。体重在 300 kg ～ 450 kg，平均为 330 ± 94 kg 和体重在 550 kg ～ 770 kg，平均为 665 ± 59 kg 的成年期奶牛采食铜量的 95% 以上通过排泄进入了环境。据报道，我国北方地区的褐土比南方红壤对铜的吸附强度高出 2 ～ 9 倍（杨居荣等，1982），同时，土壤对铜的吸附能力会随着 pH 的升高而显著增强（Mesquita，2002）。铜在土壤中长期累积，会造成土壤板结，土地肥力下降。

3.奶牛场污水产生量及其成分含量

本试验所监测的典型奶牛养殖场产生的污水，主要为挤奶厅污水和生活污水，还有部分奶牛粪尿、消毒残液等也会随污水进入排污沟渠，这些污水全部未经处理就直接排入环境，其污水排泄系数见表 3-15。

表 3-15　奶牛场污水排泄系数

污染物名称	pH 值	COD	NH$_4^+$-N	TKN	全磷	铜	排水量
单位	pH	mg/L	mg/L	mg/L	mg/L	μg/L	m³/ 百头·d
春	7.4	139.7	46.0	30.9	2.2	12.6	26
夏	7.8	467.8	71.9	97.9	7.8	4.1	32
秋	7.6	752.8	27.0	42.1	1.9	4.3	25
冬	7.2	183.6	25.1	28.6	3.0	22.5	23
平均	7.5	386	42.5	49.9	3.0	10.9	26.5

从中可以看出，污水中 pH 值和 NH$_4^+$-N 量的表现一致，均呈夏季 > 秋季 > 春季 > 冬季，水中的氨氮是指以游离氨（NH$_3$）和离子氨（NH$_4^+$）形式存在的氮，主要来源于含氮有机物受微生物作用的分解产物。因此，当污水中氨氮浓度升高，pH 也会发生相应的变化。结果表明，该场排放的污水中 NH$_4^+$-N 值在各季节都低于国家《畜禽养殖业污染物排放标准》对集约化养殖水污染物最高允许日均排放浓度（80 mg/L）的要求。

污水中 COD 浓度在秋季最高，达到了 752.8 mg/L；春季和冬季较低，分别为 139.7 mg/L 和 183.6 mg/L；夏季为 467.8 mg/L。COD 值反映了水中受还原性物质污染的程度，水中的还原性物质包括有机物和亚硝酸盐等无机物，但主要是有机物污染。北京地区夏、秋季节降雨较多，雨水使粪尿中大量的有机污染物进入排污沟渠，是造成 COD 值高于国家《畜禽养殖业污染物排放标准》（COD ≤ 400 mg/L）的主要原因；而在春、冬季节气候干旱，因此能够达标排放。

不经处理的污水中氮、磷物质含量在夏季也明显高于其他三个季节，这就使微生物大量繁殖，水质会出现富营养化状态。各季节排放的总磷系数低于国家《畜禽养殖业污染物排放标准》对集约化养殖水污染物最高允许日均排放浓度（总磷 8.0 mg/L）的要求。

每百头奶牛排水量高于或等于国家《畜禽养殖业污染物排放标准》对集约化畜禽养殖干清粪工艺最高允许排水量（夏季 30 m³/ 百头·d，冬季 20 m³/ 百头·d，春、秋季 25 m³/ 百头·d）的要求。其他排放系数尚未有相应的国家标准。

第二节　畜禽养殖业中粪便污染物的处理

目前，我国畜禽养殖业的粪便污染物的主要处理方式有以下几种。

一、主要清粪方式

养猪场粪便的清理方式分为三种：干清粪、水冲粪、垫草垫料（生物发酵床等）。其中，水冲粪方式耗水量大，据调查显示平均每头猪需要消耗 35 ~ 40 L 的水来冲洗猪舍粪便；废水中污染物浓度高，栏舍出水 COD_{cr} 为 11 000 ~ 13 000 mg/L，NH_3-N 为 800 ~ 2 000 mg/L；即使在固液分离后，废水中污染物的浓度依然很高，同时分离出的粪渣等固体养分含量低，肥料利用价值不高。干清粪方式能够大量减少清粪过程中的水、电用量，同时保持固体粪便的营养物，提高有机肥利用价值。生物垫料作为一种新型的养殖模式，从目前在国内的应用情况来看，在养殖场的防疫控制、垫料的循环利用方式、高效菌种的筛选、组合及菌种的本土化等方面面临着潜在性和不确定性风险，因此其利用前景还需做进一步深入研究。

随着"十二五"农业减排力度的加大，干清粪作为一种污水产生量少、有机肥利用价值高、后续处理成本相对较低的清粪方式得到政府鼓励和大力推广。

二、固体废弃物主要处理方式

通过对全国近 20 个省的实地调研总结，将猪粪等固体废弃物的主要处理方式总结为以下四种处理方式：直接农业利用、生产有机肥、生产沼气、无处理。直接农业利用包括直接农业利用、简单堆肥后利用、种植食用菌、水产养殖等，直接农业利用中必须保证使用量不大于施用环境的承纳能力。生产有机肥是指经固定堆肥场和有堆肥设备的畜禽粪便处理场发酵的粪便利用方式，包括出售后生产有机肥。生产沼气是指经厌氧装置将粪便发酵生产沼气的粪便处理方式，实际生产中一般将粪便混入污水一起厌氧发酵，单独的固体发酵处理很少。无处理包括直接排入环境、没有固定防雨堆场的粪便处理方式、粪便过量排入土地系统的利用方式。

三、污废水主要处理方式

通过对全国近 20 个省的实地调研总结，将猪尿等污废水的主要处理方式总结为五种：直接农业利用、厌氧处理、厌氧处理＋好氧处理、厌氧处理＋好氧处理＋深度处理、无处理。直接农业利用包括直接灌地、水产养殖，直接农业利用必须保证污水使用量不大于环境承纳能力，并符合当地环境容量要求。厌氧处理方式包括普通沼气池处理、UASB、UBF等改良型厌氧反应器处理。好氧处理包括普通活性污泥法、SBR法、生物膜法、生物接触氧化法等，好氧处理必须有与处理量相匹配且能稳定运行的充氧设备。深度处理包括膜处理、强化物化处理（脱氮除磷）、人工湿地、氧化塘、生物滤池等生态处理。无处理指直接排入环境、没有固定储存池的直接农业堆放、污水过量排入土地系统、养殖系统的利用方式。

四、典型组合处理模式

畜禽养殖场粪便废弃物处理模式的选择与粪尿收集方式、粪污处理技术、排放去处、管理水平、工程投资及运行成本等因素有关。调研情况显示，"还田利用模式""厌氧发酵—自然处理模式"和"达标排放处理模式"三类处理模式基本概括了我国不同环境容量背景下规模化养猪场粪污的处理现状。

（一）还田利用模式

此模式作为一种传统的、经济有效的粪污处置方法，可以实现畜禽粪尿零排放。既能够有效地处理污染物，又能利用猪粪、尿中的营养成分种植作物，同时还能减少农田化肥的使用。需要注意贮水池的贮存期不得低于当地农作物生产用肥的最大间隔时间和冬季封冻期或雨季最长降雨期，容积一般不得小于60 d的排放总量。其主要工艺流程如图3-10。

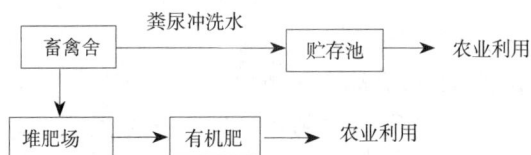

图3-10　粪污还田模式工艺流程图

还田模式的优点是可实现零排放，投资省，不耗能，无须专人管理，基本无运行费。其缺点是：受土地等条件限制，适应性不强；存在着传播畜禽疾病和人畜共患病的危险；在施用量过大、施用频率过高的情况下会导致土壤硝酸盐、磷及重金属的累积，从而对地表水和地下水构成污染风险。适合于在我国西部少雨地区、东北、海南等种植较多的地区推广应用。

（二）厌氧发酵—自然处理模式

这种模式以环境效益为主，兼顾沼气回收利用。此模式以厌氧反应池为主体工艺，结合氧化塘或人工湿地等自然处理系统。在我国南方地区已得到了较为广泛的推广应用。其主要工艺流程如图3-11所示。

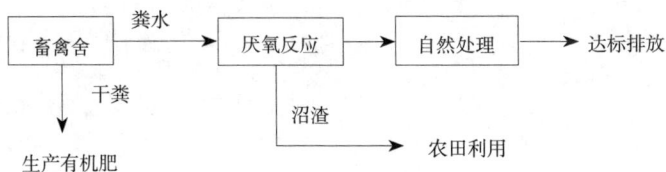

图3-11 厌氧发酵—自然处理模式工艺流程图

厌氧发酵—自然处理模式的优点是投资运行费用低，可以回收甲烷再利用；不需要复杂的污泥处理系统；无复杂的设备，易于管理，对周围环境影响小。缺点是整个处理工艺需占用大量土地面积，同时有污染地下水的可能。这种模式在我国的中部地区应用较多，湖南、江西、湖北、山西、河南、重庆、四川、贵州、云南等全年平均气温较高的地区应用较多。从调研情况发现，当前厌氧处理部分存在指导思想偏离污染减排，主要由能源部门主导，以产能为主要目标，70%以上养殖场的粪便、污水一起进入沼气池，厌氧后出水浓度高。

（三）达标排放处理模式

这种模式通过固液分离，将分离出的粪渣出售或生产有机复合肥，污水通过厌氧＋好氧处理、厌氧＋好氧＋深度处理等组合模式达到排放标准。常规达标排放处理模式的工艺流程如图3-12所示。

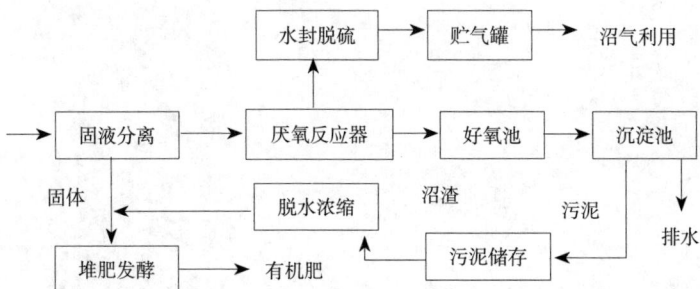

图3-12 达标排放处理模式工艺流程图

　　达标排放处理模式的优点是适应性广，占地少不受地理位置限制；容积负荷高，甲烷产气量多；可达标排放。缺点是一次性投资大，运行费高；设备多，维护管理量大，需要专门的技术人员运行管理。适用于大规模养猪场，一般年出栏生猪在万头规模以上。这种模式主要集中在广东、上海、江苏、浙江、北京、天津等经济较发达地区。

第四章
畜禽养殖粪便污染物的环境成本探析

第一节　环境成本概述

一、外部环境成本

目前对于"外部环境成本"没有统一的定义，有必要在对相关概念归纳总结的基础上阐述其内涵。

（一）环境

《辞海》中环境是指"围绕着人类的外部世界，是人类赖以生存和发展的社会和物质条件的综合体"。《英汉辞海》中称环境（Environment）为"周围的情况、影响或势力，包括生存环境——作用于一个生物体或一个生态环境并且最终决定其形式和生存的气候、土壤及生物因素的总和；社会环境——影响一个人或一个社会的社会和文化条件（如风俗习惯、法律、语言、宗教以及经济和政治组织）的总和"。

在生物学中，环境是指某一种特定生物或生物群体以外的空间以及对该生物体或生物群体的生存产生直接或间接影响的一切事物的总和。狭义的环境是指自然环境，包括生物生存的空间以及维持生命活动的物质和能量因子，包括太阳辐射、温度、湿度、土壤酸碱度和风力等。广义的环境除了自然环境外还包括受人工活动影响的人工环境（如防风林、水保林、水利设施）和人工建造的环境（如无土栽培环境、大棚温室等）。

1989 年颁布的《中华人民共和国环境保护法》第二条规定："环境是指影响人类生存和发展的各种天然的和经过人工改造的自然因素的总体，包括大气、水、海洋、土地、矿藏、森林、草原、野生生物、自然遗迹、人文遗迹、自然保护区、风景名胜区、城市和乡村等。"在此，主要强调的是人类赖以生存和发展的自然资源、自然环境以及经过人工改造的自然资源和自然环境。

在环境经济学中，"环境"是指能为人们提供各种服务的资本，是与物质资本、人力资本、社会资本并列的四大资本之一，为人类提供许多不可缺少的服务（刘传江、侯伟丽，2007）：生产新鲜空气、自然风景等公共消费品；提供人类生产、生存和繁衍的自然资源和场所；接纳人类生产和消费活动产生的废弃物。因此，"环境"不仅提供生命支持系统，同时为人类的经济活动提供直接或间接的服务，与人类的生存与发展息息相关（冉瑞平，2010）。

本文中所提到的"环境"主要指的是自然环境资源，即对人类生存和发展有直接或间接影响的一切自然物质、能量、生存空间以及自然现象的总和，主要包括大气环境、生物环境、水环境、地质和土壤环境以及其他自然环境。

（二）环境成本

马克思在劳动价值论中认为"成本"的经济实质是生产经营过程中所耗费的生产资料转移的价值（C）以及劳动者为自己所创造的价值（V）的货币表现，即为生产某种产品而发生的、能以货币计量的劳动资料、劳动对象和活劳动的消耗。马克思认为，成本是产品消耗价值的补偿尺度，一个企业，只有当其收入足以补偿成本时，才能维持简单再生产，只有当其收入超过成本时，才能赚取利润，从而进行扩大再生产。

"成本"是个不断发展的概念，随着对消耗补偿认识的深化和社会经济活动的不断发展，人们意识到，人类社会的可持续发展还应充分考虑自然环境中各种物质资源的耗费，于是提出了"环境成本"的概念。目前，许多研究机构、专家学者从不同的角度对环境成本的基本含义进行了阐述，大致可以划分为广义和狭义两个层面上的定义：

1.广义的环境成本

广义的环境成本是从全社会的角度出发，从宏观层次上对"环境成本"进行界定，主要有以下有代表性的定义。

在国际上，联合国统计署（UNSO）和美国环境管理委员会对环境成本做出了权威性的定义：UNSO 在 1993 年发布的"环境与经济综合核算体系"（SEEA）中，把环境成本界定为：①因自然资源数量消耗和质量减退而造成的经济损失；②环保方面的实际支出，即为了防止环境污染而发生的各种费用和为了改善环境、恢复自然资源的数量或质量而发生的各种支出。

美国环境管理委员会把环境成本界定为：① 环境损耗成本，指环境污染本身导致的成本或支出，如烟雾受害者的支气管炎等疾病的治疗费，或者因有害废水排入河流所造成的渔业损失等；② 环境保护成本，指为了将自己和污染隔离开来而发生的费用，如为了防止噪音污染而发生的建设隔音装置材料的费用；③ 环境事务成本，指为了对环境进行管理而发生的收集环境污染情报、测算污染程度、执行污染防治政策而发生的各种费用；④ 环境污染消除费用，指为了消除现有的环境污染而发生的费用，如为了制止废水排放而建设废水处理厂的费用等。上述环境成本中，环境事务成本和环境污染消除费用属于企业的内部成本。

在国内，陈思维（1998）认为"环境成本是指为控制环境污染而支付的费用以及污染本身造成的损失之总和"，"环境成本 = 污染控制费用 + 污染损失 = 污染治理费用 + 污染预防费用 + 污染物流失损失 + 污染损害价值"。林万祥（2002）界定了"社会环境成本"，认为社会环境成本的概念应有广义与狭义之分。广义的概念是指在一定时期内一个国家或一个地区为维护环境质量所支付的污染控制费用、污染造成的环境损害费用以及为保护自然资源所发生的费用总和。狭义的社会环境成本仅指由政府所支付的环境污染控制费用、环境损害费用和自然资源保护费用的总和。李克国等（2003）认为环境成本是人类在使用环境资源时要付出的对资源减少和破坏以及影响环境质量的代价，由三部分内容构成：使用者成本、环境损害成本和环境保护成本。李明辉（2005）将环境成本划分为三类：① 资源耗减成本，是由于经济活动开发、使用而发生的自然资源实体数量减少的价值；② 污染损失成本，是由于废弃物的排放超过环境容量而使环境资源的质量下降所造成损失的货币表现；③ 环境保护成本，是为避免环境降级或消除其影响而实际发生的费用。

由以上有代表性的定义可知，广义的环境成本是经济主体活动产生的不良环境影响与全社会用于环境保护和环境损害治理的费用总和，可以将其称作社会环境成本。

2. 狭义的环境成本

会计学从微观层面上将"环境成本"界定为企业在生产过程中，由于占有和消耗环境资源、污染和破坏环境而付出（或需要付出）的代价，一般认为，这是狭义概念上的"环境成本"。狭义环境成本主要有以下有代表性的定义。

联合国国际会计和报告标准政府间专家工作组（ISAR）于 1998 年通过了《环

境会计和报告的立场公告》，将环境成本定义为：本着对环境负责的原则，为管理企业活动对环境造成的影响采取或被要求采取措施的成本，以及因企业执行环境目标和要求所付出的其他成本。例如，避免和处置废物、保持和提高环境质量、清除泄漏油料、开发更有利于环境的产品、开展环境审计和检查等方面的成本。具体可分为环境污染补偿成本、环境治理成本、环境损失成本、环境保护维持成本、环境保护发展成本等。加拿大特许会计师协会（Canada Institute of Chartered Accountant，1993）将环境成本划分为环境预防成本、环境对策成本与环境损失成本：环境预防成本指的是企业在实际环境损失发生之前主动付出的环境成本支出，如用于改进产品环境属性而发生的设施或设备、生产工艺、材料采购等方面的调整变更所发生的成本支出；环境维持成本是指用以维持环境现状而不至于进一步恶化所发生的环境成本支出，一般来说环境维持成本和企业生产的负面环境影响同步发生，如为了将污染物的排放量和排放浓度控制在一定范围，企业专门设立环境管理机构和人员所发生的经费支出及环境监测费用等；环境损失成本则指的是企业因造成环境污染而被受害者或第三方要求予以赔偿、恢复等所支付的成本费用，包括受害赔偿金、罚金等。日本环境省（Japan Ministry of Environment，2000）发布的《关于环境保护成本公示指南》，将环境成本定义为：以降低因企业经营活动造成的环境负面影响为目的所支付的成本及相关费用，由六个部分构成，分别是：生产领域成本、上游/下游成本、管理活动成本、研发成本、社会活动成本以及环境损害成本。

国内会计学界对环境成本的定义，具有代表性的有：郭道扬（1997）以"生态环境成本"的学术思想为基础，将环境成本界定为四个部分：① 由于环境的恶化而追加的用于治理生态环境的投入；② 因重大环境责任事故导致生态环境恶化所造成的损失以及由此引起的环保罚款和环境损失治理费用；③ 未经环境保护部门批准，擅自对项目投资所造成的罚款；④ 环境治理无效率所导致的投资损失和浪费。罗国民（1999）认为，"环境成本是企业生产经营活动中所耗费的生态要素的价值以及为了恢复生态环境质量而产生的各种支出。"他认为"环境成本"有以下构成内容：① 维护环境的支出；② 预防污染的支出；③ 治理环境的支出；④ 人为破坏生态环境造成的损失。乔世震（2001）认为"环境成本是指与企业环境责任活动相关的责任成本"。肖序（2007）将环境成本描述为："以货币价值计量的，为预防、减少和避免环境影响产生，或清除这些环境影响等发生的各种耗费。"

由以上定义可见，狭义的环境成本指的是企业承担的因环境方面因素引致发生的各种耗费。一般来说，这些耗费可以用货币准确计量，已经体现在企业会计成本中，因而又可以称之为"内部环境成本"，包括企业因履行环境保护责任、降低生产经营的产品或服务在生命周期内的环境负荷或执行国家环保政策法规，在一定时期内，采取一系列环境保护活动。例如，降低污染物排放、废弃物回收再利用与处置、绿色采购、环境管理、支援社会环保活动及支付环境损害方面的成本。

（三）外部环境成本

西方经济学中有"私人成本"和"社会成本"的划分，所谓"私人成本"就是生产或消费一件物品，生产者或消费者自己所承担的费用，前文提到的"内部环境成本"就是企业的"私人成本"。在没有外部效应时，社会成本就是生产或消费一件物品所引起的全部成本，当存在外部不经济时，社会成本不仅包括私人成本，也包括生产行为或消费行为所造成的"外部成本（External Cost）"。例如，由于某一厂商的环境污染，导致另外的厂商为了维持原有产量，必须增加一定的成本支出，这就是"外部成本"。

因此，某一经济主体活动所带来的全部环境成本可以划分为"内部环境成本"和"外部环境成本"两部分，其划分的依据是环境成本的负担者与成本的产生者之间的关系。"内部环境成本"是经济主体实际承担的和环境相关的成本，可以体现在会计损益中。而"外部环境成本"指的是：由经济主体活动的外部不经济性所导致的、由于各种原因未由经济主体本身承担的、需要由社会来负担和消化的那部分环境成本。虽然外部环境成本由于各种原因未由经济主体本身承担，因而未体现在会计"成本"中，但不可否认的是经济主体的活动已经造成了环境损失，社会环境质量确实已经受到了影响甚至破坏，只是这种损失的承担者是社会。对某一经济主体来说，"内部环境成本"和"外部环境成本"之间在一定程度上存在着此消彼长的关系，日本学者国部克彦（1998）总结了这种关系，如图4-1所示。

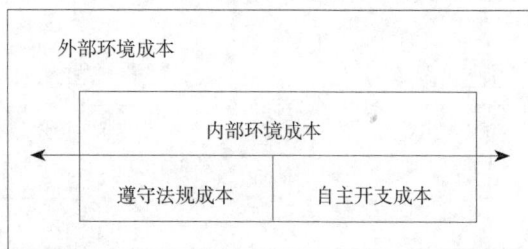

图4-1　内部环境成本和外部环境成本的关系

如果企业采用清洁生产技术、选择环保材料、对产生的"三废"进行末端治理、交纳环境资源税、对周围环境的污染损害进行赔偿等内部环境成本增加，其对环境造成的不良影响会削减，由他人所负担的外部环境成本会减少，外部环境成本转化为内部环境成本，即实现了外部环境成本的"内部化"。政府可以通过制定和实施环境保护政策，强制或激励经济主体的外部环境成本内部化行为。外部环境成本转化为内部环境成本的时间和比例取决于政府环境管理政策的完善程度，政府环境管理政策越完善、越有效，内部环境成本在全部环境成本中所占比例会日渐增大，最终趋于一致，达到控制外部环境成本的目的。

二、环境与经济

（一）传统经济对环境与经济发展的认识

传统的经济系统模型并没有意识到自然环境与经济发展之间不可分割、相互联系的内在关系。它不仅在生产环节忽视了排放物对环境的影响，在流通和消费环节也没有将产品废弃物对环境的影响考虑进来，它把人类本身的经济活动看成是一个独立的系统，忽略了人类活动对环境以及环境对人类生产的影响。

传统经济系统模型把经济生产过程看作一个完全封闭的系统，如图4-2，经济活动在家庭消费与厂商生产之间来回循环运动，忽视了在这个过程中的环境因素，从而将经济过程看作是一个可以自我维持的机器。赫尔曼·戴利也指出："在这个只有抽象地交换价值流动的孤立系统中，没有任何东西是依赖于周围环境的，当然也就不会有自然资源消耗、环境污染等问题，也就不会有依靠自然生态系统的服务体系的宏观经济学，或者根本不会依靠除它本身之外的任何东西。因此，尽管这种经济循环模式对于我们分析生产者和消费者之间的交换行为，以及与此相关的价格决定和收入分配等问题很有帮助，但对于经济与环境关系的研究没有任何作用。这种现象类似于生物学家只看到一个动物的循环系统而没有看到消化道一样，而此时这个动物就成了一个孤立的系统。"

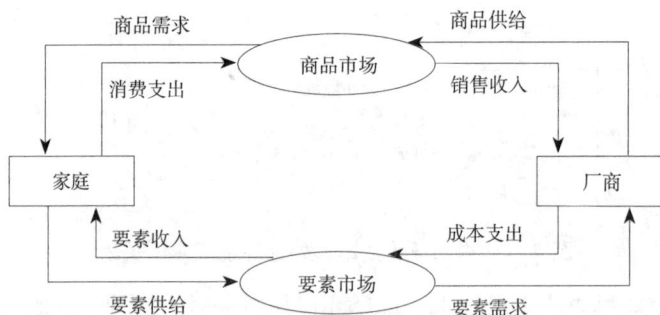

图4-2 传统经济系统模型

（二）新的生态经济系统模型

相比于传统的经济系统模型，在考虑了自然环境影响的基础上形成了新的生态经济系统模型（如图4-3）。它弥补了人类对于环境与经济之间关系的认识，成为资源环境经济学的核心内容。

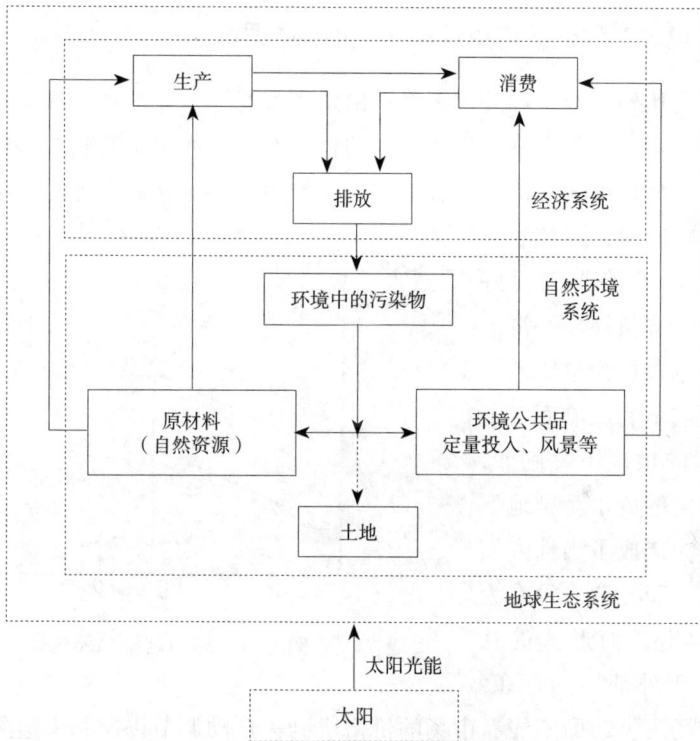

图4-3 新的生态经济系统模型

从上图中可知，环境系统与经济系统之间存在着相互联系、相互影响的关系。环境系统为人类经济活动的发展提供必要的原材料，而人类向环境中排放废弃物；人类排放废弃物的过程也是环境自净的过程，当人类废弃物排放超过了环境自净能力时，人类活动对环境的负面影响开始显现并反作用于人类本身，形成了环境问题。

图4-3表明，整个生态经济系统模型不仅包括经济系统，更包括自然环境系统，两者互相依靠，共同形成地球生态系统。在经济系统中，生产和消费需要从自然环境系统中吸收原材料和利用环境公共品以支撑经济持续发展，而在经济发

展过程中，生产和消费也会向环境中排放一些废弃物。在人类经济发展的初期，经济中向环境中排放的废弃物在环境的承载范围内，所以并没有产生严重的环境问题，当时的人类也没有意识到经济与环境的关系。随着经济活动规模的扩大，向环境中排放的废弃物数量超过了环境承载力，于是那些环境无法消化的生产废弃物开始反作用于人类。

三、环境成本评估的核算理论——外部性理论

外部性是从外部经济和外部不经济出发考察经济主体的经济活动对其环境所在地福利的影响。外部经济指活动主体的行动对他人产生了有利的影响，但自己没有从中索要任何报酬。例如，农户在园中养殖花卉，这些花卉的香味可以使邻居和路人心情愉快，但该农户并不能对邻居和路人索要好处。外部不经济与外部经济恰好相反，发生在行为主体的活动对他人造成不利影响而又未给他人补偿的情况下。例如，生猪养殖排放的废水污染地下水，这种行为造成了当地人们的健康损失，而养殖户没有为这种行为做出任何形式的补偿。正是由于外部性的存在，

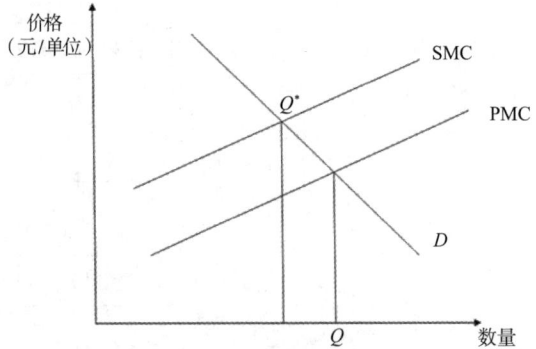

图4-4　环境污染的外部性

容易造成市场失灵，即不能靠市场的价格机制去自动调节以使私人边际成本等于社会边际成本。如图4-4所示，如果生猪养殖不存在排放粪污治理的要求，它的产量是Q_m。在竞争情况下，会使生产者剩余最大化。但是，由于生猪生产过程中不可避免地造成污染，PMC是生猪养殖的私人边际成本曲线（不包括污染控制和污染损害）。因为社会不仅要考虑生猪养殖的成本，也要考虑污染的成本，故社会边际成本SMC与需求D的交点Q^*才是净效应最大化点。因此，环境污染在很多情况下实质上是一种环境外部性的表现。外部性问题可以归结为两大经济原因：一是"市场失灵"，二是"政府失灵"（沈满洪，2001）。

（一）"市场失灵"——公共物品产权界定的不明确

在市场经济体系中，资源的有效配置取决于生产者和消费者利益的最大化，而成本是供求双方利益最大化的基础。由于环境外部性的存在，市场中的生产和

消费成本变得不明确，市场失灵就出现了。

根据公共产品理论，整个社会的产品可以被分为公共产品和私人产品，私人产品是由个别人所占有和消费的，具有效用的可分割性、受益的排他性和消费的竞争性等特征。而萨缪尔森在《公共支出的纯粹理论》（1954）一文中给出的公共产品的严格定义为：纯粹的公共产品指的是每一个人对这种产品的消费都不会导致任何其他人对该产品消费的减少的产品。与私人产品相比，公共产品具有三个显著特征：效用的不可分割性、消费的非竞争性和受益的非排他性。由于具有这样的特征，使得公共产品的产权不明晰，导致公共物品使用过程中的浪费、过度以及随意使用。

环境就是典型的公共产品，具有公共产品的特征，使得治理环境污染异常困难，其中环境产权的不明确是主要的原因。产权是指法人主体或个人对资源享有占有、使用、收益和处分的权利。这项权利使得物品具有了排他权，即任何人未经资源所有人许可都不具有使用、占有、收益和处分该物品的权利。

生猪养殖带来水体、空气、土壤等的污染，而水体、空气、土壤等是环境的重要组成部分，也是人们生活和活动所必要的资源。由于人们一直存在环境没有价值的传统观念，一旦公共物品存在或被生产，人们就随意地使用，却可能不愿承担生产成本。所以，在产权不明确的情况下，会造成公共物品的使用不当，为了防止这种情况，就需要政府的介入了。

（二）导致环境污染的"政府失灵"

市场失灵不是低效率的唯一来源，政治程序也应该为此承担责任，某些环境问题的出现与其说是来源于经济制度，倒不如说是来源于政治制度。一方面，因为政府在环境治理决策的制定中，对于生态和环境没有给予足够的重视和保护，从而诱使人们不顾生态环境的破坏而单纯地追求经济价值和经济增长速度。另一方面，由于在政府管理体制及政府主管部门中存在一系列的管理问题，使得有关环境政策无法得到有效实施（张坤民，1997）。例如，污染者为了维护存在污染时的既得利益，不断地向政府当局和环境部门进行寻租行为，力图以最小的成本获得最大的利益，从而把污染造成的外部成本转嫁给受污染者。

四、环境成本评估方法

在我们期望对经济主体活动给周围环境带来的损害进行货币化的过程中，估算方法的正确运用是保证外部环境核算尽可能准确的前提。该过程应包括以下步骤：（1）行为主体活动造成的外部影响的选择。（2）定量外部环境的影响。（3）货币化外部环境影响。（4）外部环境成本的加总。其中，对外部环境影响进行定量和货币化外部环境影响是整个外部环境成本核算的核心，也是我们工作的重中之重，它要求我们尽量地采用正确的估算方法以使外部环境成本更好地反映经济主体活动对环境的影响。

为了保证估算的准确性，应针对不同的外部性问题采用不同的评估方法，一般用污染治理成本法、污染损失法等对外部环境成本进行评估。

（一）污染治理成本法

污染治理成本是指在环境污染未达到给定的标准之前，经济活动主体治理已造成的污染所付出的费用。这部分费用从预防的角度看是为了避免环境污染达到更高标准支付的成本。污染治理成本法认为，在开始经济活动前，只要把所有排放的污染物控制在可治理范围内，就不会对环境产生损害。但是，对于经济活动发生的污染及其造成的环境损失应由现有的治理水平和治理技术需要的成本进行计量。例如，一个造纸厂对河流造成的污染，在现有技术的基础上对河流进行治理的成本以及为了使河流不再污染而在企业内部使污染控制在治理范围内需要做出努力的费用之和，就是污染治理成本。

从上面可以知道，要想得到环境污染治理的货币价值，首先必须了解活动主体现有的污染排放总量，再乘以单位污染物的治理成本，就可以得到环境污染治理成本。污染治理成本数据容易获得，较之其他方法更易于理解。但是，污染治理成本的前提是假设污染完全治理后，活动主体不会再造成环境污染了，这一点与实际不相符，且在现实生活中，将已造成的污染全部治理或控制在一定范围内是很难的。由于在现实生活中治理污染的成本往往很大，所以经济主体不会完全地去治理污染。故现实生活中对环境治理成本的估算只是实际环境污染损失的一小部分，不能客观地表示环境污染的严重性，使环境污染的严重性被严重低估。

（二）污染损失法

污染损失法，顾名思义是指从环境污染已造成的各种损失出发，计算各种损失的货币价值之和。由于环境污染造成的影响和程度各种各样，也使得各种损失难以计量。这也是污染损失法现实中很难操作的原因，但由于这种方法的计量能比较客观地反映污染造成损失的严重性，故仍有学者热衷于这种方法。

1.直接市场评价法

运用市场价格机制度量和评价对经济主体活动的环境影响进行货币化的过程就是直接市场评价法。例如，养猪场的粪便对土壤污染降低了农作物的质量，在污染之前，市场对农作物质量的评价价格为 P_1，而污染之后市场对农作物质量评

价的价格是 P_2，通过对两者价格的对比，可以间接地看出市场对环境污染的评价。因此，这类方法首先就要明确环境污染造成的污染方面（水体、土壤、空气），再通过人们对环境污染的接纳度比较，建立污染与环境质量及环境评价之间的损害函数，就可以估算环境污染带来的经济损失。

由此可以看出，由于污染的多样性，使得直接市场法核算并不全面，但是它运用市场价格机制，建立损害函数去估算环境污染损失，比较直观，易被人们所接受，应用比较广泛，和其他评价方法一起运用，比较适用于有形资产、对人体健康等有市场价格的损害价格的评价。

直接市场评价法包含以下方法：

（1）人力资本法

又称为收入损失法。一方面，传统的人力资本法是对环境污染引起人口过早死亡的经济损失的计量方法。由于劳动者有不同的文化知识、健康状况及年龄等差别，所以在人力资本法中个人被视为经济资本单位。另一方面，人力资本法也从个体的收入考查污染造成的损失价值。

由于传统人力资本法忽略了当地人们健康状况的概率分布，现在一般使用修正的人力资本法。从整个社会来看，环境污染可能引起人们的过早死亡，降低了人们的预期寿命，较少了个人对 GDP 的贡献，从这个角度看，修正的人力资本法就是通过核算人均 GDP 的损失来计量环境污染的人力损失成本。

（2）机会成本法

机会成本法是指在环境污染情况下，所放弃的享受清洁环境的代价。由于环境污染成本不好衡量，机会成本法就是衡量人们放弃在污染情况下生活而愿意在清洁环境中生活所付出的费用。机会成本就是牺牲的收益。由于污染环境机会成本的难计量性，机会成本法在现实中使用的不是太多。

（3）预防性支出法

预防性支出法又称预防支出费用法。是指人们预先做好相应措施以防止环境污染对自己造成损害，它间接地反映了人们对改善环境质量的支付意愿。例如，由于农村水质被污染，很多人不得不购买矿泉水作为饮用水，那么购买矿泉水的支出就可以作为估计人们对水资源污染危害的评价。

2.替代市场法

替代市场法与直接市场评价法相反。替代市场法表示无法通过市场价格机制去直接对环境污染进行评价与估量，只能通过观察在市场上与活动主体相关的活动，间接地用与污染环境有关的商品和劳务的价格来估量污染带来的环境经济损失。可以看出，替代市场法成功的关键是要找出与人们环境质量评估相关的商品和劳务，如果找不到这样的参考物，那么替代市场法就不能被真实地核算。在现实生活中，要找到只与环境污染相关的商品和劳务往往是不可能的，如环境污染地区人们生病我们就不能说疾病完全是由环境污染造成的，它可能是多种因素综合的结果。所以，替代市场法得出的结果不太能准确地反映环境污染的严重性程度。替代市场法主要包括：

（1）医疗费用法

许多环境影响，如大气和水污染，在长时间内对人体健康都可能产生危害，重者丧命。那么，这部分在人们预期之外的治疗疾病的费用，就是我们所说的医疗费用法。它包括病人从住院治疗一直到病好期间的所有支出，即医疗费用法＝住院费用＋治疗费用＋病人和陪护人员的损失费用。一般来说，现在医疗费用每年都在上升，但它仍然低于真实的健康损失，因为它没有衡量疾病带来的痛苦。

（2）旅游费用法

如果一个环境不能直接用市场价格去评价的话，学者们就经常用旅游费用法表示人们对改善环境的意愿。例如，当一个地方环境污染非常严重时，当地人们非常愿意经常出去旅游或搬出去居住，哪怕出去旅游要花费较高的费用，包括门票费用、交通费用以及吃住费用，或者搬出去居住要支付一大笔买房子费用、适应环境成本以及其他成本，人们仍然不愿意在污染环境下生活，人们为此付出的代价就可以看作是当地环境污染的成本，也可以被认为是人们对环境改善的支付意愿。

（3）陈述偏好技术

陈述偏好技术又称为支付意愿调查评价法，是指在真实市场中通过考察人们购买与环境有关的商品，分析人们对环境的偏好。我们可以通过调研、设计问卷以及其他方法，得到人们对环境质量的评价报告，并根据这份报告进行环境价值评价。这一方法得到许多西方研究者的青睐，因为环境是没有价格的公共物品，在市场中无法知道环境的价格，只能通过生活在其中的人们的经济福利的变化来衡量，这也造成了陈述偏好技术实施的难度。同时，支付意愿评价法的主观性使得这一方法的准确性大大降低。也许受访者是出于自己的目的而降低他们的支付意愿，这也造成了这一方法的结果个人主观性太强。虽然如此，这一方法随着我国人民环境保护意识的增强而被学者广泛应用。

第二节　畜禽养殖业中粪便污染物的环境成本探析

一、规模化畜禽养殖外部环境成本

畜禽养殖过程中不可避免地要产生粪、尿、污水以及恶臭等污染物，养殖者对污染物有两种处理方法：（1）对污染物进行治理，无害化后再排入环境；（2）直接排入环境之中。由于对污染物的治理需要花费一定的人力、物力，从而增加支出，这种支出将成为养殖者的私人成本，即内部环境成本的一部分。受利润最大化动机的支配，养殖者一般不会主动选择对污染物进行治理，而选择把污染物直接排入环境的做法，这样可以节省一笔开支，减少了私人成本。但是，污染物直接排入环境将导致水体、土壤、大气等受到污染，破坏生态系统，使人畜健康受损。将该环境影响范围内的各种损害折算为经济损失，就是对社会造成的经济损失，即畜禽养殖产生的"外部环境成本"。

我们可以用数学模型来说明规模化畜禽养殖的外部环境成本。

畜禽养殖者的生产费用包括两部分：一是生产成本（由固定成本和流动成本组成），设为 C_1；二是治理污染的成本，即"内部环境成本"，设为 $C_内$。如养殖者不治理污染，社会承担的环境成本为"外部环境成本"，设为 $C_外$，并假设养殖者产量为 Q，产品价格为 P。

（1）若养殖者不治理污染，$C_内 = 0$，养殖者的盈利 R_1 为：

$$R_1 = P \cdot Q - C_1$$

此时养殖者对社会福利的贡献 F_1 为：

$$F_1 = R_1 - C_外 = P \cdot Q - C_1 - C_外$$

（2）若养殖者对生产中产生的污染物进行治理，这样养殖者将增加治理污染的成本 $C_内$，此时养殖者的盈利 R_2（假设产量及产品价格不变）为：

$$R_2 = P \cdot Q - C_1 - C_内$$

而养殖者对社会福利的贡献 F_2 为：

$$F_2 = R_2 - C_外 = P \cdot Q - C_1 - C_内 - C_外$$

假设养殖者对所有的污染都进行了治理，也就没有了外部环境成本 $C_外$，即 $C_外 = 0$，则

$$F_2 = R_2 - C_外 = P \cdot Q - C_1 - C_内$$

（3）比较养殖者不治理污染情况下的盈利 R_1 和养殖者治理污染后的盈利 R_2：

$$R_1 - R_2 = (P \cdot Q - C_1) - (P \cdot Q - C_1 - C_内) = C_内$$

（4）比较养殖者不治理污染情况下对社会福利的贡献 F_1 和养殖者治理污染后对社会福利的贡献 F_2：

$$F_1 - F_2 = (P \cdot Q - C_1 - C_外) - (P \cdot Q - C_1 - C_内) = C_内 - C_外$$

这说明养殖者不治理污染情况下，私人成本社会化使生产者获得超额利润 $C_内$，这一利润的获得是以社会付出外部环境成本为代价的。由于养殖者将污染物排入环境中，虽然"节省"了治理污染的私人成本，却增加了社会负担的成本，即产生了私人成本社会化。

二、规模化畜禽养殖外部环境成本的控制

所谓控制，就是控制者（管理者）对被控制者（被管理者）所施加的一种能动作用，其实质是激励或约束被控制者的行为，使其行为结果达到控制者的预期目标。对某一经济主体活动所产生的外部环境成本进行控制，就是通过制度设计，激励和约束其环境行为，以减少污染物质的排放和对生态环境的破坏，降低环境负荷，达到削减或消除外部环境成本的目的（冉瑞平，2010）。具体到规模化畜禽养殖外部环境成本的控制，主要涉及养殖者的自我控制和政府的组织控制两个方面。

（一）养殖者的自我控制

养殖者的自我控制是指养殖者按照政府所确定的畜禽养殖外部环境成本控制目标和任务所进行的有意识的畜禽养殖污染削减与防治行为。从控制阶段来看，养殖者的外部环境成本控制行为主要包括以下几个方面。

1. 产前的外部环境成本控制

畜禽养殖产生的外部环境成本主要来自于生产过程中产生的粪便、废水以及恶臭气体等对水体、土壤、大气以及人畜健康等的不良影响。养殖者可以运用科学的技术手段和方法，对畜禽养殖产生的外部环境成本进行预防性控制，降低畜禽养殖污染对环境和人畜的危害。例如，在养殖场进行选址和规划时，应充分考虑养殖场建成后与周边环境和人群的相互影响以及畜禽粪便还田、还园、还林等方式就地消化的可行性；养殖场区内应合理布局、充分绿化、合理设计畜禽舍结构及设施，防止畜禽粪尿及冲洗水流失；制定畜禽舍环境管理制度，实施清洁生产等。产前的预防性控制是外部环境成本控制的先决条件。

2. 产中的外部环境成本控制

2001 年 3 月，国家环保总局在颁布的《畜禽养殖污染防治管理办法》中明确提出了畜禽污染防治的"减量化"原则，具体来说养殖者可以从生产工艺的设计、

日常操作管理的改进等方面探求畜禽养殖污染产生量和排放量的最小化,降低环境负荷。养殖者可以通过科学设计和优化饲料配方,选用"绿色"饲料添加剂,提高饲养技术等,提高畜禽对饲料中所含营养物质的消化率和利用率,从总体上减少畜禽粪尿特别是氮、磷等的排泄量,实现畜禽粪污的源头控制;从养殖场生产工艺的改进入手,采用用水量少的干清粪工艺,降低养殖废水的排放量以及废水中污染物的浓度,减少对地表水和地下水的危害;加强畜禽舍环境管理,及时清粪,使用除臭剂,减少畜禽粪便臭气,对养殖场场区进行定期消毒,杀灭病菌,防止人畜共患病的传播等。对生产过程中污染物产生量和排放量的控制是畜禽养殖外部环境成本控制的重要环节。

3.产后的外部环境成本控制

畜禽养殖产前和产中的外部环境成本控制行为只能相对减少畜禽粪便及废水等污染物的排放量,不能从根本上消除对环境的污染,畜禽粪污能够"变废为宝"的特征使产后处理成为消除畜禽养殖污染的最好方法。由于畜禽养殖产生的粪便、废水等不同于工业污染源,是"放错位置的资源",包含农作物生长所必需的N、P、K等多种营养成分,经过堆肥、沼气厌氧发酵等技术处理后可作为优质的燃料、肥料、饲料等,不仅可以减少畜禽养殖的外部环境成本,还可以为社会提供清洁能源,提高土壤的有机质含量,进而提高农产品品质,具有很大的经济价值。因此,畜禽养殖产生粪污的无害化处理和资源化利用是消除畜禽粪便污染、控制畜禽养殖产生的外部环境成本的最好方法和主要途径。

(二)政府的组织控制

组织控制是指由管理者设计和建立起来的一些机构或组织来进行控制。政府是在一个国家或地区中一定行政区域内的行政领导机构,对本地区的环境质量负有责任,环境管理是政府的重要职责之一,政府可以建立环保部门,综合运用经济、行政、法律、技术和教育等手段,激励或约束微观主体的环境行为,达到防治污染和保护生态环境的目的。如前文所述,某一经济主体活动所带来的全部环境成本可以划分为"内部环境成本"和"外部环境成本"两部分,"内部环境成本"和"外部环境成本"之间在一定程度上存在着此消彼长的关系。微观主体采用清洁生产技术、选择环保材料、对产生的"三废"进行末端治理等正向环境行为,其本身承担的"内部环境成本"增加,但对环境造成的不良影响会削减,由社会所负担的"外部环境成本"会减少,即实现了外部环境成本的"内部化"。对于畜禽养殖者来说,采取各种环保技术手段、购建污染治理设施对外部环境成本进行削减,很可能会增加支出,即增加了养殖者承担的"内部环境成本"。而养殖者为了追求经济利益，往往会置社会责任于不顾，控制"外部环境成本"的动力不足。在这种情况下，政府可以通过制定和实施环境保护政策，并依据法规和规章制度审查和监督养殖者是否按照规定进行生产活动以及对违反规则者给予处罚等，强制或激励养殖者减少排放、治理污染，削减对环境的不良影响。

三、规模化畜禽养殖外部环境成本控制的政策工具及其选择

古典经济学认为，在市场机制的作用下，资源可以合理地配置到那些认为它们最有价值的人们手中，使得整个社会作为一个整体达到最优。然而，市场机制有效配置资源需要具备的一系列条件，如产权的明晰化、不存在外部性、完全竞争市场、信息完备充分、理性经济人、不存在交易费用等，如果这些条件不能满足，就会发生市场失灵（market failure）。一般认为，像生物多样性、臭氧层、大气、公海等环境资源具有不可分割性导致产权难以界定或者界定成本很高，具有公共物品（Public Goods）或准公共物品属性，在使用上易形成"公共地悲剧（Tragedy of the Commons）"问题；而环境保护的正外部性又会产生"搭便车（Free Rider）"问题导致环境保护这种公共物品的供给不足。因此，完全依赖市场机制无法实现环境资源配置的"帕累托最优（Pareto Optimality）"，产生了大量的环境污染现象。在市场失灵的情况下，政府可以通过制定和实施环境政策手段，利用强制力或经济激励机制使生产者或消费者产生的外部环境成本进入他们的生产或消费决策，由他们自己承担，以此弥补企业环境成本与社会环境成本的差额，从而解决环境污染问题。

畜禽养殖造成的环境污染问题是发达国家和发展中国家共同关心的问题，世界各国纷纷制定各种环境政策强制或激励养殖者采取环保技术与措施防治畜禽养殖污染，控制畜禽养殖产生的外部环境成本。目前，国际国内应用于畜禽养殖外部环境成本控制的环境政策工具主要包括法律法规等命令强制型政策工具和环境税（费）、补贴等经济激励型政策工具。

（一）命令强制型政策工具

命令强制型政策工具是指政府以法律或行政法规等非市场途径对环境污染外部性的直接干预，主要包括：制定并执行环境法律法规、制定环境标准和环境规划等。政府通过制定污染物排放和相关的法规直接限制外部不经济性的发生，使外部不经济效果的产生者对由此而造成的任何损害负法律责任。

对于命令强制型政策工具，污染者别无选择，要么服从，要么面临仲裁和行政程序的惩罚，因而政策的环境效果具有较大的"确定性"，在解决生态环境问题中

可以发挥很大的优势。政府可以利用自己的行政权威强制执行某些措施，也可以自己的行政权威处理一些外部性问题导致的紧急环境事件，特别是公害事件，是一种非常有效的管理手段，也为其他类型环境政策工具的顺利实施提供了依据和保障。无论在发展中国家还是发达国家，命令强制型政策工具在环境政策管理中都占有重要地位。当前国内外畜禽养殖污染控制方面广泛应用命令强制型政策工具。

美国国会 1972 年颁布的《净水法》（Clean Water Act）规定，只要存栏数在 1 000 个畜牧单位（相当于 2 500 头生猪）的畜禽养殖企业就是"点源污染"，需要领取排污许可证；《联邦水污染法》也规定，1 000 标准头以上的集约化畜禽养殖场必须得到许可才能建场，1 000 标准头以下、300 标准头以上的畜禽养殖场，其污水无论排入贮粪池还是排入水体均需得到许可；300 标准头以下，若无特殊情况，可不经审批。各级州政府制定了更为详细的环境保护规章制度防治畜禽养殖污染，有些法规甚至比联邦政府颁布的法规更为严格，如衣阿华州对畜禽养殖企业的粪便、污水处理设施和操作程序制定了具体的规定标准和要求，并对土地使用粪便的标准提出了指导性意见；各市级和县级政府制定了一系列地方环境保护法规，提出了环境规划和土地利用原则的具体要求，如畜禽的饲养规模与土地面积相适应，划定禁养区域等。

英国制定的《环境保护法》（1990）、《水资源法》（1991）等国家法规中都囊括了针对畜禽粪便实施有效管理的政策条款，如《水资源法》（1991）第 85 条规定"未经批准将有毒有害或固体粪便排入任何水体都是违法的"；《污染控制法规》（1991）规定了畜禽粪便污水贮存设施选点、建设和建造的相关要求；《城乡规划法规》（1991）规定了养殖场的建设规划标准。为了贯彻这些法规，政府还于 1991 年颁布了《保护水环境的农业活动导则》《保护大气环境的农业活动导则》以及《保护土壤环境的农业活动导则》等一系列技术规范，帮助和指导养殖者采取技术措施，避免造成水污染、大气污染和土壤污染等。

荷兰的畜牧业高度密集，国土面积狭小，粪便总产量过剩，造成了严重的水体污染和土壤污染，因此自 20 世纪 80 年代起荷兰严控养殖污染，采取了一系列环境管理政策，主要包括：实施新建农场报批制度；严格制定氮施用标准，限制农田粪便施用量；规定农民必须建设粪便贮存设施并且加盖以防氮的逸失；地方政府负责制定畜禽建设规划和有关环境标准；要求生产过剩粪便的养殖者必须与种植者或有机肥加工商签订处置协议，保持畜禽粪便的供需平衡等。

加拿大政府制定了《畜禽养殖业环境管理技术规范》，对畜禽养殖场选址及建设、畜禽粪便土地利用以及畜禽粪便的贮存等提出严格的技术要求。对畜禽粪便以利用为主，强调畜牧业与农业的高度结合，禁止将畜禽污水排放到河流中，必须将液体肥料还田使用。对邻近城市的规模化养殖场，必须首先进行畜禽粪便的固液分离，液体粪污要先进入好氧曝气池处理，当污染物指标下降 30% 左右后，才能进入城市污水管网进行处理。

日本从 20 世纪 60 年代开始陆续制定了《防止水污染法》《废弃物处理与消除法》《恶臭防止法》等与畜禽养殖污染防治相关的法律、法规，对畜禽养殖场养殖规模、排放标准和治污措施等进行了严格规定（张克强、高怀友，2004）。

1999 年以前，我国国家层面上制定的环境保护法律法规以及环境标准等均是针对工业及城市污染，农村污染也只涉及农药、化肥等方面，缺乏畜禽养殖业环境管理的法规体系和污染物排放标准。随着近年来我国规模化畜禽养殖业的迅速发展，我国政府加快了畜禽养殖污染治理的法规以及环境标准的制定。1999 年，国家环保总局下发了《关于加强农村生态环境保护工作的若干意见》的通知，要求对于新建、扩建或改建的规模化畜禽养殖场，必须认真执行环境影响评价制度和"三同时"制度；2001 年 3 月国家环保总局颁布了《畜禽养殖污染防治管理办法》，同年 12 月又颁布了《畜禽养殖业污染物排放标准》和《畜禽养殖业污染防治技术规范》，开始规范规模化畜禽养殖业的排污行为。畜禽养殖污染对某些区域造成的环境压力更大，因此地方政府畜禽养殖环境法规的出台更早。1992 年 3 月，上海市环保局颁布了《上海市大中型畜禽场粪水排放暂行规定》，对畜禽养殖粪便、污水的排放标准进行了规定，形成了我国第一部专门防治畜禽养殖污染的地方性环境保护专项法规。此后，各地方政府陆续制定了防治畜禽养殖污染的地方性环境保护法规、方案以及环境标准等，如北京市下发了《关于发展绿色养殖业实现可持续发展的意见》，对养殖业位置布局、生产工艺、排放标准等做出了规定；杭州市出台了《畜禽养殖业污染综合整治工作方案》（2002），根据区域环境容量，划定了禁养区和限养区，并对养殖场的规模、控制标准进行了规定，养殖场必须按规定取得污染物排放许可证，禁养区内对畜禽养殖场实行关、停、转、迁等。

（二）经济激励型政策工具

经济激励型政策工具又称为环境经济手段，是环境管理当局按照市场经济规律，从影响成本—收益入手，引导经济当事人进行选择，以便最终有利于环境的一种政策手段。经济合作与发展组织（OECD）将环境经济手段界定为"足以影响到经济当事人（污染者）对可选择的行为（如安装治污设施以减少污染、缴纳排污费以获准排污、与其他厂商协商以取得许可等）的费用进行评估"的手段。

国内外的理论研究和实践经验表明，相较于命令强制型政策工具，经济激励型政策工具通过对污染者经济上的利益驱动来达到控制污染的目的，增加了微观主体控制污染行为的灵活性，有助于调动污染者减少排污和创新环保技术的积极性，也有助于降低政策的执行成本，因而在市场经济国家和经济转型国家普遍受到重视并被广泛应用。1992年，联合国环境与发展大会明确规定要在较大范围内采用经济激励手段，如《里约宣言》的原则16中就提出："根据污染者原则上应该承担污染费的原则，国家当局应该努力促使环境费用内部化以及经济手段的应用。"《中国21世纪议程》也指出，要"将环境成本纳入各项经济分析和决策过程，改变过去无偿使用环境并将环境成本转嫁给社会的做法"，"有效地利用经济手段和其他面向市场的方法来促进可持续发展"。

　　OECD（1994）最早将经济激励型政策工具分为三种：环境收费／税收，许可证制度，押金—退款制度。此后，OECD（1996）又进一步将环境经济手段确定为以下5种：收费／税收、补贴、押金—退款制度、市场创建、执行鼓励金。最新的OECD、EEA环境政策和自然资源管理手段数据库，将经济激励型政策工具划分为5类：押金—退款制度、具有环境激励作用的补贴、税费手段、排污权交易和自愿手段（於方等，2009）。而沈满洪（2002）从理论研究的角度将经济激励型政策工具分为侧重于政府干预方式的庇古手段和侧重于市场机制方式的科斯手段两大类（图4-5）。

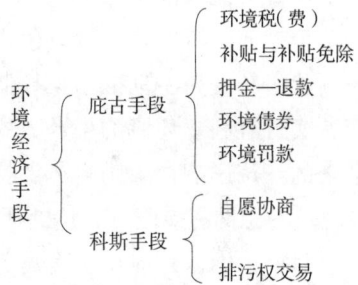

环境经济手段
- 庇古手段
  - 环境税（费）
  - 补贴与补贴免除
  - 押金—退款
  - 环境债券
  - 环境罚款
- 科斯手段
  - 自愿协商
  - 排污权交易

图4-5　经济激励型政策工具的分类

　　1.庇古手段

　　庇古在《福利经济学》中从环境的公共物品属性出发，认为市场机制在公共物品供给方面存在不可克服的"市场失灵"问题，依靠市场的自由竞争不可能实现资源配置的帕累托最优和社会福利最大化，所以必须由政府采取适当的经济政策来解决公共产品的供给问题。具体来说，就是通过对产生负外部性的单位征收环境税费或实施污染削减补贴引导生产者将污染成本纳入私人成本函数，使生产者的决策能够反映所有的相关成本，而不只是私人成本，消除由污染损害造成的私人成本与社会成本之间的差别，将私人成本与社会成本背离所引起的外部环境成本进行内部化，只有这样，生产者的污染水平才能与社会效率所要求的污染水平一致，才能实现社会福利最大化。庇古手段主要包括环境税（费）以及补贴等。

　　庇古认为，存在负外部性时，需要征以特别的税收（这里所讲的"税收"是一个学术概念，实际应用时既可以是税收，也可以是收费，如环境资源税、环境污染税、排污收费等），该税收应该等于厂商生产每一连续单位的产出所造成的损害，使污染行为的成本提高，从而使其产品的价格提高，进而减少对这种产品的生产或消费，达到减少污染或改善污染物质量的目的。同时，由于不同的生产者控制污染的成本是不同的，那些控制污染成本较低廉的厂商会比控制污染成本较高的厂商更愿意降低污染水平，因此税收（收费）手段激励生产者开发和采用更先进的污染控制技术及其他高效率的生产工艺，以减少所必须缴纳的污染费用，有利于清洁生产技术的应用和进步。税收（收费）手段的总体效果是使有污染的产品的产出量减少，价格提高，实现了经济效率与环境效果的统一，同时政府可以获得一笔财政收入，用于清洁生产补贴或投资于污染治理公共项目的建设，以弥补政府、企业在环保方面的投入不足。

而当某个经济主体的活动存在正外部性时，庇古认为要给予补贴或税收上的优惠，使其能够部分享有私人收益和社会收益的差额，以激励他们的积极性。由于生产者可能因削减污染获得补贴的优惠待遇，只要生产者污染削减边际成本低于单位排放削减的补贴，对生产者来说就是有利可图的，就会从一种被动的污染控制状态转变为主动的污染控制行为。因此，补贴作为一种激励可以用来刺激生产者实行有利于环境的生产方式和技术，或者通过给予生产者补偿来减少监管所带来的经济影响，激励生产者持续地减少负外部性，降低不良环境影响，从而实现环境资源的有效配置，达到社会最优的环境服务水平和环境污染水平。

目前，国内外应用于畜禽养殖污染控制的经济手段主要是庇古手段，表现在对畜禽养殖污染物的综合治理提供财政支持或是运用环境税费、环境债券等手段进行负刺激等。

美国佛罗里达州通过成本分摊、价格支持和减免税等向当地奶牛养殖场提供一定的财政支持，改善其污染防治技术与设施，减少由奶牛粪便造成的磷污染影响，而有些州还要求养殖者在建造养殖场之前交付一定的环境污染债券用于可能的环境污染治理费用等。英国为了激励养殖者遵循环境法律、法规和技术规范，设立了补助金计划，承担养殖者建造必要的贮粪设施费用的一半，2000年颁布的《可再生能源义务法令》规定对包括养殖场在内的沼气发电项目提供上网电价补贴（林斌，2009）。荷兰启动的"绿色标志"计划，对低氨逸失的畜舍提供优惠的税收和财政补贴政策；对将多余粪肥运送到国内缺肥区的养殖场，根据运输距离给以不同额度的运输补贴；政府还制定了将粪肥经过脱水加工成颗粒有机肥的计划，并由国家补贴，建立粪肥加工厂。奥地利制定了《绿色电力法》（2002），鼓励建设消化畜禽粪便的沼气工程，其上网电价高于消化有机废弃物的沼气工程25%。瑞典则通过提高化肥价格，以刺激种植者利用畜禽粪便作为有机肥的积极性。日本政府在每年的地方财政预算中都会拨出一定的款项来防治畜禽养殖产生的粪污，国家财政和地方财政解决养殖场污染处理设施建设和运行费用的75%，养殖者只需支付25%（王凯军，2004）。

我国对畜禽养殖环境污染控制的经济手段主要包括征收排污费以及对畜禽养殖污染治理行为给予补贴等。

国务院2003年发布的《排污费征收标准管理办法》规定：存栏规模大于50头牛、500头猪、5 000羽鸡、鸭等规模化畜禽养殖场必须向所在地的环保行政主管部门进行排污申报登记，并交纳一定的排污费，对超过国家或地方排放标准的，按规定收取超额排污费。各地环保部门对当地规模化畜禽养殖场征收排污费，收取的排污费专款专用，全部用于畜禽养殖污染治理，如用于污染处理设施建设，扶持利用猪粪、牛粪做有机肥的企业等。四川省、江苏太仓市等地的环保部门鼓励规模化畜禽养殖场污水实行农牧结合消纳，对于能够实现零排放的，免收排污费或者给予"以奖代补"资金奖励，促进畜禽养殖企业自觉采取行动，早日做到达标排放。

同时，各级政府从不同渠道对畜禽养殖污染治理行为给予资金补贴，以激励养殖者采纳污染治理技术，建造污染治理设施。2001年5月，中央财政设立安排了农村小型公益设施建设补助资金，农村沼气建设属于其中的农村能源项目，规定对每处小型沼气工程补助10万元；农业部在2001—2005年规划实施了建造300个大中型畜禽养殖场"能环工程"（能源环境工程）示范项目；国务院办公厅于2005年出台《关于扶持家禽业发展的若干意见》，明确规定对重点畜禽养殖小区和规模化畜禽养殖场的防疫设施以及粪污处理设施建设给予必要的支持；2006年，国家颁布的《国民经济和社会发展第十一个五年规划纲要》中，把部分规模化畜禽养殖场和养殖小区大中型沼气工程作为新农村建设的重点工程和中央政府投资支持的重点领域；同年，国家环保总局颁布了《国家农村小康环保行动计划》，把防治规模化畜禽养殖污染作为行动计划的重点领域，并计划到2010年完成500个规模化畜禽养殖污染防治示范工程建设；从2007年起，国家发改委、农业部安排中央预算内专项资金支持生猪规模养殖场进行标准化改造，主要建设内容包括粪污处理、猪舍标准化改造以及水、电、路、防疫等配套设施建设，其中，粪污处理设施建设要优先安排并达到环保部门相关要求，剩余资金可适当安排猪舍标准化改造以及水、电、路、防疫等配套设施建设。项目由规模养殖场自主申请，按程序实行逐级申报，择优给予补助。对纳入支持范围的年出栏300～499头的养殖场（小区）每个中央补助投资 10 万元，年出栏 500 ～ 999 头的养殖场（小区）每个中央补助投资 20 万元，年出栏 1 000 ～ 1 999 头的养殖场（小区）每个中央补助投资 40 万元，年出栏 2 000 ～ 2 999 头的养殖场（小区）每个中央补助投资 60 万元，3 000 头以上的补助投资 80 万元。2007 到 2009 年，国家共安排约 75 亿元资金支持了大约 28 000 多个生猪规模养殖场（小区）标准化建设。

地方政府也积极为畜禽养殖者的污染治理行为提供财政支持，纷纷投入配套资金用于生猪标准化规模养殖场（小区）改造项目。例如，重庆市自 2007—2010 年分别投入 732 万元、797 万元、859 万元和 839 万元，共改造生猪标准化规模养殖场（小区）1 027 个；四川省自 2007 年开始，对规模化畜禽养殖场挂牌限期治理，被列入年度挂牌限期整改治理的养殖场可根据整改项目方案向省政府申请规模化畜禽养殖污染治理专项资金，仅 2007 年四川省就投入 1 100 万元用于 50 户规模化养殖企业的污染治理工作。同时，四川省对符合西部大开发国家鼓励类产业条件的饲料加工企业进行所得税减免，在执行国家生猪、奶牛良种补贴政策的基础上，扩大生猪良种补贴范围，对引进优良种畜禽实施免征关税和进口环节增值税等税收优惠补贴，以达到从源头上控制排泄物产生量，实现污染物减量化的目的（冯猛等，2010）。

杭州市控制畜禽养殖外部环境成本的补贴政策，一是对禁养区内按计划转产或关、停的畜禽养殖场（户）按一定比例给予资金补助。补助资金由市、区及乡（镇）三级政府共同承担，其中市承担 50%，区、乡（镇）承担 50%。2002 年底前转产和关、停（或外迁）的养殖场，每头猪补助 50 元（外迁建设的每头猪补助 60 元）；2002 年后每推迟一年补助额减少 30%，2005 年不再补助。二是对限养区和非禁养区的规模化养殖场治污设施投资总费用按适当比例进行补助，补助资金由市、区两级财政共同承担。

一些省市还开始实施有机肥补贴政策，鼓励养殖者生产和农民施用畜禽粪便无害化处理后产生的有机肥，以达到控制畜禽养殖外部环境成本的目的，如上海市从 2004 年开始就最早开展有机肥补贴，2004—2008 年有机肥市场指导价为 400 元／吨，市财政按照 250 元／吨的标准给予补贴，各县（区）根据各自财力增加 50 ～ 100 元／吨不等的补贴标准，有关乡镇在市、县（区）两级补贴的基础上，再给予农民适当补贴，使得农民低价甚至免费使用有机肥；江苏省从 2006 年开始试点开展有机肥补贴，当年省财政用于有机肥补贴的金额达到 2 000 万元，到 2008 年，全省范围内有机肥补贴的总投入达到 4 050 万元，补贴数量达到 27 万吨，目前江苏省财政补贴 150 元／吨，市一级财政补贴 50 元／吨，财政补贴资金在农民购买有机肥时直接补贴给农民；北京市市财政在 2007、2008 年和 2009 年分别对有机肥补贴 2 000 万元、2 000 万元和 1 700 万元，补贴标准为 250 元 / 吨；山东省的有机肥补贴起步于 2008 年，当年，山东省政府采取政府公开招标的方式采购了 12 万吨有机肥，补贴标准达到 300 元 / 吨。

2. 科斯手段

科斯手段来源于科斯的产权理论，科斯在《社会成本问题》（1960）中认为，庇古提出的税收、罚款等手段对资源能否最优配置不一定有效，因为政府执行这些手段需要成本，政府不能必然地识别个别成本和社会成本，如果外部性是一种资源利用伴随的现象，那么政府的介入必然导致资源利用的下降。科斯提出，市场机制在公共物品供给方面的不足并不是由"市场失灵"所致，而是由公共产品的产权界定不够清晰和市场机制本身的不完善造成的，只要产权界定清楚，市场机制完善，市场本身完全可以实现外部性的内部化，对污染等问题实行政府干预就没有任何必要，而是应该将所有牵涉的问题留给参与各方自己去解决。所以，如果能把外部效应的影响作为一种产权明确下来，当事人之间的交易可以自由、自愿地进行，而且交易成本为零，那么外部效应就可以通过当事人之间的市场交易或自愿协商而达到内部化，从而实现资源的帕累托最优配置，克服外部性。

与庇古手段侧重于政府干预的方式解决生态环境问题不同，科斯手段强调用市场机制的方式解决生态环境问题，主要包括自愿协商和排污权交易制度等。

排污权交易制度是由美国经济学家约翰·戴尔斯在其著作《污染、产权、价格》（1968）中首先提出的。其做法一般是：首先由政府部门确定出一定区域的环境质量目标，并据此评估该区域的环境容量，然后推算出污染物的最大允许排放量，并将最大允许排放量分割成若干规定的排放量，以排污许可权的形式公开出售，形成排污权交易的初次分配。企业购买的排污许可权可以在市场上转让，减排边际成本高的公司将选择到市场上购买额外的配额，而边际成本低的公司将选择降低排放，富余配额按当时的市场价格出售，从而形成了企业间的排污权交易。通过这种方法，政府实现了污染物总量控制，可以有效地解决外部性带来的市场失灵，促使企业在购买排污量和通过积极利用环保设备和清洁生产技术减少排放量之间权衡选择，实现资源的优化配置和环境保护的共赢。

从 20 世纪 70 年代开始，美国联邦环保局（EPA）尝试将排污权交易用于大气污染源和水污染源管理，随后德国、澳大利亚、英国等国家相继进行了排污权交易的实践。我国从 20 世纪 80 年代开始逐渐尝试推行排放许可证制度并于 90 年代开始在几个重点城市开展排污权交易试点。

理论界有学者（刘建昌等，2005；施萍，2009）提出了运用排污权交易来控制畜禽养殖污染在内的农业非点源污染的设想。具体来说，是设想政府根据一个地区可接受的污染水平，将排污权按照养殖规模比例出售（分配）给养殖户，使排污权在以前的、新增的、规模大与规模小的养殖户之间流通，从而有效地控制畜禽养殖造成的污染。

（三）规模化畜禽养殖外部环境成本控制政策工具选择

从理论上说，每一种环境政策工具都有自己的优点和局限性，使用效果和适用范围也不同，无法简单评估某种环境政策工具的优与劣，所以应在考虑规模化畜禽养殖业实际情况的基础上选择适当的环境政策手段或环境政策手段组合。具体来说，既要考虑环境政策手段的执行成本和环境效果，又要考虑畜禽养殖业的经济效益，实现畜禽养殖产业的可持续发展。

1. 外部环境成本控制政策工具选择模型

外部环境成本控制政策工具选择标准是环境效果目标既定时的经济成本的最小化，或者在经济投入既定时的环境效果的最大化。然而，由于环境效果的准确测算存在困难，因此要考察某种环境政策手段的效率通常是不可能的。相反，对一个环境管理部门来说，在既定的外部条件下，环境政策手段的成本可以较准确地分析推断，因此理论界一般以成本作为选择环境政策工具的主要标准，认为在管理成本较低而交易成本较高的情况下，适合运用直接管制手段或庇古手段；反之，适合运用科斯手段。刘红等（2001）指出，"在正交易费用的情况下，如果通过政府调节的边际交易费用低于企业之间协调的边际交易费用，那么采用庇古的方法较好；如果通过政府调节的边际交易费用高于企业之间协调的边际交易费用，那么采用科斯的方法较好；如果通过政府调节的边际交易费用等于企业之间协调的边际交易费用，从效果上来看，二者是等价的。"他们还进一步指出，"在零交易费用的情况下，从效果来看，科斯与庇古的解决措施是完全一致的。"本文借鉴环境政策工具选择模型，来说明规模化畜禽养殖外部环境成本控制政策工具选择的总体思路，如图4-6。

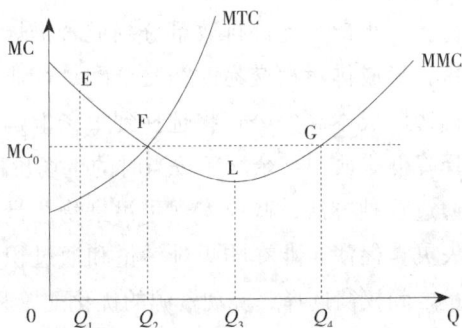

图4-6　环境政策工具选择模型

图4-6中的边际管理成本（MMC）指的是政府运用环境政策工具的过程中每

增加一个污染者所带来的政府管理总成本的增量，MMC 曲线是一条先随着污染企业数量的增加而下降，然后随着企业数量的增加而上升的"U"字形的曲线。

这是由于政府的管理成本包括"固定成本"（主要是政府环境管理机构自身的运行成本，如办公经费、人头费等）和"变动成本"（主要是环境检测成本、环境收费成本和环境监督成本等）两部分，随着污染企业的增加，"固定成本"被分摊到各个污染企业中，边际管理成本会下降，但是如果污染企业数量继续增加，环境状况持续恶化，超过临界点后，只靠环境保护部门也许无济于事，还要依靠政府其他部门的共同配合，边际管理成本会急剧上升。

图 4-6 中的边际交易成本（MTC）指的是政府运用环境政策工具的过程中每增加一个污染者所带来的经济主体之间交易成本的增量。交易成本主要包括搜寻交易对象的信息成本、交易者之间谈判和订约的成本、环境污染损失的测算成本、订约后监督对方履行合约的成本、对方违约后请求法律强制执行的成本等。随着污染企业数量的增加，交易成本也会增加，而且是加速增加，因此 MTC 曲线是随着污染企业数量的增加而加速上升的曲线。

图 4-6 中 MTC 与 MMC 相交于 F 点，由 F 点所决定的边际成本和污染企业数量分别为 MC_0 和 Q_2，此时选择庇古手段和科斯手段都是可以的；当 $Q<Q_2$ 时，由于 MTC<MMC，应该选择科斯手段。其中，当 $Q<Q_1$ 时，当事人很少，交易市场是不完全的，最佳选择也许是自愿协商；当 $Q_1<Q<Q_2$ 时，则可以采用排污权交易的方式。

当 $Q>Q_2$ 时，由于 MTC>MMC，政府应该选择庇古手段。进一步分析可知，MMC 曲线经过长区间的持续下降以后达到最低点 L，然后出现回升。那么，L 点以后环境政策工具的选择不仅取决于 MTC 与 MMC 的比较，还涉及庇古手段的管理成本与管制手段的实施成本的比较，至少在 G 点以左，即 MMC<MC_0 时，也就是 $Q_3<Q<Q_4$ 的区间内，政府还可以继续选择庇古手段（比如征收排污费）。在 G 点以右，即 $Q>Q_4$ 时，MMC 急剧上升，此时也许环境污染加剧，环境纠纷猛增，如仍用经济手段来解决环境问题可能无济于事，更好的选择也许就是采用命令强制型政策工具，依靠政府的权威强行解决环境问题。

2. 规模化畜禽养殖外部环境成本控制政策工具的选择

根据上述模型分析结果，理论上来说环境政策工具的选择首先取决于污染企业的数量，随着污染企业数量的增加，比较环境政策工具的边际管理成本和边际交易成本，依次应该选择科斯手段、庇古手段和命令强制型手段。但在实践中，环境政策工具的选择还需要综合考虑多种因素，如污染源的特征、产业发展的需要等。目前，我国大型集约化畜禽养殖场数量比较少，小规模畜禽养殖场（户）是养殖业的主体，数量众多，规模化畜禽养殖污染受害者也很多，污染的受害者与污染者之间谈判和订约的边际交易成本较高；由于政府环境规划的要求，规模化畜禽养殖场（户）一般都地处偏远，交通不便，因此其边际管理成本也较高；同时由于畜禽养殖污染属于农业面源污染的一种，具有广域性、模糊性、分散性、随机性等特征（陈吉宁，2004），在现有技术水平下对畜禽养殖污染物排放的监测结果缺乏稳定性，有较大的随机性。综合考虑我国畜禽养殖产业发展的需要，在规模化畜禽养殖外部环境成本控制政策工具或政策工具组合的选择上具有一定的复杂性。当前国际国内应用于畜禽养殖外部环境成本控制的环境政策工具主要包括法律法规、环境标准、环境规划等命令强制型政策工具和环境税（费）、补贴等经济激励型政策工具，理论界又提出了应用排污权交易的设想。因此，下文将分别分析这几种环境政策工具应用于我国规模化畜禽养殖的适用性，以做出比较选择。

（1）命令强制型政策工具的适用性分析

命令强制型政策工具具有强制性、权威性、公平性以及良好的可操作性特点，目标明确，效果往往迅速明显，其本身不仅是一种非常有效的管理手段，也为其他类型环境政策工具的顺利实施提供了依据和保障，因此无论在发展中国家还是发达国家，命令强制型政策工具在环境政策组合中都占有重要地位，是当前控制畜禽养殖污染的重要形式。特别是当某个地方的环境污染已经严重超过"生态阈值"和"环境容量"时，仅仅用经济手段来解决环境问题可能无济于事，命令强制型政策工具可能是更好的选择。例如，重庆市梁滩河流域的污染治理主要采用了多部门联合执法，对污染严重的养鸭场等污染企业强制搬迁、取缔关闭，限期完善污染治理设施，确保污染物达标排放等命令强制型政策工具。

但是，在实践中命令强制型政策工具存在一些固有缺陷，往往不能达到理想的目标。

首先，命令强制型政策工具运用的前提是政府需要根据环境法规对污染者确定一个环境标准。该标准的确定理论上需要计算所有的社会损害成本和减少污染的成本，然后确定使总成本最小化的污染水平，但是环境污染尤其是大量而分散的畜禽养殖污染的广域性、随机性、滞后性和模糊性等特征使政策制定者监测与控制单个污染者的排放量是困难的或者成本过高的，进而影响环境标准的准确确定。没有科学合理的环境标准，管制手段就可能是低效率甚至是无效率的。其次，命令强制型政策工具执行过程中会产生"政府失灵"问题。由于命令强制型政策工具的运用必须有专门的环境管理部门，并通过这个部门的有效运转达到预期目标，若遭遇由于体制或寻租等原因带来的职能部门责任心不强、工作效率低下、腐败和官僚主义等，管制手段的效果就会大打折扣，很难达到预期的目标。第三，命令强制型政策工具只考虑环境效果，不考虑经济刺激，是一种僵硬的手段。由于法律法规和环境标准等对所有的管制对象是无差别的，对相同性质、相同规模、相同地区的养殖者一般采取完全统一的标准，因而不能给养殖者提供进一步控制污染的经济刺激和经济动力，经济效率较低。因此，在实践中，为了降低环境政策工具的实施成本，同时获得理想的环境效果，政府应该在做好环境规划，完善相关法律法规等管制手段的基础上采用更多的经济激励型环境政策工具控制畜禽养殖产生的外部环境成本。

（2）排污收费制度的适用性分析

目前实行的排污收费制度属于庇古手段的一种。1972年OECD开始采纳并推介"谁污染，谁付费（Polluter Pays Principle）"原则（PPP原则），即污染者应承担污染治理的全部费用。根据PPP原则的要求，各国先后实施了排污收费制度，目前主要用于工业点源污染的治理，假设同一个地区（或流域）内有若干家造成环境污染的生产单位，它们就应该共同承担该地区（或流域）内环境污染治理的责任。

大型集约化养殖场因为有固定的污染物排放口，其污染已经具有"点源污染"的特征，"谁污染，谁付费"原则的应用有一定的效果，因此国务院发布的《排污费征收标准管理办法》（2003）中规定"畜禽养殖场必须向所在地的环保行政主管部门进行排污申报登记，并交纳一定的排污费，对超过国家或地方排放标准的，按规定收取超额排污费"，这里的"畜禽养殖场"指的是存栏规模较大的集约化畜禽养殖场。但是，对于作为目前我国养殖业主体的中小规模养殖场（户），其污染仍然属于"面源污染"，具有广域性、模糊性、分散性等特征，使排污收费制度实际应用于面源污染控制时存在着局限性。

首先，难以制定恰当的排污收费标准。科学、准确的排污费标准才能保证排污收费制度的实施效果，为了使排污费率制定得准确，必须准确计量生产者的边际外部环境成本。畜禽养殖污染分散性、随机性的特点使准确计量其边际外部环境成本的难度比较大，监测成本昂贵，检测出来的结果也缺乏稳定性，进而影响了排污费征收标准的科学、合理制定，因此排污收费对于控制畜禽养殖业污染效果不理想。其次，收取排污费的管理成本较高。理论上排污费应该按照养殖场（户）的排污量来征收，从而促进企业不断减少污染物的排放。但是，由于我国规模化畜禽养殖场（户）数量众多，污染源分散，而且受政府环境规划的影响，规模化畜禽养殖场（户）一般地处偏远，交通不便，造成排污收费手段的管理成本较高，如环境检测成本、环境收费成本和环境监督成本等都会随着污染源的数量和分散程度增加而上升。同时，由于很难具体监测到单个污染者的排放量，因此实际业务中仅对存栏规模较大的禽畜养殖场征收排污费，具体征收方式是由养殖场自行向当地环境保护部门申报登记畜禽的存栏数量，按不同畜禽的污染当量值推算污染物的数量，再按照核定的排污收费标准收取。这种收费方式造成的影响是激励养殖者削减饲养量而不是削减污染。第三，收取排污费增加养殖者的成本，进而影响畜禽养殖产业的发展。与其他行业相比，畜禽养殖业具有微利、自然风险和市场风险大等特征，不可能承担环境污染治理的全部费用，如果不对养殖者的环境治理成本进行补贴，而是单纯采用管制或环境税费等手段令其进行污染治理，实现达标排放，会增加养殖者的经济压力，导致养殖者的生产经营发生困难，甚至可能退出养殖领域，影响畜禽养殖业的稳定与健康发展。

（3）科斯手段的适用性分析

科斯手段强调用市场机制的方式解决生态环境问题，主要包括自愿协商制度和排污权交易制度。自愿协商制度应用的前提是明确界定的产权和交易成本为零；排污权交易制度还要求有完善的市场机制、准确的排污检测以确保排污权与排放量的对应关系以及政府对排污者的排污行为进行有效监督和管理的能力。

我国规模化畜禽养殖污染受体众多，使污染的受害者与污染者之间谈判和订约的成本很高，而广域的、分散的、大量的畜禽养殖污染监测成本高、监测结果的随机性等特征也使有效监督与管理排污者的行为面临极大困难，因此尽管近年来有学者（刘建昌，2006；施萍，2009）提出了在畜禽养殖者之间进行排污权交易来控制畜禽养殖污染在内的非点源污染的设想，但是现实条件还远未形成，科斯手段难以应用于规模化畜禽养殖外部环境成本的控制。

（4）补贴的适用性分析

在庇古型手段中，补贴与税（费）手段同样重要，分属于"胡萝卜"和"大棒"政策。从理论上讲，对单位排放量减少的补贴和对同样规模废物排放征税可以建立同样的激励（Maureen L.Cropper、Wallace E.Oates，1992），环境管理部门可以使用"税（费）手段"也可以使用"补贴手段"激励生产者进行外部环境成本的控制。由于畜禽养殖业自身的最大特点之一就是可以"变废为宝"，对营养物质实现多层次分级利用，通过补贴可以激励养殖者使用沼气工程等技术手段对畜牧业生产中的废弃物进行资源化处理，既可以实现污染物的减量化、无害化，能够带来良好的环境效益，又可以增加养殖者的私人收益，因此补贴政策可以降低畜禽养殖者的污染治理成本，更好地实现畜禽养殖业环境效益与经济效益的统一，促进产业发展与环境保护的协调。在当前我国支农扶农的大政策背景下，对规模化畜禽养殖者的外部环境成本控制行为进行补贴是实现畜禽养殖业发展和农村环境保护的一体化政策。同时，与其他环境管理政策工具相比，补贴可以较好地避开政策技术操作层面的问题，引导养殖者自觉开展污染削减工作，变"末端治理"为"源头控制"，因而在发达国家的农业环境政策中，对畜禽养殖业环境污染治理的补贴由来已久。例如，美国佛罗里达州采取了成本分摊、价格支持以及减免税等经济手段来刺激养殖者减少由奶牛粪便所造成的磷污染问题；荷兰由国家补贴建立粪肥加工厂、对将多余粪肥运输到国内缺肥区的养殖场实施补贴；英国和丹麦分别承担农民建造贮粪设施费用的一部分；日本国家和都道府都对养殖场环保处理设施的建设费和运行费用进行一定的补贴。这些补贴政策说明了用补贴手段治理畜禽养殖污染的可行性，但补贴是政府的一种纯粹财政支出，如果范围过宽、规模过大会增加政府的财政压力，所以往往会面临财政上的阻力，需要科学制订补贴方案，确定补贴额度。

第五章
畜禽养殖业资源环境承载能力分析

第一节　环境承载力

一、环境承载力的要素、分类和研究内容

（一）要素

刘亚彬提出了承载力研究的三要素，即承载体、承载对象和承载率。环境承载力研究首先应抓住研究的要素，分清承载体和环境承载对象，并计算出承载体的承载率。

承载体是指对人类活动的支持系统，分为自然环境承载体和人造环境承载体。自然环境承载体包括空气、水、土壤、生物等生命支持系统和矿产资源、水资源、土地资源、森林资源等物质生产支持系统；人造环境承载体是由社会条件变量组成的，如社会物质技术基础、经济实力、公用设施等。

承载对象是指承载体所承载的社会活动或活动产生的影响。承载对象主要有污染物、人口规模、人口消费压力、人类社会经济活动。

承载率是指环境承载量占环境承载力的比例大小。承载率是一个客观和科学地反映一定时期内区域（或城市）环境系统对社会经济活动的承受能力的实际情况的指标。

（二）分类

根据环境承载力的要素承载体、承载对象、承载率对环境承载力进行类别划分。

按照承载体可以将环境承载力划分为区域环境承载力、自然环境承载力和社会环境承载力（人工环境承载力）。依据自然要素将自然环境承载力分为大气环境承载力、水环境承载力、土壤环境承载力、矿产资源环境承载力、生态环境承载力；依据社会环境要素可以将社会环境承载力分为工业环境承载力和经济环境承载力。

从承载对象出发，将环境承载力分为人口承载力、工业承载力、经济承载力以及各类产业承载力。

按照实际环境承载力与可持续环境承载力关系，分为可持续环境承载力和非可持续环境承载力。

（三）研究内容

环境承载力研究内容主要由四个方面构成，环境承载力模型，环境承载力指标体系，环境承载力综合评估，与环境承载力相协调的社会经济活动的方向、规模和环境保护规划的对策措施等。

环境承载力的量化是环境承载力研究的重要方面。通常以指标体系为核心进行环境承载力模型的设计，利用模型进行求解，对承载力进行量化处理。环境承载力综合评估是对量化后环境承载能力的判断，判别区域环境结构、功能协调性，确定环境对人类社会活动的支持能力，分析环境对人类社会活动的制约因素，找出提高环境承载力的途径。通过承载力的量化，诊断出环境对人类社会活动的瓶颈，为环境管理提供依据，在承载力指导下，调整区域环境结构、功能，合理规划社会经济活动方向、规模和环境保护措施。

二、畜禽养殖环境系统承载力的内涵和性质

从区域环境承载力的观点出发，造成畜禽养殖环境污染的原因是，畜禽养殖业产生的污染对环境的压力已经超过了区域环境对它的承载能力，即区域环境承载量与区域环境承载能力产生了矛盾，造成了畜禽养殖业产生的大量废弃物严重影响并威胁到区域环境质量的局面。

生态环境和土地资源利用的局限性和空间的固定性，决定了畜禽养殖业在不同时间、空间生存当量的客观界定。畜禽养殖业是农业生态经济系统中一个非常重要的产业单元，其发展受到自然资源、环境资源、社会需求资源、经济发展水平、技术发展水平的制约。养殖与污染矛盾的出现表明，承载畜禽养殖业的自然资源、环境资源、社会需求资源、经济发展水平、技术发展水平的支持系统的承载能力与其所承载的养殖业规模发生了矛盾。随着畜禽养殖业发展而凸现出来的

区域环境承载量与区域环境承载力之间的矛盾，使人们需要思考什么样的畜禽养殖业发展才能与区域环境的承载能力相匹配。

为了更好地解决畜禽养殖发展同区域环境之间的矛盾，首先，应确定特定的区域环境在维持区域环境系统结构不发生质的改变及区域环境功能不朝恶性方向转变的条件下，区域环境对畜禽养殖产业的支撑能力。其次，以区域环境对畜禽养殖的支撑能力为依据规划区域畜禽养殖的发展，实现畜禽养殖业可持续发展。最后，以环境系统承载力理论为指导，通过对区域环境、社会、经济资源的调整和整合，提高区域环境对畜禽养殖业的支撑作用。

三、畜禽养殖环境系统承载力概念

（一）畜禽养殖环境系统承载力的定义

就畜禽养殖活动而言，畜禽养殖环境（包括自然环境和社会环境等）是一种资源，畜禽养殖环境的各组成要素在数量上存在一定的比例关系，在空间上有一定的分布规律，各环境要素自身的供应量和产出速度是有限的，环境要素组合方式的形成速度极其缓慢，特别是自然环境的自净能力更是有限的，在一定的时空条件下，畜禽养殖环境系统对畜禽养殖活动的支持能力是有限的。畜禽养殖环境系统承载力（Livestock –Poaltry Raise Environment Carrying Capacity，简称 LRECC）是环境系统对畜禽养殖系统的负载能力，即区域自然环境、社会发展在某一时期、某种状态或条件下畜禽养殖环境系统对畜禽养殖的承载能力。

畜禽养殖活动的发展是在"环境保护"前提下的畜禽养殖发展，是不超出畜禽养殖环境系统承载能力允许范围的发展。畜禽养殖环境系统对畜禽养殖支持能力的大小取决于系统内部各要素之间的协调关系，各要素间协调程度高、系统状态好，使系统功能得以充分展现，对畜禽养殖活动形成良好的发展环境。

关于畜禽养殖环境系统对畜禽养殖活动支持能力的研究，实质就是畜禽养殖环境系统各要素之间相对于畜禽养殖活动的协调程度研究。借鉴环境承载力理论，可以用"承载力"的概念表征畜禽养殖环境系统对畜禽养殖活动的支持能力，通过量化的"承载力"表征畜禽养殖环境系统各要素之间相对于畜禽养殖活动的协调程度，用以指导畜禽养殖规划，在环境系统允许的前提下发展畜禽养殖产业。

畜禽养殖环境系统承载力的概念体现了畜禽养殖环境系统的三个本质特征，即"发展度""协调度""持续度"，是对畜禽养殖环境系统功能的度量。畜禽养殖环境系统集中体现"发展度""协调度"和"持续度"三者之间的逻辑关系，并通过畜禽养殖环境系统承载力进行其系统功能的度量。

发展度是指畜禽养殖环境系统各子系统的发展程度，是以自然环境资源增长、社会发展水平提高为基本识别因子的。发展度构成了畜禽养殖环境系统功能的"动力表征"，是畜禽养殖环境系统承载力提高的发动机。

协调度是指畜禽养殖环境系统各子系统之间关系的平衡，是自然环境资源与社会发展之间的平衡，是畜禽养殖环境资源需求与社会发展环境资源占有之间的平衡。协调度构成了畜禽养殖环境系统结构关系的"公正表征"，是不断优化提高畜禽养殖环境系统承载力的调节依据，其内涵体现为畜禽养殖环境系统各子系统之间竞争与有序的协调。

持续度是指畜禽养殖环境系统各子系统的持续发展水平，是以各子系统的持续发展能力为基本识别的。持续度构成了畜禽养殖环境系统承载力的"稳定表征"，是畜禽养殖环境系统不断维系的促进剂。其内涵是通过畜禽养殖环境系统各子系统的可持续发展来维系系统整体的可持续发展，保持畜禽养殖环境系统较高的承载力水平。

因此，畜禽养殖环境系统承载力定义为："一个特定区域畜禽养殖环境系统在其特定子系统的发展度、协调度、持续度稳定的约束下，在某一时期对畜禽养殖活动的支持能力。"

（二）畜禽养殖环境系统承载力内涵

畜禽养殖环境系统承载力（LRECC）从微观角度反映了环境系统对畜禽养殖系统的制约关系。LRECC强调环境资源对畜禽养殖系统的支撑能力，突出对环境系统的量化测度。因此，LRECC不是一个纯粹描述环境系统特征的量，也不是一个单纯描述畜禽养殖系统的量，它反映的是畜禽养殖与环境相互作用的特征。

畜禽养殖环境系统承载力的大小，是衡量区域畜禽养殖可持续发展战略实施成功程度的基本标志，也是战略实施中畜禽养殖环境系统中的自然资源环境子系统能力和社会发展环境子系统能力的总和。

畜禽养殖环境系统承载力不仅限于区域畜禽养殖环境系统的资源数量，它更注重整个系统的稳定性是否受到破坏，系统结构和功能是否发生根本的改变。畜禽养殖环境系统承载力就是畜禽养殖环境系统要素的总体承载能力，畜禽养殖环境系统功能是通过畜禽养殖环境系统承载力的大小来体现和反映的，而畜禽养殖环境系统承载力大小是畜禽养殖环境系统功能在质与量上的综合衡量。因此，提高和改善畜禽养殖环境系统承载力就可以更好地提高畜禽养殖环境系统的总体功能，达到改善环境、促进畜禽养殖系统良好、持续发展的目标。结合环境承载力研究的成果，应从以下几个方面对畜禽养殖环境系统承载力的内涵进行思考。

1. 可持续发展。区域畜禽养殖的可持续发展可以从时间和空间两个角度进行分析。时间可持续性是指本时期的畜禽养殖不对后时期的畜禽养殖活动造成影响，当代人的畜禽养殖活动不对后代人的养殖活动造成影响。空间可持续性是指畜禽养殖在水平空间上的发展不对周围地区社会经济的发展造成危害，在垂直空间上的发展不对其他部门（如环境保护、农业生产）造成危害。

2. 协调发展。畜禽养殖环境系统承载力强调不影响和不改变区域环境系统结构。将"环境"从单纯的空间环境扩展到自然环境、社会发展环境，使其能够真实地反映整体区域环境状况对畜禽养殖发展的制约作用，为科学规划发展畜禽养殖业提供依据。畜禽养殖环境系统承载力的内涵倡导保护环境，实现畜禽养殖与区域环境的协调发展。实现畜禽养殖的持续性、公平性，并与自然、社会、经济实现协调发展，推进养殖业的可持续发展是当今社会发展的必然要求。

3. 环境承载力的具体化表现。畜禽养殖环境系统承载力是环境系统功能的具体化。在畜禽养殖活动的压力下，环境系统既能满足畜禽养殖活动的需求，又能满足维持环境系统内部各种关系的要求，保证畜禽养殖发展的同时不影响和不改变区域环境系统结构，不影响其他经济活动的正常发展。当畜禽养殖活动强度不超过区域畜禽养殖环境系统承载力"阀值"时，区域畜禽养殖环境系统就可以维持平衡；否则，系统平衡将遭到破坏，促使进行自身和人工调整，直到重新回到平衡。

4. 畜禽养殖环境系统维持和发展性。畜禽养殖环境系统具有自身的维持和发展能力，发展能力具有很大的弹性和调节性，只要能找出限制区域内环境畜禽养殖承载力的最小因子，采取适当的改善措施，就能使畜禽养殖环境系统承载力向更好的方向发展和转化。

5. 资源集聚性。区域环境系统在有限的畜禽养殖承载力的制约下，通过生物流、物质流、信息流、能量流等途径产生环境、社会和经济综合效益，服务于环境系统中的各要素。若区域环境系统的畜禽养殖承载力大、结构好、性能优，便可集聚众多的生物流、物质流、能量流和信息流，从而保证区域整体的正常运转，实现畜禽养殖业可持续发展。

6. 与区域承载力的关系。畜禽养殖环境系统承载力概念是针对区域畜禽养殖环境系统协调程度而言的。区域是一个复杂的开放系统，畜禽养殖环境系统承载力只是区域系统中某一个或几个子系统（水、土地资源等或环境）相对于畜禽养殖子系统的协调程度反映。而实际上，区域系统中畜禽养殖、资源、环境、社会发展等子系统之间均具有显著的相互作用、相互影响、相互制约的关系。因此，区域环境的畜禽养殖承载力仅是区域承载力一个重要的组成部分，并不能完全概括和描述总体的区域承载能力。本文提出的畜禽养殖环境系统承载力概念，就是研究不同尺度区域在一定时期内，在特定的资源开发利用、生态环境保护及社会发展情况下，在区域间保持一定物质交流规模的条件下，区域环境对畜禽养殖活动的支撑能力。

第二节　畜禽养殖业环境承载力分析

一、畜禽养殖环境系统承载力分类与基本性质

（一）畜禽养殖环境系统承载力分类

畜禽养殖环境系统承载力概念是一个涉及多个因子影响的概念，可以采用不同的分类方式、从不同的视角研究其构成。

1. 按承载对象分类

畜禽养殖活动是农业经济活动的一种，其发展形势受时代的影响。与建国初期相比较，虽然我国的养殖业发生了巨大的变化，但仍然存在着多种不同规模的养殖，如农户自给自足的散养、经营性非规模化养殖、规模化养殖等。按照养殖规模的差异，可以将畜禽养殖环境系统承载力分为散养承载力和规模化养殖承载力。

2. 按养殖活动类型分类

从畜禽养殖活动主体的角度出发，即从畜禽养殖活动的类型出发，畜禽养殖活动包括畜禽喂养、饲料供应、养殖场所提供、市场需求、污染治理、环境管理。养殖活动的类型将畜禽养殖环境系统承载力分为用地承载力、污染治理承载力、环境管理承载力、技术承载力。

3. 按环境系统分类

从环境系统角度出发，将区域环境分为自然环境、社会环境。因此，将畜禽养殖环境系统承载力分为自然资源环境畜禽养殖承载力、社会发展环境畜禽养殖

承载力。畜禽养殖自然资源环境承载力包括水环境承载力、土壤环境承载力、大气环境承载力；畜禽养殖区域社会发展环境承载力包括技术环境承载力、管理环境承载力、政策环境承载力。

（二）畜禽养殖环境系统承载力特性分析

从畜禽养殖环境系统承载力的概念看，除了区域环境系统承载力所具有客观性、可变性、复杂性、开放性、非线性、自组织等特点外，还具有以下独特性质：

1.承载对象的突出性特征

畜禽养殖环境系统承载力同畜禽养殖产业的养殖方式、污染物利用方式、养殖集约化水平、养殖种类等多个因素相关。畜禽养殖环境系统承载力的概念突出了承载对象，回答了承载体承载什么的问题。畜禽养殖环境系统承载力是在特定区域环境条件下，对其所能支撑畜禽养殖活动强度的能力，具有行业的专一性。

2.社会环境影响的显著性特征

影响畜禽养殖环境系统承载力的因素可以分为自然资源因素、环境资源因素、社会因素。畜禽养殖环境系统承载力概念是在规模化、集约化养殖所产生污染的基础上提出的。规模化、集约化养殖对环境系统的"干扰"主要来自养殖方式、养殖集约化水平、养殖种类、污染物利用方式、污染物治理技术水平等方面，而这些干扰因素主要决策者是"人"，因此，人的决策决定养殖活动对环境系统的干扰水平。作为社会环境因素的人的决策突出体现了畜禽养殖环境系统承载力受社会环境影响的显著性特征。

3.可控因素与不可控因素并存特征

按人类活动对畜禽养殖环境系统承载力各因素的控制能力，把畜禽养殖环境系统承载力的因素分为可控因素和不可控因素。一般来说，畜禽养殖环境系统承载力中空间资源承载力刚性大，弹性小；经济承载力、环境管理承载力、技术水平承载力弹性较大，易于调控。

二、区域畜禽养殖环境承载力核算方法比较

（一）区域畜禽养殖环境承载力核算方法简介

1.层次分析法

层次分析法是将与决策有关联的元素分解成目标、准则、指标等层次，由指标层开始计算，最终对目标层进行定性和定量分析的决策方法。该方法在20世纪70年代初，由美国运筹学家匹茨堡大学教授萨蒂创建。

层次分析法自创建以来，就被广泛应用在各行各业，包括公司运营情况分析、远程教育实践教学评价、高新技术产业选址、汽车需求量、安全风险评估、环境质量评价等。层次分析法逐渐应用于环境承载力的研究，随着畜禽养殖环境承载力研究兴起，也被运用于分析区域畜禽养殖环境承载力。在环境承载力研究领域，王莉芳、李艳等应用层次分析法对水环境承载力进行研究；魏景明采用层次分析法对黑龙江主要矿产资源的承载力、竞争力和可持续力进行了评价；王晶运用层次分析法对净月潭国家森林公园进行研究，评判景区环境规划的合理性；宋福忠、王甜甜将层次分析法运用在畜禽养殖环境承载力的研究上，分别评估了重庆市和滨州市的畜禽养殖环境承载力和未来的发展趋势。

畜禽养殖环境承载力研究使用层次分析法，则目标层 A 为畜禽养殖环境承载力。畜禽养殖业的发展、自然资源的供给以及社会发展的需求都对畜禽养殖环境承载力有不同程度的影响，将其设为准则层 B。三类准则层有不同指标来体现，通过选取相关性较强的指标来体现影响力。通过专家打分得出各指标权重，利用极值法对数据进行处理，最终逐级算出畜禽养殖环境承载力。

2.系统分析法

系统分析法源自数学模型，通过核算主要污染物的总量、耕地面积、径流量、畜禽数量在数据中所占比值，最后各数值的平方和再开平方根。系统分析法结构简单，但理论依据较薄弱。

3.氮平衡法

畜禽在生长周期内会排放大量的粪便、尿液，其中包含可供作物生长的氮、磷、钾等元素。农作物对氮素的需求量较大，所以将畜禽粪便用作农作物的肥料，一方面解决了畜禽粪便的处理问题，另一方面农作物也减少化肥施用量，达到种养平衡的理想效果，这也是发达国家一直推荐的畜禽粪便处理模式。

氮是绝大多数农田影响作物产量的限制因子，氮肥的施入量能否满足作物需求决定作物的产量。氮平衡是利用物质平衡原理，盈余量 = 输入量 − 输出量。通过量化核算区域内氮元素的各个输入和输出项，利用计算结果判断氮的盈余或缺损的情况，将区域内能承受的输入量转化为猪当量畜禽数量，即区域畜禽养殖承载能力。

农业系统运用氮平衡法定量计算氮素的利用率已经有一百多年的历史，测算氮平衡状况的方法主要有两种：农场总体平衡法和土壤层面法。

氮素限制农作物的产量，随着氮肥施用量的增加，氮元素流入环境造成极大的污染，国内外对农田生态系统中氮肥的转化和迁移进行了大量的试验。在蔬菜生产过程中，全年 2 ~ 3 季施氮 600 ~ 1 300 kg/hm²，而氮支出只有21% ~ 36%。氮元素在土壤、植物、畜禽和人等养分库之间循环运动，养分库之间、以及每个库与外界都有交换通道（见图5-1）。

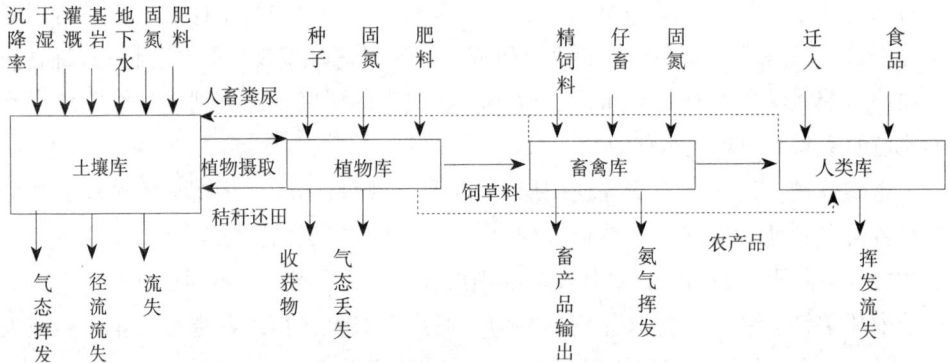

图 5-1　农业生态系统氮循环模型

氮素引起的污染主要是由于农业系统中氮素盈余而造成的。化肥属于无机肥，易溶于水，大量施加化肥加重氮流失。畜禽粪便作为肥料，与化肥配施能有效减少氮流失程度。目前，许多国家都规定区域畜禽粪便排泄量与当地农田面积相适应，使有机肥的氮素在农田中被作物吸收而不污染地下水的质量。定量评估区域农业生态系统中的氮素的转化和迁移，维持氮素平衡，减少氮素流失，对农业和畜牧业的可持续发展意义重大。

（二）基本步骤及公式

1. 层次分析法的基本步骤

步骤1：首先确定畜禽养殖承载力评价系统。目标层 A 为畜禽养殖环境承载力评价指标体系。畜禽养殖承载力根据相关性又被划分成畜禽养殖发展类指标、自然资源类指标和社会发展类指标三大类，即准则层 B。按照需要设定畜禽养殖密度、养殖结构、畜禽养殖污水排放量、化学肥料施用量、农药使用量等限制性指标，人均耕地面积、人均工业产值、人均 GDP 等发展类指标为指标层 C。如下表5-1建立的畜禽养殖环境承载力评价指标体系。

表 5-1　畜禽养殖环境承载力评价指标体系

目标层 A	准则层 B	指标层 C
畜禽养殖环境承载力评价指标体系 A	自然资源供给类指标 B1	人均耕地面积 C1
		人均水资源量 C2
		单位面积粮食产量 C3
	社会条件支持类指标 B2	人均工业产值 C4
		畜牧业占农业产值比重 C5
		人均 GDP C6
		养殖密度 C7
		养殖结构 C8
	污染承受能力类指标 B3	污水排放总量 C9
		单位面积化肥施用量 C10
		单位面积农药施用量 C11
		地表水氨氮超标率 C12

步骤 2：收集历年各项指标层数据，通过咨询多位专家，各位专家根据相关指标数据打分，取专家评分的平均值建立判断矩阵。用两两重要性程度之比的形式表示两个指标的各自重要性程度等级是层次分析法的一个重要特点，如对某一准则，对下属的各指标进行两两比较，然后按其重要性程度确定等级。表 5-2 列出的 9 个重要性等级及其赋值。按两两比较结果形成的矩阵称作判断矩阵。

表 5-2　比例标度表

因素比因素	量化值
同等重要	1
稍微重要	3
较强重要	5
强烈重要	7
极端重要	9
两相邻判断的中间值	2, 4, 6, 8

按照层次分析法的计算步骤计算各指标的权重，并检验是否具有一致性，CR<0.1 表示矩阵具有一致性较好，否则，需要对矩阵进行修正。

步骤3：再采用极值法对各指标进行无量纲化处理，经处理之后的指标值均在 0 ~ 1 之间。对发展类指标无量纲化方法：

$$c_{ij} = C_{ij} / C_{max}$$

对限制类指标无量纲化方法：

$$c_{ij} = C_{min} / C_{ij}$$

式中：C_{max}、C_{min} 为各项指标历年的最大值和最小值；C_{ij} 表示第 1 项指标值，第 j 年的实际值；C_{ij} 表示 C_{ij} 的无量纲量化值。

$$B_i = \sum C_{ij} W_c$$

式中：B_{ij} 为 B 层准则层的承载能力；W_c 为 C 层指标层具体指标相对于 B 层的相对权重。

$$A = \sum B_i W_b$$

式中：A 为畜禽养殖环境承载力量化值；W_b 为 B 层准则层具体指标相对总目标的相对权重。

2.系统分析法的基本步骤

步骤1：收集并整理指标数据。指标体系一般由 8 项指标构成。其中限制类指标包括：地表径流量（10^8 m³），年末实有耕地面积（10^4 hm²）；发展类指标包括：当量生猪的畜禽养殖数量，畜禽产生的主要污染物 BOD、COD、NH_3-N、TP、TN 产生量，污染物单位为 10^4 t。

步骤2：根据模型和公式计算。假设 b_j 表示第 j 年环境承载力（$j=1$，2，3，…，m），各年份畜禽养殖环境承载能力又由 n 个具体指标所确定的分量组成。B_{ij} 代表第 i 个指标第 j 年份下具体指标值，则对于限制类指标，有如下式子成立：

$$b_{ij} = B_{ij} / \sum_{j=1}^{m} B_{ij}, i = 1, 2, 3\cdots, n$$

对于发展类指标，有如下公式成立：

$$b_{ij} = 1 / \left(1 + \frac{B_{ij}}{B_{i1}} + \frac{B_{ij}}{B_{i2}} + \cdots + \frac{B_{ij}}{B_{in}} \right), m \neq j$$

第 j 个环境承载力 R 可以用下列式子来衡量：

$$R = b_j = \sqrt{\sum_{j=1}^{n} b_{ij}^2}$$

根据地区情况取 8 项数据的适宜值和警戒值，再用上述方法计算区域畜禽养殖承载力的适宜值和警戒值。

步骤 3：分析结果。畜禽养殖承载力 R 值与畜禽养殖环境承载能力呈正相关，R 值越大承载力越强。当 R ≥ 适宜值时，表明当前畜禽养殖业环境承载力较强；当警戒值 ≤ R＜ 适宜值时，表明当前畜禽养殖环境承载能力较弱；当 R＜ 警戒值时，表明当前畜禽养殖环境承载能力很弱。

3. 氮平衡法的基本步骤

运用氮平衡法核算畜禽养殖环境承载力有多种方式，可以分农作物氮养分消耗估算模块、耕地畜禽承载力能力估算模块等。本研究参照如下公式：

$$H = \frac{(ka - 2.25ct)(1-\eta)}{\beta\rho(1-f)}$$

公式，H 为单位面积能承载的当量猪的头数，head/hm²；

k 为生产单位某农作物需氮量，kg/kg；

a 为单位面积某农作物的产量，kg/hm²；

2.25 为土壤养分换算系数；

c 为无肥区土壤中全氮的含量，g/kg；

t 为土壤养分校正系数；

η 为化肥施用量占总肥料施用量的比例；

β 为每头当量生猪产氮系数，kg/head；

ρ 为畜禽废弃物年季利用率；

f 为畜禽养殖废弃物损失率。

公式中的各项参数可经过参考权威部门公布的数据、参考已有的研究成果或试验测定获得。通过确定公式中的相关参数，代入公式即可得知畜禽养殖环境承载力。

（三）各方法的优缺点

1. 各方法优点比较

（1）层次分析法的优点

完整的系统性。各指标层的权重设置分别确定资源环境、社会经济发展、畜禽养殖污染物三个准则层的权重，各指标层数据的打分得到的权重最后都会直接或间接影响到结果，每个层次中的每个因素对结果的影响程度都是量化的，整个计算非常系统、清晰、明确。

简洁实用。把影响因素众多的畜禽养殖承载力转化为多层次单目标问题，通过两两比较确定指标层相对准则层的数量关系后，最后进行简单的数学运算。

侧重定性分析。从评价者对畜禽养殖环境承载力的本质、要素的理解出发，比一般的定量方法更讲求定性的分析和判断。从指标层的选择到权重计算，层次分析法将判断畜禽污染物、环境等各要素都纳入考虑。

（2）系统分析法的优点

运用系统分析法核算畜禽养殖环境承载力不需要做实验，数据通过历年监测统计获得。计算步骤和公式都非常简单，易于操作。在系统分析法基础上，通过灰色预测模型预测畜禽养殖环境承载力的趋势。

（3）氮平衡法的优点

首先，利用氮平衡法核算畜禽养殖环境承载力不需要大量复杂的数据，只要获取氮元素的来源和去向，大部分数据可经试验测得。其次，氮平衡法的研究范围不限，小到一块农田，大到全国范围都可以通过氮平衡测算其畜禽承载力。最后，氮平衡法从作物的需氮量出发，最大程度上减少畜禽粪便流失造成的环境污染问题。以上三个优点使在目前核算区域畜禽养殖环境承载力时，氮平衡法运用最多，应用最广泛。

2.各方法缺点比较

（1）层次分析法的缺点

在畜禽养殖污染物、自然资源、社会经济发展三个准则层下，又有多项指标，每一项指标都需要连续近十年的数据，如此庞大的数据，统计量大。这些指标的相互关系非常复杂，专家打分主观性强，权重难以确定。

（2）系统分析法的缺点

畜禽养殖环境承载力用系统分析法计算时，如果不计算适宜值和警戒值，其数据结果就没有意义，不能判定畜禽养殖环境承载力的大小。此外，适宜值和警戒值的设定主观性较强，如王洋对黑龙江畜禽养殖环境承载力的研究，污染物产生量适宜值取每公顷15头当量生猪，警戒值取每公顷25头当量生猪；其他数据适宜值取历年最小值，警戒值取历年最大值。数据取值没有给出一定的依据。因此，用系统分析法核算畜禽养殖环境承载力，适宜值和警戒值的设定尤为关键。

（3）氮平衡法的缺点

农作物对氮磷钾的需求量不同，在畜禽养殖承载力实验中，对农作物施肥从氮元素需求的角度出发，由于畜禽粪便的磷钾含量较高，对于部分农作物容易造成磷、钾过量。

区域内利用氮平衡法核算畜禽养殖承载力，一般不考虑大气沉降、种子本身携带的氮元素等来源、氮元素水环境流失量和挥发量等去向，容易将畜禽养殖承载力数值加大。

（四）各方法适用范围

1. 畜禽养殖承载力层次分析法适用范围

层次分析法是从宏观方面分析畜禽养殖污染物、自然资源、社会经济发展对畜禽养殖承载力的影响，在大局上判断是否具有可持续发展的潜力，它适合用于大范围的畜禽养殖承载力分析。此外，用层次分析法计算畜禽养殖环境承载力需要庞大的数据，从自然资源的耕地面积、水流域面积、粮食产量等指标；反映社会经济发展水平的 GDP、畜牧业占农业总产值比重等指标；到畜禽养殖量、养殖污水排放量、养殖固废排放量等指标，所涉及的面太广，这些数据的收集比较困难，对畜禽养殖环境承载力使用层次分析法计算带来了限制。层次分析法需要有对畜禽养殖及污染状况相当了解的专家组为其打分，如果专家人数不够或打分不准确，畜禽养殖承载力的计算结果可能会与实际情况偏离，数值甚至相差较远。

2. 畜禽养殖承载力系统分析法的适用范围

对畜禽养殖承载力使用系统分析法计算时，需要区域内连续几年的八项数据，包括地表径流量、年末实有耕地面积、畜禽养殖数量（以生猪当量计）、BOD，COD，NH_3-N、TP、TN 产生量。后面五项主要畜禽粪便污染物产生量是区域内所有畜禽养殖场污染物的加和，收集这些数据需要多年累积的监测，能否准确取得这些数据是使用系统分析法的限制条件。研究者想从畜禽养殖活动对耕地、水环境的冲击程度分析，环境对各类污染物总量的限制确定畜禽养殖环境承载力时，可以采用系统分析法。

3. 畜禽养殖承载力氮平衡法的适用范围

畜禽养殖承载力氮平衡法研究规模可大可小，研究范围不受约束，小区域研究精准，氮元素的各种去向都可定量计算，大区域研究数据较粗略，氮元素的去向一般考虑作物吸收，氮元素径流流失量和挥发量一般不纳入。氮平衡法适合用于实验研究畜禽养殖承载力，研究人员从农作物的需氮量、耕地对畜禽粪便氮元素的消纳能力来核算畜禽养殖环境承载力，或研究在消纳畜禽粪便造成农业面源污染的氮流失浓度时可用氮平衡法。研究时能获取区域内农作物的种植面积，农作物产量，各种农作物形成 100 kg 产品的需氮量等基础数据。

（五）小结

畜禽养殖环境承载力的三种主要核算方法从操作步骤、优缺点、适用范围进行比较分析。为后续对畜禽养殖环境承载力的研究提供参考。

1. 畜禽养殖环境承载力核算使用层次分析法需要体现自然资源、社会经济发展、畜禽污染物各项指标的数据，专家组的打分，综合考虑因素多，适用于宏观层面对畜禽养殖承载力的分析。

2. 畜禽养殖环境承载力核算使用系统分析法需要连续几年监测和统计的BOD、COD、TP、TN、NH_3-N产生量，计算方法简单，适合用于分析畜禽养殖环境承载力与警戒值、适宜值的差距并预测其发展。

3. 氮平衡法有着突出的优点。首先，数据通过试验测定准确可靠；其次，在试验中测定区域畜禽养殖承载力更具说服力；再次，氮平衡法的研究范围不限；最后也是最重要的，氮平衡法在确保农作物吸收足够的养分达到较好的经济效益时，注重氮养分的流失对环境的污染情况，是几种畜禽养殖承载力方法中最贴近实际情况、对环境污染最小的核算方法。因此，氮平衡法以其准确性高、研究范围不受约束、保证作物产量、降低环境污染物浓度等优点被学者们广泛使用，氮平衡法是研究某区域畜禽养殖承载力的最优方法。

三、畜禽养殖环境系统承载力评价指标

（一）畜禽养殖环境系统承载力指标体系建立原则

"指标"具有揭示、指明、宣布或者是公众了解等含义，它是帮助人们理解事物变化的定量化信息，反映总体现象的特定概念和具体数值。指标可以按其表现形式进行分类，用数值来表示的为客观指标，不能直接用数值表示的为主观指标。在指标运用过程中，运用形式也存在着差别，通过一个具体的统计指标，可以说明一个简单实事，反映总体现象的侧面或某一侧面的某一特征。要反映被研究总体的全貌，就必须把一系列相互联系的数量指标和质量指标结合起来，就需要用到指标体系。指标体系一般是指标个体相互联系、相互制约所组成的一个集合整体或者有机整体，通过指标体系的结构可以反映指标之间的相互关系。

环境承载力的概念提出以后，研究机构和学者为寻求它的指标做了大量的工作，提出了一些指标和指标体系，推动了环境承载力的量化研究，但是，到目前为止，没有任何一个指标方法或指标体系得到学术界一致认可。对于畜禽养殖环境系统承载力的研究是一个新的课题，畜禽养殖环境系统承载力指标体系研究仍处于探索阶段。畜禽养殖环境系统承载力问题的复杂性决定了建立一套有效、实

用的评价指标体系，是一项需要与研究区域特点和实际有机结合的系统工程。本文尝试构建畜禽养殖环境系统承载力指标体系，以便在应用中不断加以完善。畜禽养殖环境系统承载力指标体系的建立过程遵循以下原则。

1. 定性分析与定量研究相结合原则

定性分析主要从评价的目的和原则出发，考虑评价指标的充分性、可行性、稳定性、必要性以及指标与评价方法的协调性等因素，由系统分析人员和决策者主观确定指标和指标结构。定量分析通过量化畜禽养殖环境系统要素对承载力的贡献，并通过一系列检验，使指标体系更加科学。

2. 充分考虑畜禽养殖环境系统特点原则

畜禽养殖环境系统承载力评价涉及自然、社会、经济、技术等多方面，指标体系不能局限于繁多的统计指标本身，而应该用综合性指标体现承载力所涉及的概念、内容和特性，如环境资源量、技术发展水平、环境经济投入水平等，以体现畜禽养殖、环境、技术、社会子系统的相互作用。根据评价目的建立适合不同地区、不同时间断面的畜禽养殖环境系统承载力评价指标体系。畜禽养殖环境系统承载力具有相对性，评价标准都是以现实为基础提出的，也是相对的。人们不可能找到一个永恒的、适合所有历史条件的畜禽养殖环境系统承载力评价体系。

3. 科学性原则

指标体系应建立在科学的基础上，能够充分反映畜禽养殖环境系统承载力的内在机制，能够度量和反映环境承载力的特征，才能够真实地反映实际情况。指标体系作为一个有机整体，应该能比较全面地反映和测度评价区域的承载力主要特征与发展状况。

4. 实用性和可操作性原则

从我国畜禽养殖环境管理的实际出发，畜禽养殖环境系统承载力指标体系应包括环境管理操作性强的指标。指标体系应兼顾指标的简洁扼要性，数据获取的便利性，表述的规范性及指标之间可比性。现实的指标与指标体系建立主要考虑所选每个指标的数据能否获得，对于无法获得、很难获得或投入高于指标本身所带来的社会经济效益才能获得的指标都是不可行的。评价指标体系所选取的指标应体现环境管理的运行实际，与环境规划、环境区划、环境管理等数据相适应。

此外，所选指标还应与经济社会发展规划的指标相联系、相呼应。

5. 相对独立性和稳定性原则

评价指标体系所选的指标应尽量避免各指标间的重复和信息重叠，信息尽可能选择具有相对独立的指标，从而增加评价的准确性和科学性。畜禽养殖环境系统承载力本身处于动态变化之中，而在一定的时期内是相对稳定的，其特征决定评价指标体系所选的指标应具有动态性与稳定性相结合的特点。

（二）畜禽养殖环境系统承载力指标体系

1. 指标体系设计

根据畜禽养殖环境系统结构关系和承载力指标设计原则，将承载力指标划分成畜禽养殖发展类指标、自然资源类指标和社会发展类指标三大类。

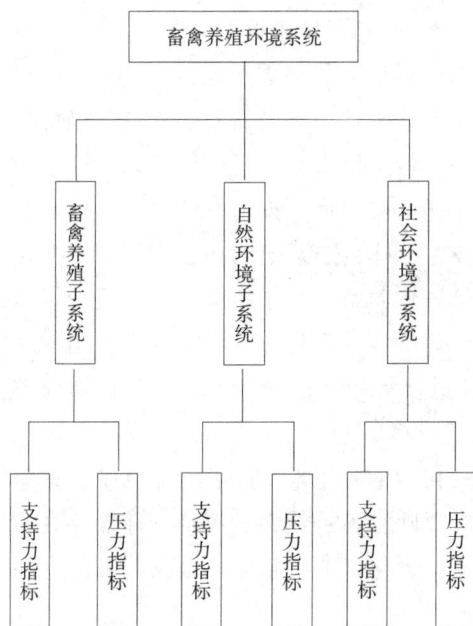

图 5-2　区域畜禽养殖环境系统承载力评价指标体系框架结构

畜禽养殖发展类指标用区域畜禽养殖环境系统支持的养殖规模、布局和养殖结构等来表示，自然环境类指标用自然环境的资源供应能力、环境消纳能力等表示；社会发展类指标用社会发展、科技进步和经济发展进行表示。根据其对畜禽养殖业发展的作用性质，畜禽养殖环境系统承载力指标又可以划分为支持力指标和压力指标两类别，详见图 5-2 所示。支持力指标对区域畜禽养殖环境系统承载力起支持发展作用，压力指标对区域畜禽养殖环境系统承载力起制约作用。也就是说，区域畜禽养殖环境系统承载力由区域环境系统的"支撑能力"和"压力水平"两个方面的构成，共同构成区域畜禽养殖环境系统承载力的评价指标体系（见图 5-2）。

畜禽养殖环境承载力综合指标体系由目标层（A）、准则层（B）、准则层（C）和指标层（D）四个层次构成。目标层为单一目标，畜禽养殖环境系统承载力综合指标；准则层（B）包括畜禽养殖发展类指标、自然环境类指标和社会环境类指标三个分项指标；准则层（C）由8个方面的指标构成；指标层（D）由准则层（C）各表征指标构成，全面反映影响区域畜禽养殖环境系统承载力各主要因素，指标层（D）是对指标层（C）的表达指标。评价指标体系详见图5-3。

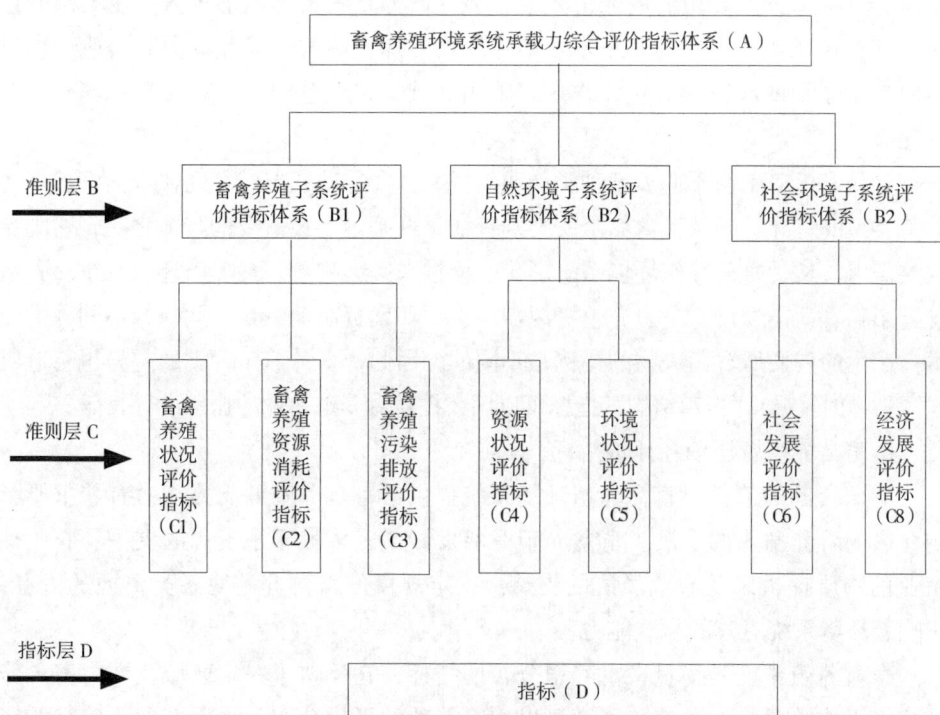

图5-3 畜禽养殖环境系统承载力综合评价指标体系

（1）畜禽养殖发展类指标体系

畜禽养殖是畜禽养殖环境系统承载的核心，受其存在环境的支撑与约束，同时，其发展也影响着环境对其本身的承载。畜禽养殖发展类指标体系由表5-3所示的指标构成。

a.畜禽养殖状况评价指标

畜禽养殖状况包括养殖规模、布局及养殖结构，因此，从这三个方面筛选表征畜禽养殖状况的指标。

养殖规模最直接的表征是养殖的畜禽数量，畜禽养殖环境系统承载对象的直接衡量尺度就是养殖量的多少。在给定区域内，现存的养殖规模影响着今后生产的扩大。因此选用"养殖量"为畜禽养殖状况的指标之一，可以用统计年鉴的生猪当量进行指标的量化表示。

区域畜禽养殖状况最突出表现为养殖业对经济发展的贡献。养殖业收入水平不仅反映其发展状况，同时，决定着养殖的投入状况。养殖业收入主要分为两个部分，一部分是养殖者的经济效益，另一部分是畜禽养殖的投入，投入部分包括改善养殖环境、提高养殖技术、增加污染治理设施等，因此畜禽养殖业产出对养殖环境系统的改善起着重要作用。采用区域"牧业总产值"表征畜禽养殖业产状况。

区域畜禽养殖由不同养殖种类构成组成，畜禽养殖状况特征还体现为饲养畜禽养殖类型的差异。区域畜禽养殖的类别特征是最基本、最重要的特征之一，它既受人类需求，又受畜禽养殖环境系统影响，反过来又影响着畜禽养殖环境系统。养殖种类影响着污染物排放量、养殖资源需求量、环境资源消纳量。此外，不同种类的畜禽产生的粪便所含污染物的比例是不同的，因此，畜禽养殖种类的差异也会造成水污染物的差异。"养殖结构"指标可以用大牲畜占养殖总量的比例进行表征。

b. 畜禽养殖资源消耗评价指标

养殖资源的消耗对畜禽养殖环境系统提供给畜禽养殖的支撑能力有着重要影响，影响着养殖业的发展。畜禽养殖业的发展紧密依赖于水资源的支撑、农业种植业的物质提供以及农业经济的支持。一定规模的畜禽养殖对各类资源的占有，影响着环境系统对其的承载能力。

畜禽养殖密度是衡量畜禽养殖分布的指标，它反映了一定区域范围内畜禽养殖疏密平均状况，通过养殖密度可以判断养殖的平均分布。采用畜禽养殖耕地密度指标表征畜禽养殖分布状况。畜禽养殖耕地密度是在单位耕地面积的平均畜禽养殖数（生猪当量），它可避免对不同区域做畜禽养殖密度的比较时，由于非耕地比例相差悬殊而带来的假象。

传统的养殖往往需要大量的水资源，尤其是规模化养殖场采用的水冲粪工艺是以消耗大量水资源为代价的。畜禽养殖水资源消耗量的大小、占水资源的比例等因素影响着畜禽养殖环境系统。因此，可以采用畜禽养殖用水占区域水资源的比例表征畜禽养殖对水资源的消耗水平。

养殖业是以农产品消耗为基础的，种植业为养殖业提供玉米等大量的粮食产品，保证养殖业需求。畜禽养殖的饲料来源离不开种植业的发展，健康发展的种植业为畜禽养殖提供丰富的饲料。因此，种植业成为畜禽养殖环境系统的重要组成部分，而畜禽养殖对粮食资源的消耗水平影响着该系统的状态。本文用畜禽养殖产出与种植业产出的比例表征畜禽养殖业对农产品的资源消耗水平。

c.畜禽养殖污染排放评价指标

畜禽养殖污染排放对畜禽养殖环境系统发展起着重要制约作用，是系统健康发展的制约力。畜禽养殖污染最直接的表现是畜禽养殖污染物的排放，因此，采用畜禽养殖污水排放量、固体废弃物排放量等指标表征排污的强度。作为社会发展众多产业中的一种，畜禽养殖业的排污同样影响着其发展环境的优与劣，采用畜禽养殖污水排放量占工业废水、生活污水排放量比例、固废排放量及其占工业固废、生活垃圾比例、畜禽养殖污染物排放量（COD）占工业废水、生活污水污染物比例等指标表征畜禽养殖污染物排放相对于社会发展污染物排放水平。

表5-3　畜禽养殖发展类指标体系

准则层（B）	准则层（C）	指标层（D）	计算公式	量　纲	作　用
畜禽养殖发展类指标体系（B1）	畜禽养殖状况评价指标（C1）	养殖量（D1）	年内出栏肥猪头数、年内出栏羊只数、年内出栏家禽数与大牲畜存栏量换算为年出栏生猪当量	万生猪当量	养殖数量状况，反映养殖对环境的压力
		牧业总产值（D2）	产品及副产品乘以单位价格	万元	反映养殖产业产出状况
		养殖结构（D3）	大牲畜存栏量与养殖总量的比值	%	反映养殖结构状况

续　表

准则层 （B）	准则层 （C）	指标层（D）	计算公式	量　纲	作　用
畜禽养殖发展类指标体系（B1）	畜禽养殖资源消耗评价指标（C2）	土地资源消耗水平（D4）	用畜禽养殖土地密度表征，养殖生猪当量除以年末常用耕地面积	头/亩	反映畜禽养殖分布状况，以及对土地资源占有率
		水资源消耗水平（D5）	用养殖用水占区域水资源的比例表征，养殖用水量同地表径流量比值	%	反映畜禽养殖水资源消耗水平
		生物资源消耗水平（D6）	用养殖产出与种植业产出的比例表征，畜禽养殖产值除以粮食产量	元/吨	反映畜禽养殖对农业资源的消耗水平
	畜禽养殖污染排放评价指标（C3）	养殖污水排放量（D7）	畜禽养殖量乘以单位养殖污水排放量	万吨	反映区域畜禽养殖污水排放状况
		养殖固废排放量（D8）	畜禽养殖量乘以单位养殖固废排放量	万吨	反映区域畜禽养殖固废排放状况
		废水排放相对强度（D9）	用畜禽养殖污水排放量占工业废水生活污水排放量比例表征，畜禽养殖污水排放量除以工业废水、生活污水排放量的总和	%	反映区域畜禽养殖污水排放状况水平
		固废排放相对强度（D10）	用固废排放量及其占工业固废、生活垃圾比例表征，畜禽养殖固废排放量除以工业固废、生活垃圾排放量的总和	%	反映区域畜禽养殖固废排放状况水平

续　表

准则层 （B）	准则层 （C）	指标层（D）	计算公式	量　纲	作　用
畜禽养殖发展类指标体系（B1）	畜禽养殖污染排放评价指标（C3）	污染物排放相对强度（D11）	用污染物排放量（COD）占总 COD 排放比例表征，畜禽养殖污染物排放量（COD）除以总 COD 排放（工业废水、生活污水污染物之和）	%	反映区域畜禽养殖污染物排放水平

（2）自然环境类指标体系

自然环境为畜禽养殖活动提供场所、资源、污染物消纳等物质和空间支持，用自然环境的资源供应能力、环境消纳能力等表示自然环境类指标体系。自然环境类指标体系可以表示为表 5-4 所示的指标构成。

a. 资源状况评价指标

畜禽养殖资源环境变量包括水资源、土地资源、生物资源的种类、数量和开发量。

土地资源：土地资源按利用类型可以分为农用地、建筑用地和未利用地。农用地包括耕地、园地、林地、牧草地和水面。建筑用地包括居民点、工矿用地、交通用地和水利设施用地。未利用地指农用地和建筑用地以外的土地，包括滩涂、荒漠、戈壁、冰川和石山等。畜禽养殖发展离不开土地资源的支撑，畜禽养殖污染物的消纳主要依赖于耕地，因而以年末常用耕地面积表征畜禽养殖土地资源量。

水资源：水资源作为接纳畜禽养殖污染物的自然环境资源，其自身环境质量影响着对畜禽养殖污水的接纳。养殖活动是通过利用各种资源为人类提供产品的产业，从资源需求的角度看，养殖活动与水环境资源之间存在着紧密的需求关系。

水资源是畜禽养殖发展的支撑体。区域水资源是由水循环产生的，区域水资源数量的大小是决定畜禽养殖环境系统承载力大小的最主要因素。在区域的水资源数量中，有多少可供畜禽养殖发展利用，是畜禽养殖发展选址的因素之一。畜禽养殖可利用的水资源主要为区内的水资源量，因此采用地表径流量指标表征区域水资源。

生物资源：畜禽养殖业的发展同样是以消耗大量生物资源为代价的，有关数据统计，世界先进水平的肉猪的料肉比为 2.4 : 1，我国目前只有少数达到 3.5 : 1。自然资源为畜禽养殖提供玉米等粮食作为畜禽养殖的饲料，生物资源的供应情况决定了畜禽养殖发展，确保了畜禽养殖的物质供给。因此，选取粮食作物产量表征区域生物资源的丰富程度。

b.环境状况评价指标

养殖产业的发展需要对养殖本身的外环境排放污染物，需要外环境提供必需的排污场所。养殖活动排污量的增加必将产生环境的恶化，影响着社会的发展，因此，畜禽养殖活动应该以社会可持续发展为前提，在有限环境资源的约束下发展。畜禽养殖活动的健康持续发展要求畜禽养殖环境系统必须有充足的环境资源，为其提供污染物消纳的空间，接纳畜禽养殖排放的污染物，为养殖提供必要的环境容量。

畜禽养殖场粪便中含有大量的污染物质，动物将饲料养分转化为畜产品的效率只有 15% ~ 20%，约有 80% ~ 85% 的养分排入环境中，对土壤、水体造成巨大污染。

其中畜禽粪便主要的污染物是有机物、总氮、总磷和钾。据调查，由于畜禽废弃物产生量很大，且 90% 以上的畜禽养殖场没有综合利用和污水治理设施，畜禽废弃物及污水任意排放现象极为普遍，污水未经处理直接进入水体，加剧了河流、湖泊的富营养化，造成了严重的环境污染。据调查估计，目前畜禽废弃物中氮、磷的流失量已大于化肥，约为化肥流失量的 122% 和 132%。畜禽废弃物产生的环境污染，已成为我国农村面源污染的主要来源之一。因此，水资源的质量状况是影响区域畜禽养殖环境系统承载力的重要环境资源因素。畜禽养殖排放的污染物还向农田施用，大量含有营养物质的粪便施入农田，在土壤环境容量有限的状况下，营养物质必将造成农田污染。因此，土壤环境容量是影响区域畜禽养殖环境系统承载力的另一重要环境资源因素。

水环境容量和水体自净能力是水资源环境可利用程度的主要影响与约束因素。污水的排放及入河污染物的数量直接影响水资源的有效利用量，影响水资源各项功能的发挥。水环境是指可直接或间接影响人类生活和发展的水体。水体承担的功能主要是水体承纳人类活动排放的污染物，主要反映为水的质量。水体承担的功能主要分为工业、农业、人类生活污染，水的质量受承载社会活动影响。参考有关研究，水环境资源质量的表征指标主要有污水排放量（工业废水排放量、生活污水排放量）、地面水水质达标率、饮用水源达标率。

土壤环境容量是指在作物不致受害或过量积累污染物的前提下，土壤所能容纳污染物的最大负荷量。一般的污染物质在土壤中的含量，未超过一定浓度之前，不会在作物体内产生明显的积累或危害作物，只有超过一定浓度之后，才有可能生产出超标的作物产品，或使作物减产。土壤环境是指可直接或间接影响人类生活和发展的土壤。从土壤消纳畜禽养殖污染的角度，土壤环境资源对畜禽养殖活动支撑的表征指标除了有可消纳畜禽养殖污染物的农用地面积以外，还应包括制约土壤环境容量的区域化学肥料施用量、农药使用量。

社会发展促进了环境管理环境治理水平，通过环境管理的加强、环境治理的投入，提高了环境管理水平和污染治理水平，降低了发展对环境的依赖程度，从而促进了发展与环境的协调，改善了环境状况。人类与环境关系的改善，使有限的环境资源更有利于满足包括畜禽养殖在内各产业发展需求。环境管理是污染控制治理的前提，可通过政策及行政手段提出环境治理、污染控制的要求，从而达到保护环境的目的。其包括对污染治理的投入，以及污染治理后产生的效益。初步筛选用工业企业废水排放达标率、"三废"综合利用产品产值、环保投资占GDP比值等指标表征污染治理水平；社会发展的环境管理水平采用环评执行率、"三同时"执行率两项指标评价。

表5-4　自然环境类指标体系

准则层（B）	准则层（C）	指标层（D）	计算公式	量　纲	作　用
自然环境类指标体系（B2）	资源状况评价指标（C4）	耕地面积（D12）	年末常用耕地面积	万公顷	反映区域可利用土地资源对畜禽养殖的支持能力
		地表径流（D13）	地表径流	亿立方米	反映区域水资源对畜禽养殖的支持能力
		粮食作物产量（D14）	区域粮食产量	万吨	反映区域生物资源对畜禽养殖的支持能力

准则层（B）	准则层（C）	指标层（D）	计算公式	量　纲	作　用
自然环境类指标体系（B2）	环境状况评价指标（C5）	工业废水排放量（D15）	工业废水排放量	万吨	反映区域工业对环境资源的压力影响状况
		生活污水排放量（D16）	生活污水排放量	万吨	反映区域人口对环境资源的压力影响状况
		化学肥料施用量（D17）	农用化肥施用量（折纯）	万吨	反映区域土壤环境质量状况
		农药使用量（D18）	农药使用量	万吨	反映区域土壤环境质量状况
		地面水水质达标率（D19）	地面水水质达标率	%	反映区域环境资源水质达标状况
		饮用水源达标率（D20）	饮用水源达标率	%	反映区域饮用水源水质达标状况
		"三同时"执行率（D21）	实施"三同时"项目占实施项目总量的比例	%	反映社会发展对环境保护管理水平
		环评执行率（D22）	项目占实施项目总量的比例	%	反映社会发展对环境保护管理水平
		工业企业废水排放达标率（D23）	达标排放工业废水占工业废水的比例	%	反映社会发展对污染治理水平
		"三废"综合利用产品产值（D24）	用"三废"（废液、废气、废渣）作为主要原料生产的产品的利用率	%	反映社会发展对污染治理水平

（3）社会环境类指标

社会环境是指社会发展所形成的畜禽养殖环境系统的社会环境子系统，对畜禽养殖起着促进和限制作用。社会环境类指标主要包括社会发展、科学技术发展、经济发展指标子系统。社会环境类指标体系可以表示为表5-5所示的指标构成。

a.社会发展评价指标

社会发展需要更多的自然资源和环境资源，对环境系统产生更大的压力，主要表现在人口数量增长、工业产量增加，以及随之带来的对资源占有的影响。此类影响采用区域人口数、工业产值、科技支出表征。

b.经济发展评价指标

社会经济发展水平是指社会生产力水平以及由生产力水平所决定的产业结构状况，社会发展、制度健全、市场发育、环境保护水平与经济发展水平有着密切的联系。一般说来社会经济发展水平越高越有利于改善社会发展环境、促进技术进步、改善环境质量。社会经济发展水平指标包括区域经济总量GDP、人均GDP等。

表5-5　社会环境类指标体系

准则层（B）	准则层（C）	指标层（D）	计算公式	量纲	作用
社会环境类指标体系（B3）	社会发展评价指标(C6)	人口数（D26）	人口数量，来自统计年鉴	万人	反映人类活动影响
		工业产值（D27）	工业产值，来自统计年鉴	亿元	反映工业影响
		科技支出（D28）	R&D经费支出与GDP比例	%	反映区域科技投入水平
	经济发展评价指标(C7)	生产总值GDP（D29）	来自统计年鉴	亿元	反映区域经济水平的状况
		人均GDP（D30）	来自统计年鉴	亿元	反映区域经济水平的状况

由于不同地区的自然环境和社会环境差异大，畜禽养殖业所处的阶段和发展水平不同，需要针对不同区域畜禽养殖环境系统的特点，采用科学方法从上述初步设计的指标体系中筛选出系列具体指标进行区域畜禽养殖环境系统承载力分析。

2.畜禽养殖环境系统承载力指标归一化处理

（1）指标性质分析

畜禽养殖环境系统承载力指标体系是一种维系畜禽养殖活动在环境保护前提下合理发展的自然与社会潜力。因此，通过针对性的控制畜禽养殖环境系统承载力限制因素，提出合理的畜禽养殖污染控制方案，在外环境允许的状态下发展畜禽养殖产业，实现环境保护与畜禽养殖产业的和谐发展。

a.限制类指标

限制类指标是人类为满足自身发展和社会福利改善的需要对承载体产生各种消耗的活动，也包括在社会的迅速发展和经济活动不断加强过程中对环境产生的不利于畜禽养殖业发展的影响。限制类指标反映外界活动对畜禽养殖活动发展的不利影响，主要包括人口增长、经济发展对环境的污染和破坏作用，它使环境没有更多的承载能力支撑畜禽养殖活动的发展。限制类指标的特点是指标的数值越大，代表的人类活动强度越大，表现为指标值的增长不利于畜禽养殖环境系统承载力的改善，不利于畜禽养殖活动的增加，与畜禽养殖承载能力之间成反比关系。畜禽养殖环境系统承载力限制类指标主要包括养殖数量（D1）、牧业总产值指数（D2）、畜禽养殖土地密度（D3）、大牲畜占养殖总量的比例（D4）、畜禽养殖用水占区域水资源的比例（D5）、畜禽养殖产出与种植业产出的比例（D6）、畜禽养殖污水排放量（D7）、固体废弃物排放量（D8）、畜禽养殖污水排放量占工业废水生活污水排放量比例（D9）、畜禽养殖固废排放量及其占工业固废与生活垃圾比例（D10）、畜禽养殖污染物排放量（COD）占工业废水与生活污水污染物比例（D11）、工业废水排放量（D15）、生活污水排放量（D16）、化学肥料施用量（D17）、农药使用量（D18）、人口数（D26）、工业产值（D27）等指标。

在畜禽养殖环境系统承载力状态空间模型计算过程中，需要对限制类指标进行方向一致性调整。例如，将指标数值的倒数作为指标参与状态空间中去。

$$x_i^* = Exch(x) = \frac{1}{x_i}$$

式中，x_i^*为转换后的指标值；x_i为转换前的指标值。

b.支撑类指标

支撑类指标是社会发展和经济活动过程中对环境起到改善作用或为畜禽养殖业的发展提供的更多可利用资源环境。支撑类指标反映外界活动对畜禽养殖活动发展的有利影响，主要指技术进步、社会活动规范管理、新资源的发现等对降低环境污染和破坏作用，使环境有更多的承载能力支撑畜禽养殖活动的发展。这类指标表现为指标值的增长有利于畜禽养殖环境系统承载力改善，有利于畜禽养殖活动的增加，两者之间成正比关系。畜禽养殖环境系统承载力支撑类指标主要包括农用地面积（D12）、地表径流（D13）、粮食作物产量（D14）、地面水水质达标率（D19）、饮用水源达标率（D20），"三同时"执行率（D21）、环评执行率（D22）、工业企业废水排放达标率（D23）、"三废"综合利用产品产值（D24）、环保投资占 GDP 比值（D25）、科技经费支出额及其占财政支出比重（D28）、GDP（D29）、人均 GDP（D30）等指标。

（2）指标无量纲化

基于指标体系的畜禽养殖环境系统承载力量化问题属于多目标决策。多目标决策方法的基本思想是，将多个目标系统综合成一个能够从总体上衡量系统优劣的单目标，以便比较分析研究。因为指标体系初始指标来自畜禽养殖系统、自然环境系统、社会发展系统，具有不同的量纲和量级，需要对指标量进行无量纲处理，以消除数据间量纲与量级的影响。指标的无量纲化方法很多，本文采用中心化无量纲处理，其数学计算式如下：

$$x_{ij}^* = \frac{1}{x_{max}}$$

（j=1，2，……，m；i=1，2，……，n）

式中，m 表示指标个数；

　　n 表示参与研究的地区数或时段数（变量数）；

　　x_{ij}^* 表示经过处理后的第 j 个指标在第 i 个地区或时段的值；

　　x_{ij} 表示未处理前第 j 个指标在第 i 个地区或时段的值；

　　x_{max} 表示第 j 个指标在所有 n 个地区或时段内的最大值（支撑类指标为原数据最大值，限制类指标为方向调整后最大值）；

经过中心化处理的指标，变量指标的数值介于 0 与 1 之间。

第三节　畜禽养殖环境承载力分析案例

一、指标选择

本研究利用灰色系统分析法，选择 6 个指标构成指标体系，它们是畜禽粪便中 COD 含量（C）、氨氮含量（d）、粮食种植面积（g）、经济作物种植面积（h）、森林面积（i）、生猪养殖量（k）。

粮食种植面积、经济作物种植面积、森林面积、灌概面积这些代表对畜禽养殖产生的污染物的环境消化能力，是畜禽养殖环境承载力评价体系中的支撑类指标。

生猪养殖量、畜禽粪便中 COD 含量（C）、总氮含量等指标直接与畜禽养殖产业的发展有关，是畜禽养殖环境承载力评价体系中的发展类指标。将畜禽养殖承载力指标综合值与适宜值和警戒值相比较。

适宜值和警戒值的选取，根据"某市土地利用总体规划（2006—2020）"和"某市统计年鉴（2009—2014）"，得到粮食种植面积、经济作物种植面积、森林面积、灌溉面积。

养殖量适宜值 = 耕地保有量（公顷）×15+ 经济作物种植面积 ×30；养殖当量警戒值 = 耕地保有量（公顷）×45+ 经济作物种植面积 ×60；COD 含量、氨氮含量按养猪量计算。

二、模型选取

假设第 j 个年份环境承载力为 b_j（$j=1, 2, \cdots, n$），第 j 个环境承载力又由 m 个具体指标的分量组成，有 $b_j = (b_{1j}, b_{2j}, b_{3j}, \ldots, b_{nj})$，$B_{ij}$ 代表第 i 个指标在第 j 年的具体指标值，如此，对于自然支撑类指标，有：

$$b_{ij} = \frac{B_{ij}}{\sum_{j=1}^{n} B_{ij}} \qquad i=1, 2, 3, \cdots, m$$

对于社会发展类指标，则有：

$$b_{ij} = \frac{1}{\dfrac{B_{ij}}{B_{i1}} + \dfrac{B_{ij}}{B_{i2}} + \dfrac{B_{ij}}{B_{i3}} + \cdots + \dfrac{B_{ij}}{B_{in}}}$$

第 j 年环境承载力的综合值可用 b_j 的模来表示:

$$\left| b_j \right| = \sqrt{\sum_{i=1}^{m} b_{ij}^{\ 2}}$$

利用 2009—2014 年某市的畜禽产业发展相关统计数据可以分别计算各指标数值和环境承载力综合值,并得到畜禽环境承载力的适宜值和警戒值。通过对环境承载力指标综合值与适宜值、警戒值的比较,考察畜禽养殖环境承载力状态和污染程度,进行简单分类和总结(见表 5-6,图 5-5)。

表 5-6　市区 2009—2014 年各指标值

	2009	2010	2011	2012	2013	2014	适宜值	警戒值
COD	0.085	0.098	0.121	0.133	0.138	0.136	0.131	0.059
氨氮	0.036	0.048	0.055	0.064	0.073	0.071	0.052	0.031
粮食(公顷)	0.134	0.131	0.129	0.125	0.119	0.115	0.122	0.122
经济作物(公顷)	0.145	0.138	0.132	0.126	0.108	0.097	0.122	0.122
森林(公顷)	0.137	0.141	0.145	0.140	0.142	0.154	0.122	0.122
灌溉(千公顷)	0.125	0.130	0.128	0.129	0.131	0.132	0.122	0.122
指标综合值	0.189	0.221	0.231	0.223	0.238	0.245	0.194	0.102

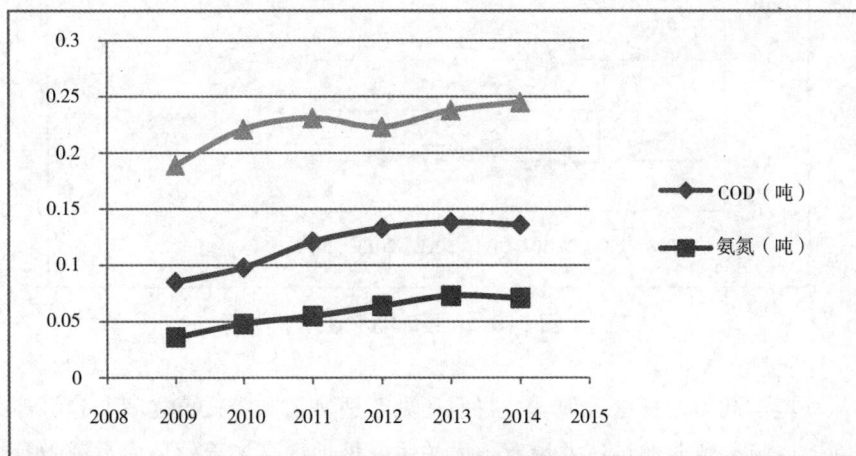

图 5-5　市区环境承载力

三、市区畜禽环境承载力估计

市区是某市的核心区域，也是某市旅游景区密集地，这种类型的市区要求畜禽养殖的环境污染小，对畜禽养殖环境承载力的要求也相对较高。

由于市区的畜禽养殖纷纷外迁，畜禽养殖数量逐渐减少，这种外迁给环境带来了良性的效果，市区每年的指标综合值都高于畜禽养殖环境承载力的适宜值，说明市区的畜禽养殖承载力较高，现有的畜禽养殖规模不会对生态环境造成破坏。

四、A 县畜禽养殖环境承载力估计

A 县森林覆盖率超过 56%，生态自然环境较好。桃林口水库位于 A 县境内，是某市的饮用水水源地，也是某市旅游景区密集地，要求畜禽养殖的环境污染小，对畜禽养殖环境承载力的要求也相对较高（见表 5-7，图 5-6）。

表 5-7　A 县 2009—2014 年各指标值

	2009	2010	2011	2012	2013	2014	适宜值	警戒值
COD（吨）	0.123	0.101	0.091	0.073	0.057	0.059	0.101	0.057
氨氮（吨）	0.139	0.129	0.118	0.123	0.113	0.105	0.128	0.069
指标综合值	0.317	0.281	0.293	0.264	0.242	0.227	0.292	0.287

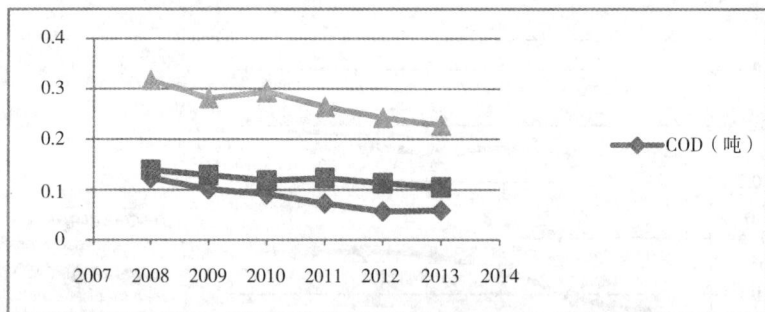

图 5-6　A 县环境承载力

从环境承载力指标综合值看，目前还处于适宜值和警戒值之间，趋势却是逐年下降，这与养殖业的迅速发展有很大关系，该地区畜禽养殖环境承载力有继续下降的危险，如果不加以控制，会对当地的生态坏境造成一定伤害。

第四节　畜禽养殖环境承载力预测案例

一、灰色系统模型预测分析方法

灰色系统模型用 GM（1，1）模型，该模型中的 G 代表灰色，M 代表系统，括号中前面的 1 表示 1 阶方程，后面的 1 表示 1 个变量。灰色预测的特点是单数列预测。灰色系统理论把受多因素影响，而又无法确定的复杂关系的量，称为灰色量。GM（1，1）模型实现方法与步骤如下。

（一）实现方法

1.生成列

为了弱化原始时间序列的随机性，在建立灰色预测模型之前，需先对原始时间序列进行累加数据处理，经过数据处理后的时间序列即称为生成列。

2.灰色时间序列预测

用观察到的反映预测对象特征的时间序列构造灰色预测模型，预测未来某一时刻的特征量，或达到某一特征量的时间。

（2）实现步骤

第一步：往年的承载力原始数据列：

$$x^{(0)} = \left\lfloor x^{(0)}(1), x^{(0)}(2), \ldots, x^{(0)}(n) \right\rfloor,$$

$$x^{(1)} = \left\lfloor x^{(1)}(1), x^{(1)}(2), \ldots, x^{(1)}(n) \right\rfloor$$

第二步：确定数据矩阵：

$$B = \begin{pmatrix} -\dfrac{1}{2}(x^{(1)}(1) + x^{(1)}(2)) & 1 \\ -\dfrac{1}{2}(x^{(1)}(2) + x^{(1)}(3)) & 1 \\ \cdots\cdots & \\ -\dfrac{1}{2}(x^{(1)}(n-1) + x^{(1)}(n)) & 1 \end{pmatrix}$$

和　$Y_N = [x^{(0)}(2), x^{(0)}(3), \cdots, x^{(0)}(n)]^T$

代入 B，Y_N，用最小二乘法估计参数

$$\hat{a} = (B^{\mathrm{T}}B)^{-1}B^{\mathrm{T}}Y_{\mathrm{N}}$$

第三步：建立承载力预测模型，解一阶线性微分方程：

$$\frac{dx^{(1)}}{dt} + ax^{(1)} = u$$

由于序列 $x^{(1)}(k)$ 具有指数增长规律，而一阶微分方程的解恰是指数增长形式的解，因此可以认为 $x^{(1)}$ 序列满足下述一阶线性微分方程模型：

$$\frac{dx^{(1)}}{dt} + ax^{(1)} = u$$

得到 GM（1，1）模型的时间响应函数

$$x^{(1)}(k+1) = \left[x^{(0)}(1) - \frac{\hat{u}}{\hat{a}} \right] e^{-\hat{a}k} + \frac{\hat{u}}{\hat{a}} \qquad (k = 1, 2, \cdots)$$

第四步：模型检验。

利用残差检验：用时间响应函数计算 $x^{(1)}(k)$，根据公式，用公式

$$x^{(0)}(\mathrm{k}) = x^{(1)}(k) - x^{(1)}(k-1)$$

计算还原数据，并求出各时期残差值 $q(k)$ 和相对误差值 $e(k)$，其中计算相对残差的公式：

$$q(k) = \frac{x^{(0)}(k) - \hat{x}^{(0)}(k)}{x^{(0)}(k)}, k = 1, 2, \cdots, n,$$

计算相对误差的公式：

$$e(k) = \frac{q(k)}{x^{(0)}(k)}$$

二、利用模型进行预测

利用 MATLAB 软件对灰色预测模型进行计算，可得到各区域未来三年承载力指标综合值的预测值，详见表5-8。

表 5-8　畜禽养殖环境承载力综合值预测值

	2009	2010	2011	2012	2013	2014	2015	2016	2017
市区	0.189	0.221	0.231	0.223	0.238	0.245	0.257	0.268	0.279
A 县	0.317	0.281	0.293	0.264	0.242	0.227	0.214	0.198	0.192

三、结果分析

从预测结果看，由于畜禽养殖业逐步外迁，市区的畜禽养殖环境承载力是逐年上升的，而且在未来的几年超出了畜禽养殖环境承载力的适宜值。在发展生态农业，大规模向郊县迁出畜禽产业的政策影响下，市区的畜禽养殖环境承载力已经很好，对环境几乎不存在危害。

A 县的区域畜禽养殖环境承载力是一种逐渐改善和趋于环境友好型的类型。A 县是杭州市的主要生态区，为了保护饮用水水源地的安全，做了很多畜禽养殖规模控制工作，另一方面作为生态县，本身的生态环境承载力也较强。

第六章
畜禽养殖业的清洁生产模式研究

第一节　畜禽养殖业清洁生产技术模式

一、畜牧业的清洁生产途径

清洁生产是通过不断改善管理和技术进步、使用清洁的能源和材料，提高资源的利用率，从原料的取用、生产管理、生产工艺、产品要求及产品的最终处置等环节，减少污染物的产生量，降低对环境和人类的危害。依据清洁生产的基本原理，改变传统的"末端治理"的方式，结合畜禽养殖的生产过程，从畜禽养殖业的各个环节入手，减少污染物的产生量，从而减少对环境的影响，提高畜禽养殖的经济效益、环境效益和社会效益。

（一）原料的取用

从清洁生产的角度看，规模化畜禽养殖场的原料主要包括畜禽的种类、使用的饲料。

首先，规模化养殖场应选择生长速度快、体形好、肉质鲜嫩的优质畜禽品种。其次，饲料选择上，一是选择环保型饲料，合理搭配各组分的含量，充分提高饲料品质及养分的利用率，降低排泄物中氮、磷的含量和排泄物的数量；二是对饲料进行适当加工，如膨化、制粒等，降低饲料中抗营养因子的含量，提高饲料养分的利用率。减少畜禽产品的药物残留，保证畜禽产品的安全。

（二）生产管理

采用多段饲养法，合理配制饲料。根据畜禽的不同生长阶段，调整饲料的营养成分，合理供给饲料的数量，避免饲料的浪费。

（三）养殖场的选址和布局

地方政府根据当地土地利用规划和城镇总体规划，结合地方地理特征和环境特点，合理划定一定区域作为养殖区，同时明确规定禁养区。

畜禽养殖应严格按照国家有关技术政策，根据地方土地利用规划和经济发展规划，合理选择畜禽养殖场的场址。禁止在生活饮用水源保护区、风景名胜区、人口集中区等敏感区新建畜禽养殖场，新建养殖场应与敏感区边界的距离不得小于500 m。养殖场的建筑物内部布局应根据当地水文、气候气象及地理条件，合理划分和布置饲养区、生活区、仓储区及其他辅助设施区域，生活区必须布置在饲养区的常年主导风向的上风向，各区域之间应设置一定的距离，预防人畜之间相互影响。

（四）清粪工艺的选择

畜禽养殖场必需改变传统的清粪工艺，禁止使用水冲粪、水泡粪等落后的清粪工艺，采用干法清粪工艺，及时将粪单独清出，不得与尿、污水混合排出，并将粪及时运送到处理或贮存场所，实现日产日清；贮存或处理粪的设施必须采取防雨及防渗措施，减少污水和恶臭的发生量，降低对环境空气、地表水及地下水的污染。

（五）污水处理

（1）养殖场的排水系统应实行雨水和污水收集输送系统分离，在场区内外设置污水收集系统，建议不得采取明沟布设。

（2）养殖场产生的污水及粪经无害化处理后尽量充分用于农田，实现污水和粪的综合利用。

（3）对于不能用于农田的外排污水，经处理后必须达到《畜禽养殖污染物排放标准》的要求。

（4）污水处理工艺应根据养殖的种类、规模、饲养方式及当地的自然条件，选择经济、合理、适用的污水处理工艺，尽可能采用自然生物降解的方法，这样不仅达到排放标准要求，而且利于综合利用。

（六）病死畜禽尸体的处理

在规模化养殖场比较集中的地区，应建设集中焚烧设施，病死畜禽的尸体采用焚烧炉焚烧的方法，焚烧设施必须采取有效的净化措施，防止烟尘、恶臭等二次污染。

不具备焚烧条件的养殖场，必需设置两个以上的安全填埋井，填埋井为混凝土结构，每次投入尸体后，覆盖熟石灰，并在井口加盖密封。

总之，通过采用科学合理的饲料配方、先进的清粪工艺和饲养管理技术，根据自然条件、合理布局，变末端治理为全过程控制，使用安全的药剂，建立畜禽养殖场的低投入、高产出、低污染的清洁生产技术，是解决规模化畜禽养殖的环境问题，保证畜牧业持续发展的根本途径。

二、清洁生产的技术体系

（一）畜禽养殖业废弃物减量化的技术与途径

畜禽养殖业的污染主要来自畜禽尿粪和臭气排出以及食品中有毒有害物质的残留，其粪污排放量取决于饲养品种、饲养方式、饮水设施、清粪方式以及粪污出舍时的含水率等因素。畜禽养殖业废弃物的"减量化"就是通过适宜的手段减少和减小固体废弃物及污水的数量和容积，使其更适合于收集、运输、贮存和处理。"减量化"主要通过生态营养饲料的研制，减少畜禽粪便和有害气体排放量，及采用科学的清粪方式和节水、饮水技术等途径来实现。

1. 减少畜禽粪尿排放量

研究表明，畜禽粪便及有害气体等均与畜禽日粮中的组成成分有关。在一般日粮配合中，由于饲料中的微量有毒有害物质通过食物链逐级富集，增强了其毒性和危害。其中，粪便中的营养物质、有毒有害物质、重金属及有害气体均可以通过生态营养饲料减少排出量。生态营养饲料就是围绕解决畜产品公害和减轻畜禽粪便对环境污染等问题，从饲料原料的选购，配方设计、加工饲喂等过程，进行严格质量控制和实施动物营养系统调控，以改变、控制可能发生的畜产品公害和环境污染，使饲料达到低成本、高效益、低污染的效果。研制生态营养饲料可以从以下方面考虑。

（1）选购符合生产绿色畜产品要求和消化率高的饲料原料

有什么样的饲料原料，就产生什么样的饲料产品。饲料原料因产地、品种、加工条件、存放时间等因素影响，使营养物质含量变异较大，为使生产的饲料达到消化率高、增重快，排泄少，污染少、无公害的目的，在选购饲料原料时，一是要注意选购消化率高、营养变异小的原料。据测定，选用高消化率饲料至少可减少粪中5%氮的排出量；二是要注意选择有毒有害成分低，安全性高的原料。

（2）准确估测畜禽营养需要量和饲料原料营养价值

营养物质过量是导致粪尿排出比例增多的直接原因之一。所有减少营养物质排出措施成功与否，取决于对该种动物的营养物质需要量的精确估测和对饲料的组成及其生物学利用率的准确了解。测定需要量时，选择有代表性的动物，基础日粮、饲养水平及环境条件尽量与生产实际相符合，并以可利用养分为基础。

只有测出各种氨基酸和磷等代表养分含量及各种氨基酸的回肠消化率和磷的全消化道消化率，才能准确反映饲料营养价值，有效预测动物生产性能。

（3）科学合理配制饲料

一种蛋白质饲料营养价值的高低不仅在于其蛋白质的含量，更重要的是蛋白质的利用率、氨基酸的含量和氨基酸的平衡程度。根据畜禽理想氨基酸平衡模式，以可消化氨基酸需要量代替粗蛋白质需要量，配制符合畜禽需要的氨基酸平衡日粮，降低氮的排出量。有实验表明，在日粮氨基酸平衡性较好的条件下，日粮蛋白质水平可降低 2 ~ 3 个百分点，氮排出量可减少 20% ~ 50%。对动物的生产性能无明显影响。

（4）合理利用添加剂，提高营养物质的利用率

添加酶制剂、益生素等促消化添加剂，以提高饲料的利用率。酶制剂不但能补充动物内源酶的不足，促进动物对营养物质的消化吸收，而且能有效降低饲料中的抗营养因子，从而提高饲料营养价值。畜禽排泄出大量的磷主要是因为植物来源的饲料中三分之二的磷是以植酸磷和磷酸盐的形式存在的。植酸磷在体内几乎完全不被吸收，植酸在饲料原料中还会与一些矿物质如钙、锌等及蛋白质结合，影响它们的消化和利用。因此，在饲料中添加植酸酶不仅可以提高磷的消化吸收率，还可以提高某些矿物质及蛋白质的消化吸收率。添加木聚糖酶、纤维素酶等外源性酶制剂，可提高日粮中不能为动物分解的多糖的消化率。添加益生素，通过调节胃肠道内的微生物群落，促进有益菌的生长繁殖，对提高饲料的利用率作用明显，可降低氮的排泄量 2.9% ~ 25%；添加抗生素对提高饲料利用率的作用效果显著，但要注意合理利用，尽量选用高效、低吸收、无残留，不易产生抗药性的畜禽专用抗生素以及其替代品。同时，要严格执行用法用量，以保证畜产品的安全卫生和减少排出量。

中草药添加剂不仅能促进畜禽生长发育，增强免疫功能，防病治病，还能提高饲料利用率和生产性能，并且不产生抗药性，毒副作用小，与抗生素、化学合成药物和微量元素添加剂相比较，无公害，并可降低畜牧生产过程中对环境的污染。

（5）改进饲料加工工艺，提高饲料利用率

选用合适的加工工艺，充分应用高新技术改变饲料的品质和物理形态，如粉碎、混合、制粒以及膨化等，可影响畜禽对饲料养分的利用率。饲料加工工艺的

改进，有助于提高饲料营养物质的消化率和利用率，从而减少饲粮的浪费，减轻对环境的污染和降低饲养成本。膨化将大分子的淀粉和蛋白质变成小分子物质，而小分子物质更有利于消化吸收。制粒可破碎饲料的物理结构，提高饲料的利用率。饲料膨化和颗粒化处理还可抑制与破坏一些抗营养因子和有毒物质以及具有杀灭微生物的作用，并可使粪便排出的干物质减少 1/3。

（6）合理使用添加剂，减少微量元素污染

高铜、高锌或含有砷制剂的日粮对动物，尤其是高铜、高锌对猪确实有显著的促长或防制腹泻等效果，并被广泛应用于生产中。但由于长期使用高剂量的铜和锌或砷，大量排出体外，对生态环境是一个潜在的污染，是一种以牺牲环境质量为代价换取生产发展的做法。同时，砷是一种剧毒性物质，也是致癌因子，在动物生产中长年累月的使用砷制剂，最终会导致人畜砷中毒和生态危机。因此，在生产生态营养饲料的过程中，应科学使用添加剂，避免其在动物中残留给环境带来的污染。

对采用以上各种营养措施减少的畜禽粪尿排泄量、理化特点、恶臭物含量、有毒有害物质含量、肥效等进行综合评估，为制定畜禽舍卫生标准、粪污排放标准提供科学依据，为合理利用畜禽废弃物提供理论参数，最终为绿色畜牧业生产做出应有的贡献。

2.减少污水的排放量

（1）节约用水技术

实施污水减量化，首先从控制畜禽养殖的用水量入手，实行科学的配水管理措施。一般维持畜禽正常生长需要一定的用水量（见表6-1）。当养殖场实际用水量小于畜禽需水量时表明缺水，这将会影响畜禽的正常生长；当实际用水量大于或远远大于需水量时，就会造成不必要的水资源浪费，增加污水排放量。因此，必须保持实际用水量与需水量之间的相对平衡。实现这一目标的重要措施就是改良饮水设施。由于饮水设施不同，造成放、流、跑、漏、渗水，增加了养殖场污水的排放量。

表6-1　畜禽养殖业用水量范围

养殖种类	牛	羊	猪
需水量（L/d）	10–150	5–20	5–25
养殖种类	蛋　鸡	肉　鸡	鸭
需水量（L/d）	0.2–0.3	0.1–0.2	0.2–0.3

目前，畜禽养殖业的节水技术主要为节约饮水方式和节约冲洗水的方式。节约饮水方式主要是改变了原来在饮水槽中饮水，采用在饮水龙头上饮水，这不仅有利于避免水的浪费，也比较清洁，有助于防止畜禽患病。节约冲洗水的方式主要是在不同季节冲洗圈舍的频率的变化，通过安装水表和确定冲洗水指标来减少冲洗用水量。据统计，采用节水技术，大约可节水 20% 以上。

（2）采用科学的清粪方式

许多养殖场采用水冲式清粪方式，使畜禽粪便直接进入水中，固液混合，难以分离，无法成为有机肥原料，并且使水处理成了养殖污染处理中最花钱的项目。

这种清粪方式是从国外引进的，国外的水冲方式因为有配套用地，可以进行长时间密闭发酵，然后就近还田。日本也是水冲式，但它在回收前期的干湿分离做得很好，到水冲阶段时，已没有很多固体成分，污染程度接近生活污水，因而处理起来也比较简单便宜。现在这种方式已被证明是不科学的，普遍提倡采用干清粪的方式，一般先收集粪便，然后冲洗圈舍，收集尿污水。这样可以减少污水量，使干粪与污水分流，最大限度保存粪的肥效，减少污水中污染物的浓度。

（3）雨污分流

畜禽养殖场雨污分流，建成独立的雨水径流收集排放系统，其目的在于防止雨水径流进入污水系统，控制减低畜禽污水产生量。受畜禽养殖场内地表散落物质等的影响，一般雨水径流尚具有一定的污染影响，因此建议雨水排放最终应在末端设置氧化塘，处理后排放。

3. 减少有害气体的排放量

（1）使用除臭剂

除臭剂主要用于减少粪便臭气的产生。沸石的表面积很大，对氨、硫化氢、二氧化碳及水有很强的吸附力，可降低有害气体的浓度。据报道，在日粮中添加 2% 的沸石粉能明显提高饲料消化率、降低粪含水量，大大降低粪臭味。有一种丝兰属植物提取物、它有两个活性成分。一个与氨结合，一个与硫化氢、吲哚等有害气体结合，从而控制畜禽有害气体的排出，同时肠内微生物有协同效应，有利于营养物质的吸收、抑制尿酶素的分解、使氨含量降低 40% ~ 60%。还有一种 Smilacis Rhyzoma 植物中萃取出来的除臭剂，能阻断尿素酶的活性，减少氨的生长。

（2）净化空气

结合在通风供暖设备中增加空气净化措施和场区的合理绿化，茂盛的绿色植物可以大量吸收废气，净化空气，减少微尘污染，可从根本上改善圈舍和养殖场区的空气质量，有效防治畜禽养殖场对空气的污染。保持整个畜禽养殖场设施内的整洁与卫生是控制臭气的重要方面。

（二）畜禽粪便的无害化处理技术

1.粪便的无害化处理

畜禽养殖业产生的粪便是一个巨大的污染源，同时它也是一种宝贵的资源，畜禽粪便是传统的有机肥料，养分齐全，有机质含量高，大量施用可改良土壤，帮助维持并提高土壤肥力，增加土壤持水能力，改善土壤通透性，促进有益微生物的生长，从而提高农产品品质与产量。但如果把没有经过处理的粪便直接施入土壤内，一是遇水发酵产生高温，容易烧根烧苗。二是微生物参与发酵而大量活动，消耗氧气，造成土壤缺氧，将会致使生长较弱的作物死亡。三是粪便在发酵时会产生臭味，招来蝇蛆，危害作物生长。此外，畜禽粪便作为有机肥直接施用，其含水量高，恶臭、NH_3 的大量挥发，造成肥效降低，病原微生物与杂草种子还会对环境构成威胁。因此，必须经过无害化处理后方可使用。

"无害化"就是将废弃物通过工程技术处理，达到不损害人体健康，不污染周围的自然环境（包括原生环境与次生环境）。为了保证粪便还田利用时，作物能最大程度利用粪便养分，最大限度降低对生态环境的污染，畜禽粪便在还田利用前必须经过高温堆肥或沼气发酵处理，防止病菌、病毒及寄生虫等病原微生物扩散。

畜禽粪便无害化处理系统包括畜禽粪便的收集、运输、贮藏、处理和应用。无害化处理技术的选择应综合考虑畜禽的种类、饲料、场所及其附近的作物种类和地形、离水源及居民区的距离等因素。

目前，国内外处理粪便的主要方法包括干燥法、除臭法和生物处理法等。干燥法是利用太阳能、化石燃料或电能将畜粪中水分除去，并利用高温杀死畜粪中的病原菌和杂草种子等。主要有日光干燥法、高温干燥法、烘干膨化干燥和机械脱水干燥等。除臭法是通过向畜粪中添加化学物质、吸附剂、掩蔽剂或生物制剂（如杀菌剂）等，达到消除臭气和减少臭气释放的目的。生物处理法主要有厌气处理和制取沼气、高温堆肥法。

粪便不论作的饲料或肥料都可通过发酵干燥来完成。经过发酵腐熟不仅能降低含水率、消灭病菌、除臭味、提高有机物的利用率，而且可以分解消除有害物质，减小体积，增加腐殖质含量。作饲料时可大大改善适口性，提高饲料品质，作肥料时可保证安全性，避免烧根及生长障碍。

2.对污水的无害化处理

污水处理，就是采用各种技术和手段，将污水中所含的污染物质分离去除、回收利用，或转化为无害物质，使水质得到净化。常用的污水处理方法很多，可归纳为物理处理、化学处理、生物处理等。但由于畜禽养殖业目前仍属弱质产业，其污水处理缺乏投资，因此，污水的净化处理应根据养殖种养、养殖规模、清粪方式和当地的自然地理条件，选择合理、适用的污水净化处理工艺和技术路线，尽可能采用自然生物处理的方法，降低污染处理运行成本，达到回用标准或排放标准。

（1）畜禽养殖污水预处理技术

① 物理处理。畜禽养殖场内清运畜禽粪便后排出的污水，一般仍然残留有较多的固形物，采用物理方法，如沉淀、过滤等将这部分物质分离出来，可以大幅度地降低污水中有机物的浓度。

② 化学处理。污水的化学处理方法是利用化学反应的作用，使污水中的污染物发生化学变化而改变其性质。化学处理一般有中和法、絮凝沉淀法等。中和法是预先调节污水的 pH 值，起到污水预处理的作用。絮凝沉淀法针对污水中含有的胶体物质、悬浮物和乳化油等进行处理。

③ 化粪池厌氧消化处理。化粪池主要是利用厌氧微生物对污水进行发酵，从而达到降解有机质的目的。现在推广的是三格化粪池，通过化粪池处理，固体物质去除率达 90% ~ 95%，COD 去除率达 50% ~ 65%。化粪池的优点在于可直接利用畜禽污水中的厌氧微生物，不再需要另外投入培育的细菌，这一方法仅需要投入一定的启动资金，运行费用相对较低。因此，对于占地较大的畜禽养殖场，可利用现有场地开辟化粪池用地。

（2）畜禽养殖污水综合利用和处置

畜禽养殖场的污水经过物理、化学和厌氧发酵处理后，其中有害微生物的毒性和数量已得到有效控制，且粪肥熟化并含有大量有机物质，是农业生产最好的肥源。因此，根据实际情况，有条件的养殖场（周围有一定数量的农田、果园菜园、鱼塘）应在污水预处理后进行综合利用。目前，普遍采用方法是因地制宜利用畜禽养殖场附近的果园、菜园、农田、鱼塘等吸收污水中的营养成分，或者利用氧化塘、天然湿地自然降解，通过生物吸收污水中的有机物和营养元素及土壤的吸附、过虑作用，进一步降解污水中的有机物。通过这种方法既可以减少废水深度处理的投资和运行费用，又可充分利用有机质和营养物质，有利于氮、磷、钾等营养成分的循环，达到综合利用的目的。综合利用的方式，可以采用槽车装运污水到鱼塘、农田，也可在畜禽养殖场与农田之间埋设管网输送污水。铺设管网的一次性投资较大，但建成后便于管理，使用方便，运输费用省，污水利用能得到落实，而且有利于环境卫生。槽车装运虽然一次性投资较少，但运输费用高，且日常管理要求高，容易产生因贪图方便和省钱而将污水排入附近河道的问题。

（3）畜禽养殖污水处理达标排放

当无法对畜禽污水进行综合利用和处置时，只能采用各种物理、化学、生物技术将污染源降低到符合排放标准。畜禽污水经处理后向环境中排放，应符合《畜禽养殖业污染物排放标准》的规定，有地方排放标准的应执行地方排放标准。污水作为灌溉用水排入农田水质要符合《农田灌溉水质标准》（GB5084-92）的要求。

① 曝气复氧处理。经过物理处理、化学处理、化粪池等预处理后排出的污水及沼气工程产生的沼液，其污染物浓度仍然较高。采用曝气复氧处理，主要作用是在污水中增加氧气，从而促进好氧微生物降解，达到污水净化作用。曝气复处理一般可使污水降解 10% ~ 30%。

② 氧化塘。氧化塘是畜禽养殖污水的二级净化处理系统，对经过预处理的污水经过净化处理。氧化塘兼有好氧和厌氧性质的氧化处理。经足够停留时间的氧化塘处理，污水一般能实现达标排放。初始 COD 在 1 000 mg/L ~ 2 000 mg/L 的污水，经氧化塘处理停留数天时间，就可做到达标排放。

③ 人工湿地。人工湿地是一个人造的、完整的湿地生态系统，由水生植物、碎石煤屑床、微生物等构成，污水流经人工湿地发生过滤、吸附、置换等物理、化学作用，植物与微生物吸收、降解等生物作用，从而达到净化水质的目的。人工湿地处理高浓度有机废水具有投资低、运行费用低、维护技术要求低的特点，比较适用于畜禽养殖污水处理流程的一个组成部分。人工湿地可以利用废弃或闲置的农田、洼地、水塘等加以改造利用。

④ 生物菌处理。生物菌处理就是采用各种生物技术，培养出特异的微生物菌群，或加入混合酶液，以此降解有机物、控制或抑制臭味产生，达到净化水质的目的。

3.畜禽养殖废渣存储、运输的无害化处理

畜禽养殖废渣指畜禽养殖场养殖过程中产生的畜禽粪便、畜禽舍垫料、废饲料及散落的羽毛等固体废物。畜禽养殖场产生的畜禽粪便应设置专门的贮存设施，其恶臭及污染物排放应符合《畜禽养殖业污染物排放标准》。在建设传输、储存、处理设施时，选址至关重要，贮存设施的位置必须远离各类功能地表水体（距离不得小于 400 m），并应设在养殖场生产及生活管理区的常年主导风向的下风向或侧风向处。渗透性很好、地下水位很高，或下面有岩石裂隙的地方应避免选用贮存设施。应采取有效的防渗处理工艺，防止畜禽粪便污染地下水。贮存设施应采取设置顶盖等防止降雨（水）进入。对于种养结合的养殖场，需要提供足够的贮藏容量和贮藏时间可以在田间条件、气候许可的情况下进行农田施用。对畜禽养殖废渣的运输，要采取防渗漏、防流失、防遗撒及其他防治污染环境的措施，其运输工具也要清洁处理。

4.畜禽养殖场消毒的无害化处理

养殖场场区、畜禽舍、器械等消毒应采用环境友好的消毒剂和消毒措施（包括紫外线、臭氧、过氧化氢等方法），防止产生氯代有机物及其他的二次污染物。

5.畜禽养殖场病死畜禽尸体的无害化处置

畜禽养殖场病死的畜禽尸体要及时处理，严禁随意丢弃，严禁出售或作为饲料再利用。对病死禽畜尸体处理应采用焚烧炉焚烧的方法，在养殖场比较集中的地区应集中设置焚烧设施；同时焚烧产生的烟气应采取有效的净化措施，防止烟尘、一氧化碳、恶臭等对周围大气环境的污染。不具备焚烧条件的养殖场应设置两个以上安全填埋井，填埋井应为混凝土结构，深度大于 2 m，直径 1 m，井口加盖密封。进行填埋时，在每次投入畜禽尸体后，应覆盖一层厚度大于 10 cm 的熟石灰，井填满后，须用黏土填埋压实并封口。

三、畜禽养殖业废弃物的资源化综合利用

（一）畜禽养殖业废弃物的资源特性

1.作为肥料化资源的特性

废弃物"资源化"利用就是从废弃物中回收物质资源和能量，减少资源的消耗，使废弃物处理有一定经济效益和明显环境效益。畜禽粪尿是优质肥料，含有丰富的 N、P、K 和腐殖酸等多种植物营养成分（见表6-2），经干燥或发酵、防霉、除臭杀菌。可加工成优质、高效的有机复合肥料。利用于改良土壤结构。为我国将来走有机农业之路，奠定物质基础。

表6-2　畜禽粪尿营养成分含量

类　别	成　分（%）					
	水　分	有机质	氮	磷	钾	钙
猪粪	82	15	0.56	0.4	0.44	0.09
猪尿	96	2.5	0.31	0.12	0.95	
牛粪	83	14.5	0.32	0.25	0.15	0.34

类 别	成 分（%）					
	水 分	有机质	氮	磷	钾	钙
牛尿	94	3	0.52	0.03	0.65	0.01
鸡粪	50.5	25.5	1.63	1.54	0.85	

2. 作为燃料化资源

畜禽粪便经厌氧发酵产生沼气，可作为能源加以利用。每只鸡日排粪便中以含总固体 22.5 g 计，则可产沼气 8.7 L，一个 10 万只规模的养鸡场，收集其鸡粪进行厌氧发酵，每年产的沼气作燃料可相当于 232 吨的标准燃煤（每头猪每天排泄的粪便可产沼气量约 150 L ～ 200 L；每头牛每天排泄的粪便可产沼气量约 700 L ～ 1 200 L）。

畜禽粪便经过厌氧发酵后可以提供高效、洁净的气体燃料，它比城市人工煤气的热值还高。沼气工程是一个有效处理畜禽粪便的环境工程，是一个提供干净、便利燃料的能源工程，是一个实现废弃物资源化、生物质多层次利用，促进农业生态良性循环的综合工程，是实现中国农业持续发展的重要环节和技术措施。因此，中国政府在已制定的《新能源和可再生能源发展纲要》中明确提出了发展沼气工程的目标：到 2000 年和 2010 年，中国沼气用户（含集中供气户）要分别达到 755 万户和 1 235 万户，沼气供应量达到 22.6 亿立方米和 40 亿立方米，相当于 180 万和 314 万吨标准煤能量，按这个目标可以预测，畜禽粪便的沼气工程在未来 15 年内将有很大的发展。

3. 作为饲料化资源

畜禽粪便中含有较丰富的基础性饲料，如粗蛋白质、粗脂肪、钙、磷含量较高。此外，还含有 8% ～ 10% 共 17 种氨基酸和镁、钠、铁、铜、锰、锌等多种微量元素。鸡粪中的粗蛋白质含量占鸡粪干物质的 25%，相当于豆饼的 57% ～ 66%。经过特殊加工处理，鸡粪可以成为优质高效的饲料资源。

（二）畜禽废弃物的资源化利用

1. 还田利用

沼渣、沼液中含有丰富的氮、磷、钾及大量水溶性腐殖酸类物质，是一种优质的无公害型、速效和迟效兼备的有机生物肥，肥效明显。沼肥中含有多种有益微生物群，可增加土壤有机质，活化土壤；沼液中还含有活性腐殖酸，用于农作物追肥和喷肥，既可达到追肥作用，又能在作物表面形成防护膜，预防多种农作物病虫害的发生。沼渣、沼液的综合利用，大大减少了化肥的使用，使能源生态工程和无公害农产品生产紧密结合。

畜禽粪便经堆放发酵后就地还田，作为肥料使用，是充分利用资源较有效、经济的措施。过去一家一户饲养，粪便数量少易存放，但随着规模化畜禽养殖的发展，粪便日益集中，量大难存放，且加上其产生与农业使用存在季节性的差异，其还田率日趋减少。另外，由于我国农业化学工业的迅速发展，大量的化肥上市基本代替了传统的农家有机肥，因此大量的粪便得不到充分利用，造成极大的浪费。在这种情况下，必须寻找新的出路，采用一些新技术，如用烘干法、微波法、膨化法等，生产高效优质的有机肥。

还田利用时要注意农田的承受能力，否则会造成农田污染。根据国外的经验，畜禽粪便排放量与农田承受的消纳面积要有一定的比例，规定每公顷土地不得超过 125 kg 粪肥氮。在确定粪肥的最佳使用量时，根据当地土壤、作物及种植水平等条件，对土壤肥力和粪肥肥效进行测试评价，并应符合当地环境容量的要求。

在一般条件和合理施用情况下，畜禽粪便使用量（猪粪当量有机肥）在菜区应控制在 600 t/hm^2·a，粮棉瓜果区应控制在 42 t/hm^2·a，纯粮区应控制在 24 t/hm^2·a。这种施用量完全可被农田环境所消纳，如果畜禽粪便负荷量超出了农田环境的消化能力，就会对环境构成污染威胁。

对高降雨区、坡地及沙质容易产生径流和渗透性较强的土壤，不适宜施用粪肥。粪肥使用量过高易使粪肥流失引起地表水或地下水污染时，应禁止或暂停使用粪肥。还田利用为达到最大的养分利用和最小的环境影响，应该遵循测定土壤确定土壤肥力水平，测定粪污确定养分含量；选择适当的施用量，不超过作物对养分的需求，避免土壤污染，作物损害，粪污流失；施用液体粪污前应检查土壤水分状况，调节施用量，避免流失。

2. 用作饲料

国外畜禽粪便饲料化早已商品化，我国距离商品化还有一定距离。主要的技术难题是饲料化的安全性。畜禽粪便既含有丰富的营养成分，又是一种有害物的潜在来源。它主要包括病原微生物、化学物质、有毒金属等，所以必须经过某些技术处理，杀死病原菌等，同时应使其便于储存、运输。技术处理方法一般有高温快速干燥法、分离法等。

3. 用作燃料

利用厌氧发酵法将畜禽粪便污水进行发酵产生沼气是目前畜禽养殖业废弃物

无害化处理、资源化综合利用最有效的方法。不仅可以提供清洁的新能源，而且可以达到资源的多级利用，即"三沼"产品的综合利用。沼气可以直接提供能源，沼液可直接肥田、养鱼等，沼渣制作高效优质有机肥等。通过"沼气"这一环节，把种养联系起来，形成一个物质多层次、高效利用的生态农业良性循环系统。见表6-1所示。

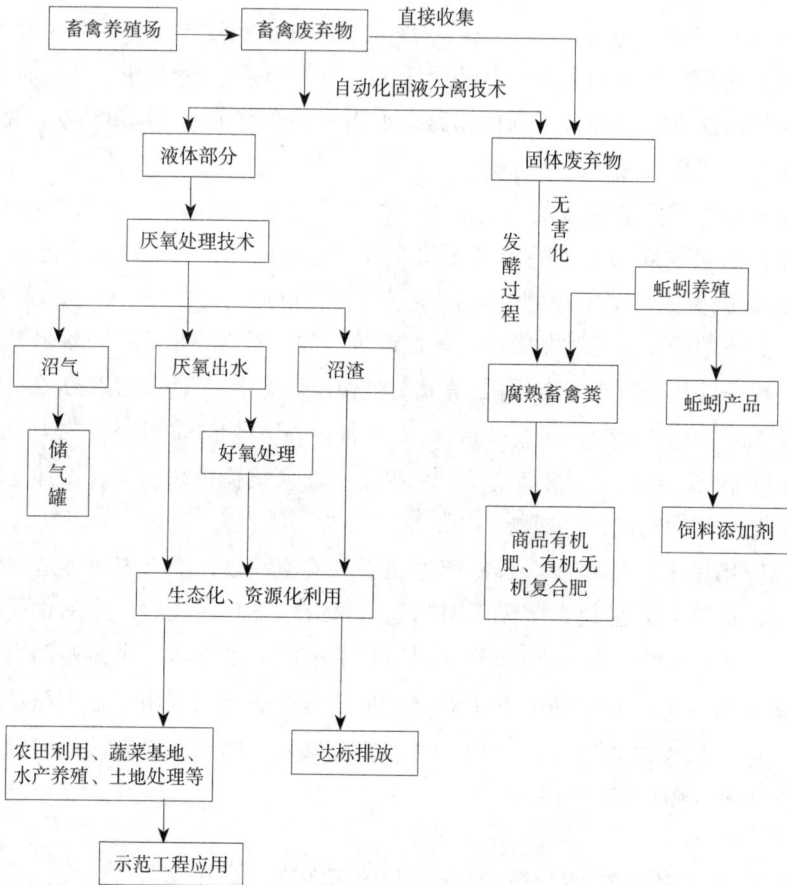

图 6-1　畜禽养殖业清洁生产技术路线图

从国内外最新资料来看，粪便处理与一个国家的经济发展水平有关，对经济发达国家而言，粪便肥料还田成为主要出路，对发展中国家来说，粪便做饲料仍是主要出路。目前欧美、日本等经济发达国家基本上不主张用粪便做饲料，东欧国家主张粪水分离，固体部分用做饲料，液体部分用于生产沼气或灌溉农田。

第二节　畜禽养殖业清洁生产模式及要求研究

一、建立畜禽养殖业清洁生产模式

畜禽养殖业、种植业都是农业的重要组成部分，他们是相互依存、互为利用的混合体，种植业的副产品可用来作畜禽养殖业的饲料，畜禽养殖业产生的粪便又是种植业的良好肥源，这种"天然联系"的特性，正是清洁生产所要求的，是建设畜禽养殖业清洁生产模式的基础。基于这一特性，遵循生态规律，按照可持续发展思想和清洁生产理念，进行人工设计和组装成不同类型畜禽养殖业清洁生产模式，实现废物资源化、再利用、再循环，达到整个活动过程无废物或微废物排放到环境中、对环境无影响或减少到最小影响，实现畜禽养殖业可持续发展、人与环境和谐共处。

（一）畜禽养殖业清洁生产发展模式

畜禽养殖业清洁生产是解决畜禽养殖业环境问题，生产出安全、健康、无污染的无公害、绿色及有机畜禽产品，实施畜禽养殖业可持续发展战略的重要手段。畜禽养殖业清洁生产发展模式主要内容有，一是优化畜禽养殖场所的选址、布局与设计。在选址、布局时应考虑生态养殖模式的需要，要远离人口稠密区和环境敏感区，畜禽养殖规模要与周围种植业耕作面积相适度，要严格按照国家《畜禽养殖业污染防治技术规范》（HJ/T 81-2001），既保证畜禽养殖业生产发展的需要，又要符合生态环境保护的要求。设计时要遵循清洁生产发展模式的理念，处理好各种工艺之间的相互衔接。二是采用科学的饲养配方、饲养方式和管理技术。一方面保证畜禽生长所需的营养成分，促进健康成长。另一方面可降低生产成本，减少污染物的产生。三是选取科学的清粪工艺。通过改变传统的末端治理模式，采用"干湿分离"清粪工艺，实现干粪制有机肥还田或加工制颗粒饲料进行再利用等，分离及冲洗废水经发酵处理达标后综合利用等。

（二）畜禽粪便沼气工程发展模式

沼气工程是畜禽粪便资源化的重要途径，是实施畜禽养殖业可持续发展的有效措施。畜禽粪便等有机物在沼气池厌氧环境中通过沼气微生物分解转化产生的沼气、沼液、沼渣等再生资源，建立畜禽养殖与种植资源综合利用生态链。沼气除作为洁净能源外，可以保鲜、储存农产品等；沼液可以浸种，可以作叶面喷洒，为作物提供营养并杀灭某些病虫害，可以用作培养液水培蔬菜，可以用作果园滴灌，可以喂鱼、猪、鸡等；沼渣可以作为有机肥料，可以作为营养基栽种食用菌，可以养殖蛆叫等。它既有降本增效的功能，又能改善环境、保护生态，实现畜禽养殖业废物循环利用。

（三）种养结合协调发展模式

基于畜禽养殖与种植紧密相连、互为利用的"混合体"这一特性，按照生态学原理，采取生物（物理）工程措施，进行人工设计、组装成"畜禽养殖（种植）—生物（物理）工程—种植（畜禽养殖）"生态链，把畜禽粪便或种植业副产品等有机废弃物转变为有用的资源进行综合利用，建立种养结合协调发展模式。主要有：

畜（猪、牛等）—沼—果（茶、菜、粮、猪、鱼、食用菌、中药材等）、禽（鸡、鸭、鹅、鹌鹑等）—加工—果（茶、菜、粮、鱼、鸡、中药材等）等，形成畜禽养殖与沼气池、果园、茶园、鱼塘、蔬菜种植、中药材基地及农田种植等有机结合，使畜禽养殖业与种植业资源循环利用，实现畜禽养殖业在内的农业可持续发展。

（四）畜禽粪便制颗粒肥（饲）料发展模式

畜禽粪便含有丰富的 N、P、K 及微量元素，通过处理及加工后是理想的有机肥料或饲料，是解决规模化畜禽养殖场粪便污染的有效措施，也是实现规模化畜禽养殖场粪便资源化的重要途径之一。对规模化畜禽养殖场应配套建设专业化有机肥（饲）料生产加工厂，将畜禽粪便通过"干湿分离"、除臭、发酵、烘干、造粒加工成便于运输和储存的系列有机肥料或饲料，供给无公害、绿色及有机食品生产基地作为有机肥或有机饲料，促进生态农业及有机农业的发展。分离的污水进入沼气池或发酵池，通过发酵处理后，用于养殖和种植、实现废水再利用。

二、建设畜禽养殖业循环经济发展模式建议

畜禽养殖业循环经济发展模式在我国还处在起步阶段，需要不断地探索和实践。在开展和推广畜禽养殖业循环经济发展模式过程中，一是要大力宣传发展畜禽养殖业清洁生产的重大意义；二是要提高科技含量，采用高新技术改造传统畜禽养殖业发展模式，设计和完善接口工程措施，把养殖、种植和加工有机结合起来，因地制宜地把畜禽粪便等废弃物最大限度地转化为可再生资源进行循环利用，提高资源利用率；三是要与无公害、绿色和有机食品基地建设结合起来，为基地建设提供有机肥来源；四是要充分发挥政府协调和服务职能，制定相关配套政策；五是要与农村人居环境建设和环境综合整治、生态建设和产业结构调整结合起来；六是要加强试点示范基地建设，开发适合我国国情的种养工程的工艺和设备，并具有可操作性和推广性，只有这样，才能使畜禽养殖业走向经济与环境双赢的可持续发展之路。

三、建立畜禽养殖业循环经济发展机制

建立畜禽养殖业循环经济发展模式是我国畜禽养殖业实施可持续发展战略的必然选择，因此需要加强畜禽养殖业清洁生产技术研究，制定畜禽养殖业清洁生产与资源综合利用相关政策、法规，建立有利于发展畜禽养殖业清洁生产的综合决策和协调管理机制，开展畜禽养殖业废弃物无害化、资源化研究，加强畜禽养殖业清洁生产能力建设，建立健全畜禽养殖业清洁生产的管理体制和运行机制，促进传统畜禽养殖业向畜禽养殖业清洁生产转型。

（一）加强发展畜禽养殖业清洁生产的舆论宣传

发展畜禽养殖业清洁生产的主战场在农村，只有让农民明白其科学道理和综合经济效益，才能变为自觉行动。因此，要通过各种媒体进行畜禽养殖业清洁生产知识的宣传和技术的普及，提高广大农民的参与意识。同时要积极引导科技人员进行畜禽养殖业废弃物资源化开发，并在农村搞好模式试点，以点带面，推广、普及畜禽养殖业清洁生产的发展。

（二）建立、健全畜禽养殖业清洁生产的管理体制和运行机制

畜禽养殖业循环经济是一种新型的、先进的畜禽养殖业经济形态，是集资源、环境、经济、技术和社会于一体的系统工程。因此，单靠某一部门、单项技术是难以实施的，需要建立健全"政府引导，市场运作，专家指导，龙头带动，农民经营"的管理体制和运行机制，逐步形成发展畜禽养殖业循环经济的持续推动力。

（三）编制畜禽养殖业清洁生产发展规划，确定其重点发展模式

要根据畜禽养殖业可持续发展战略要求，加快编制畜禽养殖业清洁生产发展规划，建立与完善畜禽养殖业清洁生产管理体系，推行畜禽养殖业清洁生产，开展畜禽养殖业废弃物减量化、资源化、无害化和产业化，发展无公害、绿色和有机食品生产为重点，推动畜禽养殖业清洁生产的发展。

（四）加快畜禽养殖业清洁生产法律、法规的制定

应借鉴西方国家发展畜禽养殖业清洁生产的先进思想和成功经验，加快制定适合我国畜禽养殖业清洁生产的规章制度和相关经济政策等，保证畜禽养殖业清洁生产的健康发展。

（五）抓好典型模式培育，建立畜禽养殖业清洁生产体系

要把发展畜禽养殖业清洁生产同传统畜禽养殖业经济增长模式的根本性转变和畜禽养殖业产业结构战略性调整结合起来，抓好典型模式的培育，逐步建立畜禽养殖业清洁生产经济体系。

第七章
中国畜禽养殖污染及治理现状

第一节　中国畜禽养殖发展现状

畜禽养殖业是利用圈养、放牧或者二者结合的方式，饲养畜禽将饲料和牧草等植物能转变为动物能，以取得肉、蛋、奶、毛皮等畜产品的生产部门，是农业的重要组成部分，与种植业并列为农业生产的两大支柱产业，在我国国民经济中有着重要的地位和作用。

国内对畜禽规模化养殖的划分并无统一标准。原国家环境保护总局、国家质量监督检验检疫总局发布的《畜禽养殖业污染物排放标准》（GB 18596-2001）规定"集约化畜禽养殖场的适用规模为：存栏生猪 500 头以上、蛋鸡 1.5 万只以上、肉鸡 3 万只以上、成年奶牛 100 头以上和肉牛 200 头以上；集约化畜禽养殖小区的适用规模为：存栏生猪 3 000 头以上、蛋鸡 10 万只以上、肉鸡 20 万只以上、成年奶牛 200 头以上和肉牛 400 头以上"。农业部发布的《畜禽粪便无害化处理技术规范》（NYIT1168-2006）对规模化养殖场的划分与 GB 18596-2001 相同。环境保护部《畜禽养殖业污染治理工程技术规范》（HJ 497-2009）规定"集约化畜禽养殖场是指存栏数为 300 头以上的养猪场、50 头以上的奶牛场、100 头以上的肉牛场、4 000 只以上的养鸡场、2 000 只以上的养鸭和养鹅场；集约化畜禽养殖小区的养殖规模参照 GB18596-2001 规定"。国家发展和改革委员会价格司编制的《全国农产品成本收益资料汇编》（2012）规定规模化畜禽养殖的标准为：生猪饲养规模 30 头以上、肉鸡 300 只以上、蛋鸡 300 只以上、奶牛 10 头以上、肉牛 50 头以上、肉羊 100 头以上。

一、中国当前畜牧养殖行业的发展现状剖析

中国畜牧行业的发展其实就是短短的三十多年，与我国改革开放的发展紧密相连。泰国正大于 1979 年在深圳建立了第一个饲料厂，也是深圳第一个外资企业，从此揭开了中国畜牧行业蓬勃发展的一幕，正大就是中国畜牧行业的开拓者，中国畜牧执业人员的导师。中国在短短的三十年中从"鸡屁股是银行，杀猪过年，鸡犬相闻"的小农经济，发展到现在以小规模散养户为主体的养殖模式，部分养殖企业已经实现了规模化、标准化养殖，但是中国畜牧养殖仍以个体养殖户养殖为主体。现在散养户普遍属于劣势群体，在整个产业链中制约整个产业的发展，无序发展，造成养殖市场忽高忽低不正常波动，饲料厂饲料销售竞争激烈，宰杀厂原料竞争激烈，中国养殖户辛辛苦苦却挣不到钱，绝大部分的利益流入了中间渠道。

由于中国养殖以农村散养户为主，不但养殖技术陈旧，对新管理技术的接受能力有限，而且养殖小布局不合理，大布局更不合理，特别是区域卫生防疫基本处于空白。中国的畜牧主管部门基本上就是一个收费部门，根本没有起到管理、规划、指导、防疫的作用。养殖户跟风现象比较严重，养殖密度大、区域养殖距离近，粪便、病死禽喂狗或者销售，造成中国现在大的疫情基本 1 ~ 2 年就可以席卷全国，严重影响到广大养殖户的养殖效益。

饲料产能远远大于市场需求，竞争激烈，部分小规模饲料厂的不断消亡就是最好的证明；宰杀厂更是为了保持自己的有限人力资源，到处抢鸡，或者单方面撕毁合同损害养殖户利益；中间渠道，饲料厂经销商因为垫付货款、掌握一部分养殖资源、可以整合部分资源、饲料厂竞争、宰杀厂竞争等原因一直高高垄断产业链最肥厚的一环；肉食品销售渠道更是大资金、大实力中间分销商的饕餮大餐。而广大散养户却是面临着前所未有的挑战，规模小、门槛低、群体大、养殖管理知识贫乏、模仿摸索养殖、经济效益低下，甚至出现亏损情况，即使赚钱相当一部分赚的也是自己的劳动力钱，只是把给别人打工变成了给自己打工。

国外畜牧业巨头纷纷进入中国，美国泰森集团、泰国正大集团等更是在中国投入巨资；风险资金也是乘虚而入，美国高盛大规模入主畜牧行业，这说明畜牧行业潜力巨大，市场前景极好。

可是 2008 年的婴儿奶粉三聚氰胺事件、咯咯哒鸡蛋三聚氰胺事件，北京、山东、湖北、山西等地的禽流感死亡事件，处处可见空荡荡的鸡棚、停产半停产的饲料厂宰杀厂，无不在诉说着曾经的从前和极度迷茫的未来。中国畜牧行业明天的路在哪里？

二、改革开放以来中国畜牧业发展现状

（一）畜牧业综合生产能力增强，人均畜禽产品占有量提高

畜禽养殖规模稳步扩大。1980 年全国生猪出栏 19 860.7 万头，2011 年达到 66 170.3 万头，是 1980 年的 3.33 倍，年均增长率 3.96 %。1980 年全国牛出栏 332.2 万头，2011 年达到 4 670.7 万头，是 1980 年的 14.06 倍，年均增长率 8.9 %。1980 年全国羊出栏 332.2 万头，2011 年达到 26 651.5 万头，是 1980 年的 6.28 倍，年均增长率 6.11%。1990 年全国家禽出栏 243 391.1 万只，2011 年达到 1 132 715.2 万只，是 1990 年的 4.65 倍，年均增长率 7.60 %。

表 7-1 1980—2011 年我国主要畜禽年出栏量

单位：万头、万只

年　份	生　猪	牛	羊	家　禽
1980	19 860.70	332.20	4 241.90	/
1985	23 875.20	456.50	5 081.00	/
1990	30 991.00	1 088.30	8 931.40	243 391.10
1995	48 051.00	3 049.00	16 537.40	630 212.40
2000	52 673.30	3 964.80	20 272.70	809 857.10
2005	60 367.42	5 287.60	30 804.50	986 491.80
2010	66 686.43	4 716.80	27 220.20	1 100 578.00
2011	66 170.30	4 670.70	26 651.50	1 132 715.20

注：数据来源于《中国农村统计年鉴》（1981—2012），"/"表示数据缺失。

畜禽产品总量不断增长。1979 年我国肉类总产量 856.3 万吨，2011 年肉类总产量增加到 7 957.8 万吨，年均增长率达到 6.49%，约为 1979 年的 7.49 倍。其中：1979 年我国猪肉、牛肉、羊肉的总产量分别为 1 001.4 万吨、23 万吨、38 万吨，2011 年总产量分别为 5 053.1 万吨、647.5 万吨、393.1 万吨，分别约为 1979 年的 9.29 倍、5.05 倍、28.15 倍，年均增长率分别达到 5.19%、10.99%、7.57%。1980 年我国牛奶、禽蛋的总产量分别为 114.1 万吨、256.6 万吨，2011 年总产量分别为 3 657.8 万吨、2 811.4 万吨，分别约为 1980 年的 32.06 倍、10.96 倍，年均增长率

分别达到 11.84%、8.03%。1985 年我国禽肉总产量 160.2 万吨，2011 年禽肉总产量增加到 1 708.8 万吨，约为 1985 年禽肉总产量的 10.67 倍，年均增长率达 9.53 %。2010 年，我国肉类总产量 8 074.8 万吨，占世界肉类总产量的 27.33%，居世界第一，其中：猪肉总产量 5 168.1 万吨，占世界猪肉总产量的 47.34%，居世界第一；牛肉总产量 655.4 万吨，占世界牛肉总产量的 9.69%，仅次于美国和巴西，居世界第三；羊肉总产量 394.3 万吨，占世界羊肉总产量的 28.75 %，居世界第一；禽肉总产量 1 698 万吨，占世界禽肉总产量的 17.24%，仅次于美国和巴西，居世界第三。中国蛋类总产量 2 800.1 万吨，占世界蛋类总产量的 40.64%，居世界第一。中国牛奶总产量 3 603.6 万吨，占世界牛奶总产量的 6.01%，仅次于美国和印度，居世界第三。

表 7-2　1979—2011 年我国主要畜禽产品总量

单位：万吨

年　份	肉　类	猪　肉	牛　肉	羊　肉	牛　奶	禽　肉	禽　蛋
1979	856.30	1 001.40	23.00	38.00	/	/	/
1980	1 205.40	1 134.10	26.90	44.50	114.10	/	256.60
1985	1 926.50	1 654.70	46.70	59.30	249.90	160.20	534.70
1990	2 857.00	2 281.10	125.60	106.80	415.70	322.90	794.60
1995	5 260.10	3 648.40	415.40	201.50	576.40	934.70	1 676.70
2000	6 125.40	4 031.40	532.80	274.00	827.30	1 207.50	1 965.20
2005	6 938.90	4 555.33	568.10	350.06	2 864.83	1 464.27	2 438.12
2010	7 925.83	5 071.24	653.06	398.86	3 575.60	1 656.10	2 762.74
2011	7 957.80	5 053.10	647.50	393.10	3 657.80	1 708.80	2 811.40

注：数据来源于《中国农村统计年鉴》（1980—2012），"/" 表示数据缺失。

畜牧业产值不断提高。按当年价格计算，1978 年我国畜牧业总产值 209 亿元，占我国当年农业总产值的 14.96%，2011 年畜牧业产值达到 25 771 亿元，占我国农业总产值的 31.70%，畜牧业已由传统的家庭副业成长为我国农业和农村经济的支柱产业。

表7-3　1978—2011年我国畜牧业产值及其占农业总产值的比重

年　份	畜牧业总产值（亿元）	农林牧渔总产值（亿元）	占农业总产值比重（%）
1978	209.00	1 397.00	14.96
1979	286.00	1 698.00	16.84
1980	354.00	1 923.00	18.41
1985	798.00	3 619.00	22.05
1990	1 967.00	7 662.00	25.67
1995	6 045.00	20 341.00	29.72
2000	7 393.00	24 916.00	29.67
2005	13 311.00	39 451.00	33.74
2010	20 826.00	69 320.00	30.04
2011	25 771.00	81 304.00	31.70

注：数据来源于《中国农村统计年鉴》（1979—2012），按当年价格计算。

人均畜禽产品占有量大幅提高。1979年我国人均肉类占有量10.89 kg，2011年达到59.06 kg，是1979年的5.42倍，年均增长率5.43%。其中：1979年猪肉人均占有量10.27 kg，2011年达到37.50 kg，年均增长率4.13%；牛肉人均占有量0.24 kg，2011年达到4.81 kg，年均增长率9.88%；羊肉人均占有量0.39 kg，2011年达到2.92 kg，年均增长率6.49%。1980年全国牛奶人均占有量1.16 kg，2011年达到27.15 kg，是1980年的23.49倍，年均增长率10.72%。1980年全国禽蛋人均占有量2.60 kg，2011年达到20.87 kg，是1980年的8.03倍，年均增长率6.95%。1985年全国禽肉人均占有量1.51 kg，2011年达到12.68 kg，是1985年的8.38倍，年均增长率8.52%。

表7-4 1979-2011年我国主要畜禽产品人均产量

单位：千克

年 份	肉 类	猪 肉	牛 肉	羊 肉	牛 奶	禽 肉	禽 蛋
1979	10.89	10.27	0.24	0.39	/	/	/
1980	12.21	11.49	0.27	0.45	1.16	/	2.60
1985	18.20	15.63	0.44	0.56	2.36	1.51	5.05
1990	24.99	19.95	1.10	0.93	3.64	2.82	6.95
1995	43.43	30.12	3.43	1.66	4.76	7.72	13.84
2000	48.33	31.81	4.20	2.16	6.53	9.53	15.51
2005	53.07	34.84	4.34	2.68	21.91	11.20	18.65
2010	59.11	37.82	4.87	2.97	26.67	12.35	20.60
2011	59.06	37.50	4.81	2.92	27.15	12.68	20.87

注：肉类总产量数据来源于《中国农村年鉴》（1980—2012），人均产量数据经计算得出，"/"表示数据缺失。

（二）畜禽产品结构逐步优化

畜禽产品结构逐步优化，改变以猪肉消费占绝对主导的传统畜禽产品消费结构。肉类所占畜禽肉蛋奶总产量的比重由1980年的76.48%下降到2011年的55.16%，同期牛奶所占比重由1980年的7.24%上升到2011年的25.35%。在肉类产品结构中，猪肉占肉类的比重由1980年的94.08%下降到2011年的65.66%；牛肉比重由1980年的2.23%上升到2011年的8.14%；羊肉比重由1980年的3.69%上升到2011年的4.94%；禽肉比重由1985年的8.32%上升到2011年的21.47%。

表7-5 1980—2011年我国畜禽产品结构

单位：%

年 份	肉 类	牛 奶	禽 蛋	猪 肉	牛 肉	羊 肉	禽 肉
1980	76.48	7.24	16.28	94.08	2.23	3.69	0.00
1985	71.06	9.22	19.72	85.89	2.42	3.08	8.32

续表

年　份	肉　类	牛　奶	禽　蛋	猪　肉	牛　肉	羊　肉	禽　肉
1990	70.24	10.22	19.54	79.84	4.40	3.74	11.30
1995	70.01	7.67	22.32	69.36	7.90	3.83	17.77
2000	68.69	9.28	22.04	65.81	8.70	4.47	19.71
2005	56.68	23.40	19.92	65.65	8.19	5.04	21.10
2010	55.56	25.07	19.37	63.98	8.24	5.03	20.89
2011	55.16	25.35	19.49	63.50	8.14	4.94	21.47

注：数据来源于《中国农村年鉴》（1981—2012），肉类、牛奶和禽蛋指标分别代表其占肉蛋奶总产量的比重；猪肉、牛肉、羊肉和禽肉指标分别代表其占肉类总产量的比重。

（三）畜禽生产区域化、标准化和规模化水平提高

畜禽生产区域化布局形成。经过改革开放 30 多年的发展，逐渐形成了生猪、肉牛、奶牛、肉羊和家禽养殖的优势区域，在我国畜禽产品总产量中占主要份额。2011 年我国猪肉总产量 5 053.13 万吨、牛肉总产量 647.49 万吨、羊肉总产量 393.10 万吨、牛奶产量 3 657.85 万吨、禽蛋产量 2 811.42 万吨、禽肉产量 1 708.80 万吨。其中，猪肉产量占前 10 位的省份为：四川、河南、湖南、山东、湖北、广东、河北、云南、广西和安徽，合计产量 3 169.02 万吨，占我国猪肉总产量的 62.71%；牛肉产量占前 10 位的省份为：河南、山东、河北、内蒙古、吉林、辽宁、黑龙江、新疆、云南和四川，合计产量 470.53 万吨，占我国牛肉总产量的 72.67%；羊肉产量占前 10 位的省份为：内蒙古、新疆、山东、河北、河南、四川、甘肃、安徽、云南和黑龙江，合计产量 297.66 万吨，占我国羊肉总产量的 75.72%；牛奶产量占前 10 位的省份为：内蒙古、黑龙江、河北、河南、山东、陕西、新疆、辽宁、宁夏和山西，合计产量 3 051.76 万吨，占我国牛奶总产量的 83.43%；禽蛋产量占前 10 位的省份为：山东、河南、河北、辽宁、江苏、四川、湖北、安徽、黑龙江和吉林，合计产量 2 206.02 万吨，占我国禽蛋总产量的 78.47%；禽肉产量占前 10 位的省份为：山东、广东、江苏、广西、辽宁、河南、安徽、四川、河北和吉林，合计产量 1 247.40 万吨，占我国禽肉总产量的 73%。四川、河南和山东的猪肉、牛肉、羊肉、牛奶、禽蛋和禽肉产量均位于全国前 10 位，综合生产能力突出。

畜禽养殖标准化水平提高。2010 年，农业部印发《畜禽养殖标准化示范创建活动工作方案》（农办牧〔2010〕20 号），在全国生猪、奶牛、蛋鸡、肉鸡、肉

牛和肉羊养殖的优势区域，按照"畜禽良种化、养殖设施化、生产规范化、防疫制度化和粪污无害化"的创建要求，通过集中培训、专家指导、现场考核等方式，对一定规模以上的畜禽养殖场（生猪：能繁母猪存栏 300 头以上，育肥猪年出栏 5 000 头以上；奶牛：存栏奶牛 200 头以上，并且配套挤奶站有《生鲜乳收购许可证》，运送生鲜乳车辆有《生鲜乳准运证明》；蛋鸡：产蛋鸡养殖规模（笼位）在 1 万只以上；肉鸡：年出栏量不低于 10 万只，单栋饲养量不低于 5 000 只；肉牛：年出栏量在 500 头以上；肉羊：农区年出栏肉羊 500 只育肥场或存栏能繁母羊达 100 只以上的养殖场，牧区年出栏肉羊 1 000 只育肥场或存栏能繁母羊 250 只以上的养殖场）开展畜禽养殖标准化示范创建。截止到 2012 年底，共创建畜禽标准化示范场 3 177 家。其中：生猪标准化示范场 1 264 家，奶牛示范场 614 家，蛋鸡示范场 509 家，肉鸡示范场 330 家，肉牛示范场 125 家，肉羊示范场 230 家。畜禽标准化示范创建活动的开展，推动了我国畜禽标准化养殖水平和养殖效益的提高，示范带动效应明显，对畜牧科技成果的转化应用也有较大的推动作用。

畜禽规模化养殖水平提升。传统的畜禽散养模式难以满足人们对畜禽产品的消费需求，我国畜牧业正由传统的家庭副业向养殖专业户、养殖合作社、养殖企业等规模化饲养模式转变。规模化养殖投入大，多采用自繁自养模式，可有效降低原料、幼畜等采购成本，规模化养殖生产管理规范，有利防控动物疫病和畜禽产品的质量安全，相对散养模式，规模化养殖应对市场风险和疫病风险的能力较强，畜禽规模化养殖还有助于提高畜牧业产业化水平，是我国畜牧业发展的必然。2011 年，全国年出栏 500 头以上的生猪饲养规模场（户）238 343 家，其中年出栏 5 万头的大型生猪养殖场 162 家；年存栏 2 000 只以上的蛋鸡饲养规模场（户）276 161 家，其中年存栏 50 万只的大型蛋鸡养殖场 23 家；年出栏 1 万只以上的肉鸡饲养规模场（户）1 851 261 家，其中年出栏 100 万只的大型肉鸡养殖场 309 家；年出栏 100 头以上的肉牛饲养规模场（户）28 141 家，其中年出栏 1 000 头以上的大型肉牛养殖场 940 家；年存栏 50 头以上的奶牛饲养规模场（户）31 422 家，其中年存栏 1 000 头以上的大型奶牛养殖场 1 020 家；年出栏 100 头以上的羊饲养规模场（户）285 945 家，其中年出栏 1 000 头以上的大型羊养殖场 4 760 家。根据农业部统计，2011 年生猪规模化养殖比重达到 66.8%，蛋鸡规模化养殖比重达 78.8%。

（四）畜牧推广技术体系完善，畜禽良种建设成效显著

畜牧技术推广体系日趋完善。我国已建立起省、地（市）、县（市）、乡镇四级畜牧业技术推广机构，涵盖畜牧、兽医、草原、饲料监察四大领域，形成了完善的畜牧技术推广体系。截至 2011 年底，全国建有省级畜牧站 34 个，在编职工

1 689 人；地（市）级畜牧站 386 个，在编职工 6 176 人；县（市）级畜牧站 3 428 个，在编职工 53 671 人。省级家畜繁育改良站 18 个，在编职工 691 人；地（市）级家畜繁育改良站 118 个，在编职工 2 069 人；县（市）级家畜繁育改良站 1 010 个，在编职工 8 464 人。省级草原工作站 23 个，在编职工 867 人；地（市）级草原工作站 188 个，在编职工 1 814 人；县（市）级草原工作站 1 055 个，在编职工 8 769 人。省级饲料监察所 26 个，在编职工 640 人；地（市）级饲料监察所 114 个，在编职工 1 069 人；县（市）级饲料监察所 761 个，在编职工 6 127 人。设立乡镇畜牧兽医站 33 027 个，职工总数 212 118 人。

畜禽良种建设成效显著。我国于 1998 年开始实施畜禽良种工程，截至 2011 年底，已建成种畜禽场 14 494 个。其中：种牛场 466 个，年末存栏 591 402 头；种马场 25 个，年末存栏 4 651 匹；种猪场 8 143 个，年末存栏 22 297 033 头；种羊场 1 168 个，年末存栏 1 929 973 只；种蛋鸡场 1 215 个，年末存栏 45 342 524 套；种肉鸡鸡场 1 804 个，年末存栏 93 725 130 套；种鸭场 671 个，年末存栏 20 889 294 只；种鹅场 238 个，年末存栏 1 926 148 只；种兔场 528 个，年末存栏 2 027 521 只；种蜂场 72 个，年末存栏 83 980 箱；种畜站 4 760 个，其中：种公牛站 45 个，年末存栏 2 318 头；种公羊站 375 个，年末存栏 5 758 只；种公猪站 4 331 个，年末存栏 79 247 头。畜禽原种场和扩繁场已基本覆盖全国畜禽生产区域，畜禽良种繁育体系基本建成，推动了我国畜禽良种化和畜禽产品质量的提高。

（五）畜禽养殖企业集团涌现，畜牧业现代化水平提高

随着我国畜禽养殖规模化进程的加速，一大批大型畜禽养殖企业快速成长，既包括逐步发展壮大的畜禽养殖企业，也包括畜禽养殖产业链的上、下游企业进入养殖行业，显著提高了我国畜牧业现代化水平。

1.逐步发展壮大的畜禽养殖企业

国内从养殖起家并发展壮大的有广东温氏、海南罗牛山、河南雏鹰农牧、河南牧原、武汉天种、河南北徐集团等大型畜禽养殖企业，已成为我国畜禽养殖行业的知名品牌。

广东温氏食品集团有限公司创立于 1983 年，总部位于广州市，最初由 7 户农民集资 8 000 元起步，现已在全国 23 个省（市、自治区）建成近 160 家一体化公司，经营范围涉及畜禽养殖与良种繁育、饲料生产和食品加工等行业，是国家级的农业产业化重点龙头企业。2012 年，温氏集团生产肉鸡 8.65 亿只，肉猪 813.9 万头，肉鸭 1 437 万只，饲料 739.5 万吨，实现销售收入 335 亿元，温氏已成为我国畜牧业最具影响力品牌。

　　罗牛山股份有限公司成立于1993年，公司总部位于海口市，1997年在深交所上市，是我国首家"菜篮子"股份制上市公司，经过20多年的发展，罗牛山已成为海南省规模最大、配套产业体系最完备的畜牧业龙头企业，在海南17个市县建有40余个现代化畜牧养殖基地，年出栏优质种猪6万头、优质商品猪50万头。2002年被评定为"国家级农业产业化重点龙头企业"，还被授予"全国养猪行业百强优秀企业""全国畜牧行业优秀企业"等荣誉称号。

　　雏鹰农牧集团股份有限公司位于河南郑州，1988年由800只鸡的家庭副业养鸡场开始创业，1994年引进第一批纯种杜洛克和长白猪，2003年注册成立河南雏鹰禽业发展有限公司，2008年被认定为"国家级农业产业重点龙头企业"，2009年开工建设年出栏60万头的生猪养殖产业化基地，2010年雏鹰在深圳证券交易所成功上市，被业界誉为"中国养猪第一股"，公司员工人数3 000人，拥有10余家子公司。在养殖环节，公司不断探索生态养殖新模式，在三门峡投建全国大型标准化生态养殖基地，在西藏林芝地区投建藏香猪生态养殖基地，形成了"高端藏香猪——生态猪——普通商品猪"的产品体系，已建立起种畜禽繁育、畜禽饲养、畜禽产品加工、饲料生产以及生物有机废弃物环保综合利用、绿色蔬菜种植等相关产业的循环经济产业体系和全程质量管控链条，2012年度实现营业收入15.83亿元，实现净利润3.02亿元，公司销售生猪148.96万头，其中商品仔猪117.14万头，商品肉猪26.92万头，二元种猪4.90万头。

　　牧原食品股份有限公司位于河南省南阳市内乡县，1992年从饲养22头猪创业，截至2011年12月31日，公司已拥有4家全资子公司（郑州市牧原养殖有限公司、南阳市卧龙牧原养殖有限公司、湖北钟祥牧原养殖有限公司、山东曹县牧原农牧有限公司）、21个养殖场和1个参股公司（河南龙大牧原肉食品有限公司），达到年出栏生猪约105万头的生产能力，形成了集饲料加工、生猪育种、种猪扩繁、商品猪饲养为一体的完整生猪产业链，并通过参股40%的河南龙大牧原肉食品有限公司，介入下游的生猪屠宰行业，2011年度实现销售收入11.34亿元，净利润3.57亿元。截至2011年12月31日公司种猪存栏头数95 924头，其中核心种猪为8 566头，居国内前列，公司于2010年，被列为第一批国家生猪核心育种场，是我国较大的生猪育种企业。

　　武汉天种畜牧股份有限公司前身为成立于1970年的湖北省黄陂县外贸良种场，是我国较早成立的种猪核心群育种场之一，经过40多年发展，公司在湖北、湖南、福建、江西、河南等省投资建成23个种猪场，年出栏种猪18万头。公司引进杜洛克、大约克、长白三个世界著名瘦肉型优良品种，经过生物育种等选育技术发掘种猪群的优良基因，已建立了完整的自繁自育体系，"天种牌"系列种猪被中国畜牧业协会评为中国品牌猪。

北徐集团位于河南省漯河市临颍县，是北徐庄村创办的集体企业，改革开放以来依托粮食加工发展壮大，1998年建起年出栏生猪10万头的瘦肉型良种猪场，2003年新建年出栏30万头的种猪场，年出栏生猪达到40万头。2006年与江苏雨润集团合资，投资3亿元，日屠宰分割生猪5 000头，年屠宰分割生猪150万～200万头。经过30多年的发展，北徐集团迅速成长为集粮食加工、饲料生产、生猪养殖、肉类加工和废弃物综合利用为一体的国家级农业产业化重点龙头企业和国家生猪饲养农业标准化示范区。

2.畜禽养殖产业链上、下游进入养殖行业

出于整合畜禽养殖产业链、降低生产成本、增强市场竞争力和提高市场利润的需要，近年来，国内畜禽养殖上、下游产业链的企业纷纷投资畜禽养殖业，如养殖产业链上游的饲料、动保生产企业：新希望、正虹科技、宁波天邦、江西正邦和正大集团等；养殖产业链下游的屠宰和肉食品生产商：双汇发展、高金食品、雨润食品等，还有农牧业全产业链布局的中粮集团等。

2006年4月，新希望集团联合山东六和集团、加拿大海波尔公司签署种猪合作协议，三方在四川江油和山东海阳分别成立合资经营的海波尔种猪育种核心群猪场，开始进入畜禽养殖行业。2012年，新希望集团公司销售各类鸭苗、鸡苗、商品鸡共计37 265万只，销售种猪、仔猪、肥猪44.21万头，已建立11个奶源基地，10个直属奶牛场，拥有10万多头奶牛，液奶生产能力超过80万吨。正大集团子公司宜昌正大畜牧有限公司，拥有8个种猪场（存栏基础母猪7 000头）、127个标准化"550"模式代养场、3个大型售种场（存栏待售种猪7 500头），年出栏种猪3.5万头、商品猪10.5万头。2008年，正大集团独资注册成立辽宁正大畜禽有限公司，公司注册资本金1 933万美元，投资总额5 511万美元，计划5年内投资15亿元人民币，兴建年出栏生猪100万头的产业链，并配备屠宰场及食品加工厂。2008年正大集团在赣州市建立100万头生猪产业化项目，该项目的原种场无特定病源猪（SPF），投资额为1亿元。宁波天邦股份有限公司是以绿色环保型饲料的研发、生产、销售和技术服务为基础，集饲料原料开发、动物预防保健、标准化动物养殖技术和动物食品加工为一体的农业产业化国家重点龙头企业，2009年被评为"全国饲料50强企业"。2008年12月31日，天邦股份与安徽省巢湖市和县人民政府在上海签署"百万头生猪养殖和深加工"项目合作意向书，注册成立安徽天邦猪业有限公司，规划建成年出栏100万头规模的商品猪现代化生产基地，并兴建与之配套的冷藏及深加工设施。双汇发展（河南双汇投资发展股份有限公司）是以肉类加工为主的大型食品集团，总部位于河南省漯河市，是我国最大的肉类加工企业，在 2010 年中国企业 500 强排序中列 160 位。双汇集团于 2004 年成立养殖事业部，目前养殖事业部下辖 7 个规模化养殖场，产销生猪 31 万头，根据双汇集团养殖业务拓展计划，2015 年双汇养殖事业部年出栏生猪将达到 183.2 万头。四川高金食品股份有限公司是我国西部地区最大的集优质生猪繁育、养殖示范、屠宰、分割、冷藏加工、鲜销连锁、罐头食品生产及猪肉制品深精加工于一体的国家级农业产业化经营重点龙头企业。2007 年 7 月 20 日，公司在深交所正式挂牌上市，成了四川省自股权分置改革以来第一家上市企业。高金食品养殖事业部下属高金牧业、高金清见牧业和高金丹育牧业三家子公司，其中高金牧业为股份制子公司，年出栏生猪 3 万多头；高金清见牧业成立于 2006 年 8 月，年出栏优质商品肉猪 1.2 万头；高金丹育生态猪业有限公司，是高金食品股份有限公司投资 1.1 亿元建设的全资子公司，引进丹麦和日本先进生猪养殖技术，实现了生猪养殖技术的集成创新，养殖基地位于遂宁市船山区唐家乡，占地近 500 亩，分两期建设，基地建成后，可实现年产丹麦商品仔猪和祖代种猪场生产商品仔猪 64.55 万头，年出栏丹麦优质商品育肥猪 60 万头以上。中粮集团是一家集贸易、实业、金融、信息、服务和科研为一体的大型企业集团，横跨农产品、食品、酒店、地产等众多领域，1994 年以来，一直名列美国《财富》杂志全球企业 500 强，2008 年 3 月 15 日，中粮集团首个生猪健康生态养殖项目在湖北武汉启动，中粮计划投资 15 亿元，通过"中粮 600 模式"健康生态养殖项目，形成出栏生猪 100 万头，带动社会规模化猪场出栏生猪 100 万头的生产能力，推动湖北省农村养猪由散养向规模化发展，首批项目从武汉、黄石入手，总投资 5.4 亿元，建立 4 万头原种猪场 1 个，4 万头扩繁场 2 个，4 万头父母代场 6 个，2 个 100 万头屠宰场。项目达产后，年提供优质种猪 5 万头，带动农户以"中粮 600 模式"发展养猪，年出栏商品猪 31 万头。

第二节　中国畜禽养殖污染现状

一、畜禽养殖污染概述

（一）农村畜禽养殖污染的内涵

农村畜禽养殖模式逐渐从分散式经营向集约化经营方式过渡，使得大量畜禽养殖粪便得不到有效处理而转化为污染物，给农村的生态环境带来了破坏性的严重后果。环境是一个非常抽象的概念，将抽象的环境概念具体化需要以某一中心事物为参照物，并将与之相关的物质要素纳入到具体环境的范畴。本书所指的环境是将人类作为具体参照物的，是为满足人类的生存和发展需求提供所必需的自然要素而构成的物质环境。作为主体的人类在生产生活过程中若遵循自然生态规律则会与环境实现和谐持续的发展，若不断违背自然生态规律则会陷入人类与环境恶性循环的状态。环境污染就是人类在生产生活过程中向自然环境排放的物质远远超过了其自身能够通过生态循环系统吸收与化解的能力，导致自然环境的生物、物理、化学性质发生根本性变化，最终破坏生态平衡和对人类的生存和发展产生不利影响的恶性循环状态。农村环境是以农村居民为具体参照物的由各种自然要素构成的物质环境。农村环境污染是指在农业生产生活过程中农村居民的不当行为对生态环境的不利影响，主要包括化肥、农药、畜牧粪便等造成的农业污染、乡镇企业违法排污行为造成的工业污染以及村民生活污水及垃圾造成的生活污染。由此可见，畜禽养殖污染是农村环境污染中农业污染的一个方面。具体到农村畜禽养殖污染可以理解为，在畜禽集中饲养过程中所产生的粪便、污水、恶臭及其他废弃物大量排放对农村生态环境所造成的污染与破坏。

在科技水平日益进步与农业生产结构不断调整的过程中，以种植业为主的生产方式现在逐渐向畜牧业转变，畜牧业的比重将会超越种植业成为主导型的产业。农村畜禽养殖业的发展历程经历着从家庭式的农户分散养殖为主到专业饲养户与企业规模化养殖占主要比例的阶段，在农业科技的持续发展与农业实践的不断深入中，农村养殖模式最终会走向集约化与规模化占主导地位的阶段。从全国范围而言，我国已基本形成以各自产业优势为主的畜禽养殖产业带。规模化畜禽养殖业的快速发展在实现农业现代化、增加农民收入以及加快社会主义新农村建设的步伐中扮演着重要的角色，但与此同时，由之而来的大量畜禽污染物对农村生态环境造成破坏性的不利影响，如何有效防治农村畜禽养殖污染？对我国社会建设与农村环境保护乃至全球环境问题的解决都具有深远的影响。

（二）农村畜禽养殖污染的种类

1.土壤污染

土壤是形成于地球表面能为满足植物顺利生长所必需的含有水、肥力、营养元素等的自然物质，土壤质量的优劣直接影响附着在其表面的植物的生长状况。畜禽粪便堆放在农田上，畜禽污水渗入土壤表层，可导致原本疏松的土壤空隙堵塞发生板结，土壤的透气性和透水性下降，影响为植物提供营养和水分的功能，土壤质量的下降意味着附着其上的农作物品质及产量的下滑。由于大量使用含添加剂的饲料饲养家禽，饲料中的汞、铅、铜、锌等重金属随着畜禽粪便排出体外而渗入土壤，重金属富集使得土壤无法吸收与消解，由此导致土壤结构与功能的变化，这在某种程度上阻碍了动植物的正常生长，如畜禽粪便中铜元素渗入土壤，铜含量富集将直接被植物吸收，由此影响植物的生长速度，大大降低了植物的产量；如果持续将含有铜元素的畜禽粪便施撒在牧草地上，那么每千克干牧草含铜量在 15 ~ 20 毫克时可使对铜敏感的绵羊发生中毒现象。此外，长期使用畜禽粪便污水灌溉农田会破坏农作物的自然生长规律，影响农作物的产量与质量，造成农田受到污染，土壤质量的降低危害农作物的生长环境。

2. 水体污染

水体是地球表面形成的各种水域的统称，包括地表水及土壤缝隙和岩石缝隙中的地下水。畜禽养殖者如果不对畜禽粪尿及冲洗圈舍的污水进行任何处理就倾倒在邻近的河道或湖泊中，那么污水中含有的氮、磷、钾等化学元素大量聚集便会引起水体的富营养化，在这种情况下，水藻类植物疯狂生长使得水中的溶解氧大量下降，此水体中的水生动物和其他水生植物会窒息而死。更为严重的是，持续大量的排放畜禽养殖污水会使水体发黑发臭，形成死水变成沼泽，水质质量严重下降，超过了水的自净能力不能直接利用，更加加剧水生动物如鱼类的死亡。畜禽污水由地表径流渗入地下水循环系统，有毒有害物质隐藏在土壤和岩石细缝中，循环周期长不易被察觉，一旦污染水体将很难治理和恢复。就算通过水体的自净系统，也可能需要几十年甚至几百年的时间才能净化这些有毒有害物质。畜禽污水中含有的病菌、寄生虫等污染物质通过饮水或食物链被人体吸收后，会引起多种传染疾病，危害人类的健康安全。

3. 大气污染

大气是由多种气体混合而来的特殊物质，某些不属于大气成分的物质进入大气层中，由于累积到足够的浓度使得原本干净的空气被破坏，有毒有害气体最终会通过呼吸系统威胁到人类。具体到畜禽养殖场，其产生的恶臭气体积累到一定浓度则会严重破坏空气质量，因为恶臭的主要成分为氨气、硫化氢、粪臭素、甲烷等具有强烈刺激性气味。正常的大气中含有对动植物生长和人类生存有益的氧气、氮气、少量二氧化碳和其他气体，而畜禽粪便经堆积发酵后产生的大量有毒有害气体进入大气层后会不断扩散并严重破坏空气质量，在多风或空气对流频繁的区域会在更大范围内对人类和其他生物造成威胁。当污染物大量聚集随着雨雪降落在地球表面，又会转变为水体污染和土壤污染，进一步危害动植物的生长，这样便会形成畜禽粪便、污水、恶臭的恶性循环，使得污染更加难以治理。周围的村民长期生活在含有有毒有害物质的大气环境中，会引起生理上的不良反应，轻则感到身体不舒服，重则感到精神恍惚。更为严重的是，这些有害气体会通过呼吸系统进入人体，引起各种呼吸道疾病，危害养殖场员工和周围村民的生命健康，严重污染周围村民的生活环境。

（三）畜禽养殖业对环境的影响

过去相当长的时间内，部分地方政府对畜禽养殖业存在重发展、轻环保的意识，致使畜禽养殖配套的粪污处理工艺相对落后、设施相对不足，从而造成环境污染。同时，我国的规模化养殖场大都分布在城市周围，大量畜禽粪便和污水无法通过农田消化，而是直接排放到环境中，对环境和生态都造成了很大的破坏。

传统的散养养殖规模小，所产生的畜禽粪便可以作为有机肥料，通过种养结合的方式对废物排放进行综合利用，然而集约化、规模化养殖废物产量大。《第一次全国污染源普查公报》共收集了 2007 年度 2 899 638 个农业源普查对象的污染物排放情况，畜禽养殖业普查对象占 67.7%。畜禽养殖业主要污染物排放统计了粪便排放和水污染物两项，其中畜禽养殖业粪便产生量 2.43 亿吨，尿液产生量 1.63 亿吨；水污染物排放量：化学需氧量 1 268.26 万吨，总氮 102.48 万吨，总磷 16.04 万吨，铜 2 397.23 吨，锌 4 756.94 吨，分别占农业污染源排放量的 95.78%、37.89%、56.34%、94.03% 和 97.83%，而且化学需氧量是工业源的 4.03 倍。因此，规模化畜禽养殖业是我国环境污染的重要来源之一。

二、我国畜禽养殖污染的现状分析

畜禽养殖污染是畜禽养殖系统与生态环境系统的交互影响过程（如图 7-1）。畜禽养殖系统可能的环境污染源包括：① 畜禽粪便中含有大量污染物质。② 畜禽舍垫料、废饲料及散落的毛羽等固体废物污染。③ 矿物元素含量过高的饲料、兽药及添加剂的过量使用。④ 清洗畜禽体、饲养场地、器具产生的污水。⑤ 家畜呼出气和消化道排出的废气中含有二氧化碳、吲哚等恶臭气体。⑥ 畜舍内风机、清粪机、真空泵等机械运行的噪音。⑦ 病死畜禽体的非净化处理。这些污染源会对农村大气、水体、土壤、生物各圈层造成交叉立体影响。

（一）畜禽污染物产生量的测算

总的来看，畜禽养殖业产生的环境危害主要来源于畜禽粪便。畜禽粪便中含有大量对环境造成严重影响的污染物质，主要污染物如化学耗氧量（COD）、生物耗氧量（BOD），氨氮（NH_3-N），总磷（TP）、总氮（TN）等。畜禽粪便的产生

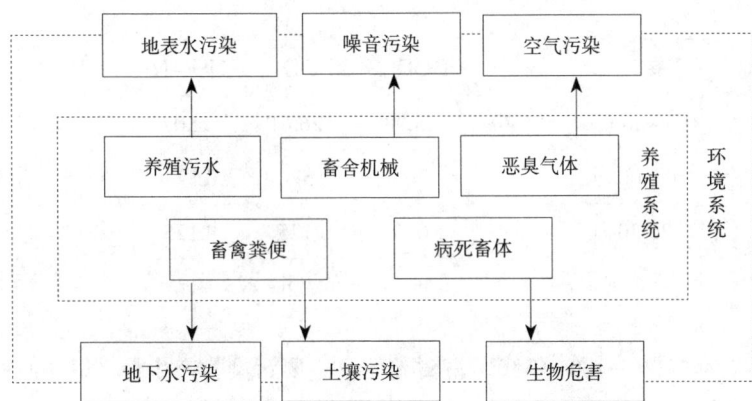

图 7-1 畜禽养殖系统与环境系统的污染联系

量通常是通过不同畜禽种类的排泄系数间接估算出来的。畜禽粪便排泄系数指单个动物每天排出的粪便数量，它与动物的种类、品种、性别、生长期、饲料以及天气条件等诸多因素有关。根据国家环保总局推荐的畜禽粪便及污染物排泄系数（如表 7-6），分别计算出 2000—2005 年全国畜禽粪便产生总量和主要污染物数量（如表 7-7），从表 7-7 可以看出，由于近年来我国畜禽养殖业的快速发展，畜禽养殖粪便产生量和污染物产生量均呈逐年上升趋势。在各种污染物质中，化学耗氧量和生物耗氧量在污染物产生量中占极大部分，不同畜禽品种中，饲养每单位牛和猪的排污量相对较大。2005 年，我国畜禽粪便产生量为 25.75 亿吨，畜禽粪便中污染物产生量 12 507.73 万吨，其中，COD 为 5 638.22 万吨，BOD 为 4 691.62万吨，NH_3-N 为 548.12 万吨，TP 为 306.20 万吨，TN 为 1 323.57 万吨。可见，畜禽养殖污染物产生量是相当大的。由于居民消费能力增长，消费结构升级，对畜禽产品需求会进一步提高，这是一个不可逆转的消费趋势，加之畜禽养殖专业化、集约化、工厂化的趋势也日益明显，两个趋势的作用结果是畜禽养殖户为了逐利而不断扩大养殖规模。因此，有理由相信，在未来一段时间里我国畜禽养殖污染物产生量将会继续增长。

表 7-6 国家环保总局推荐的畜禽粪便及污染物排泄系数

单位：kg/ 头

畜禽名称	粪	尿	BOD_5	COD_{cr}	NH_3-N	TP	TN
牛	7 300.00	3 650.00	193.70	248.20	25.15	10.07	61.10

续　表

畜禽名称	粪	尿	BOD$_5$	COD$_{cr}$	NH$_3$–N	TP	TN
猪	398.00	656.70	25.98	26.61	2.07	1.70	4.51
羊	950.00	--	2.70	0.57	0.57	0.45	2.28
家禽	26.30	--	1.015	0.125	0.125	0.115	0.275

资料来源：国家环保总局自然生态司（2002），其中，家禽粪系数为鸡、鸭粪系数的平均值。

　　表 7-7 为 2000—2005 年我国畜禽粪便及主要污染物产生量。以 2003 年为例，我国畜禽粪便产生量约为 24.2 亿吨，远超过当年工业固体废弃物 10.00 亿吨的排放总量。畜禽养殖已成为与工业废水、生活污水相并列的三大污染源之一。

表 7-7　2000—2005 年我国畜禽粪便及主要污染物产生量（万吨）

年　份	粪便产生量	生化需氧量（BOD$_5$）	化学需氧量（COD$_{Tr}$）	铵态氮（NH$_3$–N）	总　磷（TP）	总　氮（TN）	污染物合计
2000	227 798.04	4 244.26	5 050.82	490.64	271.96	1 181.47	11 239.15
2001	228 596.57	4 240.00	5 044.88	489.31	271.01	1 179.07	11 224.26
2002	234 628.31	4 345.89	5 170.40	502.14	279.16	1 210.65	11 508.24
2003	242 270.53	4 470.18	5 321.74	517.80	288.33	1 249.76	11 847.81
2004	250 118.64	4 590.80	5 465.53	531.77	296.55	1 284.89	12 169.54
2005	257 533.24	4 691.62	5 638.22	548.12	306.20	1 323.57	12 507.73

资料来源：据表 1 计算而来，畜禽饲养量采用《中国农业年鉴 2001—2006 年》的畜禽年末存栏数据

　　2015 年 3 月发布的《全国环境统计公报（2013 年）》，相对历年的公报而言，提供了翔实的畜禽养殖污染情况数据。调查统计的规模化畜禽养殖场共有 138 730 家，规模化畜禽养殖小区 9 420 家，排放化学需氧量 312.1 万吨，氨氮 31.3 万吨，总氮 140.9 万吨，总磷 23.5 万吨。其中化学需氧量和氨氮的排放量分别占农业源的 27.7% 和 40.2%，占总排放量的 13.3% 和 12.8%。与工业污染排放相比，畜禽养殖业污染物的化学需氧量与工业污染相当，而氨氮的排放量超过了工业排放 27.7%。加之对环境影响较大的大中型养殖场 80% 分布在人口集中、水系发达的大城市周

围和东部沿海地区，集约化畜禽养殖对生态环境造成了严重的影响。

江西农业大学欧阳克蕙团队针对江西省畜禽养殖业对环境的影响开展了一系列研究，在收集国内外相关研究资料和确定江西省畜禽粪尿计算参数的基础上，以 2006 年为基准年，估算了江西省各地区畜禽粪尿产生量及污染物数量。具体研究结果如下：

1. 畜禽粪便排泄量的估算

2006 年江西省畜禽养殖共产生粪便 6 378.77 万吨，接近全省工业固体废物的产生量 7 392.64 万吨，尿 4 081.62 万吨，合计排泄粪尿量为 10 460.39 万吨，畜禽粪便污染已成为全省生态环境保护所面临的严重问题。畜禽排泄物中比例最大的是牛粪尿，占 49.51%，表明随着牛肉及牛乳制品需求的增加，迅速发展的养牛业成了全省最大的畜禽污染源。养猪业产生的粪尿占 35.47%，居第二位，加上猪粪尿的处理难度大，因而养猪业仍是全省畜禽污染治理的重点。其他畜禽粪尿占总量的 15.01%。

2. 畜禽养殖排污量的估算

根据全年畜禽饲养总量、畜禽粪尿及其污染物排泄系数得出畜禽粪便污染物的年产生量。2006 年江西省畜禽养殖业排泄物中产生的化学需氧量（COD_{cr}）为 271.54 万吨，是全省工业和生活废水中 COD 排放总量的 5.73 倍；氨态氮（NH_3–N）25.69 万吨，是工业和生活废水中 NH_3–N 排放总量的 7.02 倍；生化需氧量（BOD_5）235.54 万吨，总氮（TN）59.29 万吨，总磷（TP）25.69 万吨。根据有关资料显示：畜禽粪尿污染物的流失率为 30% ~ 40%，按平均 35% 计算，江西省 2006 年畜禽粪尿污染物流失量 BOD 为 82.44 万吨，COD 为 95.04 万吨，NH_3–N 为 8.99 万吨，TP 为 5.85 万吨，TN 为 20.75 万吨。畜禽养殖业的发展和养殖方式的改变，导致畜禽养殖污染物已远远超出工业和生活废水中的污染，成为影响江西省生态环境的主要污染源。

3. 温室气体排放

工业化以前大气中的甲烷（CH_4）体积分数约为 715×10^{-9}，到 2005 年时已达到 $1\ 774 \times 10^{-9}$，远远超出 65 万年来甲烷在大气含量中的自然变化幅度（320~790）$\times 10^{-9}$。尽管人类活动产生的甲烷仅占人类活动产生的所有温室气体总量的 15% 左右，但每分子 CH_4 吸收的红外能量是 CO_2 的 21 倍，CH_4 对温室效应的贡献也达到 22.9%，仅次于 CO_2。因此，如何减少甲烷排放已成为生态环境研究领域最引人注目的前沿性科学问题之一。畜禽养殖业对大气环境的影响中甲烷是温室气体的主要成分，根据 IPCC（联合国政府间气候变化专门委员会）所推荐的温室气体排放清单编制方法，对江西省畜禽养殖业的甲烷气体释放总量进行估算，得出结论：2006 年江西省畜禽养殖业甲烷气体释放总量为 44 219.76 万吨，其中养牛业对甲烷气体的排放作用最大，占总量的 60.27%，其次为养猪业，占 35.80%。从畜禽养殖业的发展状况分析，江西省今后几年内畜禽养殖业甲烷气体释放总量仍将呈增长趋势。

江西省是华中酸雨污染最严重的区域，酸雨频率在 60% 以上。仅 2003 年，江西省就因酸雨造成 GDP 减收 80 亿元，给全省的经济发展带来较大的危害。畜禽粪便也是大气中氨的重要排放源，大约占到了全球氨气排放的 1/2 以上，因粪便中大量氨逸散所产生的酸沉降大约占到 55%，减少畜禽粪便中氨排放对控制大气环境污染意义重大。

（二）畜禽养殖污染的特征分析

为了分析畜禽养殖污染的品种及地区分布，笔者根据统计年鉴中 2003—2005 年各地区的牛、猪、羊年末存栏数据和家禽当年出栏数据，计算出华北、东北、华东、中南、西南和西北地区各种畜禽的排粪量（如图 7-2 ~ 图 7-5）。由于不存在官方推荐的羊和家禽的排尿系数，因此本书只比较了各地区畜禽的排粪量，这样地区间才有可比性。

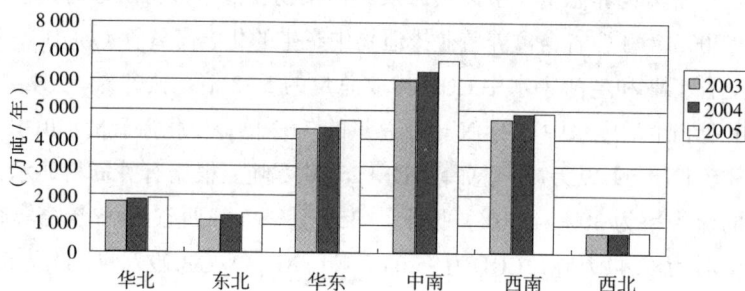

图 7-2　2003—2005 年我国各地区猪粪产生量

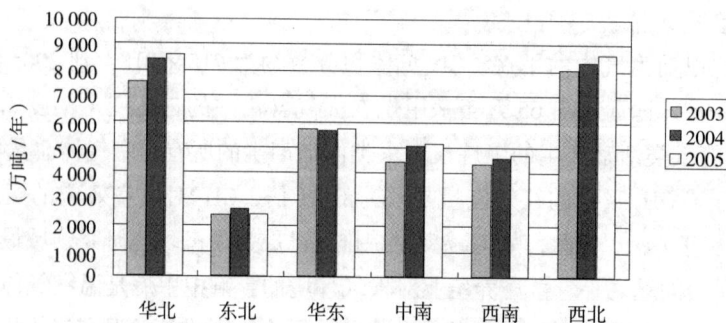

图 7-3　2003—2005 年我国各地区羊粪产生量

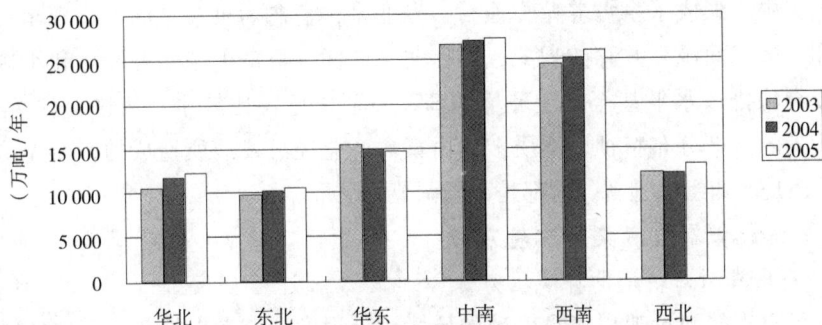

图 7-4　2003—2005 年我国各地区牛粪产生量

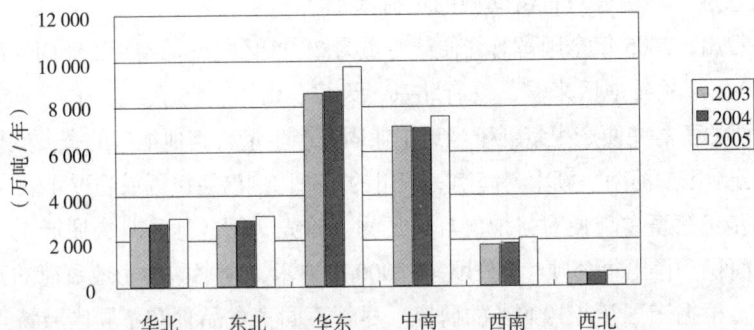

图 7-5　2003—2005 年我国各地区家禽粪产生量

据图显示，自 2003—2005 年，我国大部分地区的畜禽排粪量呈上升趋势，仅华北地区羊粪量和华东地区牛粪量有减少势头。按畜禽品种划分，猪粪量以中南地区、西南地区、华东地区比较多；羊粪量以华北地区、西北地区较多；牛粪量以中南地区、西南地区比较多；家禽粪量以华东地区、中南地区比较多。这从一定程度上反映出我国不同畜禽品种养殖污染的区域分布情况。从区域角度看，我国中南地区、华东地区、西南地区的畜禽养殖排粪量多，而华北地区、东北地区、西北地区相对比较少，这一定程度上表明我国畜禽养殖污染在区域之间的严重程度。

畜禽养殖污染的这种区域分布特征是与我国畜禽养殖业的区域布局密切相关的。目前，我国畜产品生产已经基本形成以长江中下游和东北为中心的生猪产区，中原和东北牛肉产区，东部省份禽肉产区，以山东、河北、河南等中原省份为重点的禽蛋产区，以及东北和华北牛奶产区的优势区域布局（农业部课题组，2005年）。显然，同一畜禽品种在主产区的养殖污染程度要比非主产区的严重许多。一个重要原因是：主产区畜禽养殖业的产业集群现象明显，大量的规模化养殖场在区域上集中，形成了畜禽养殖专业村、专业带，畜禽污染在空间上呈现出"大点源"和"区域面源"并存的现象；而在非主产区，畜禽养殖多是散养和小规模饲养，废弃物排放水平甚至低于环境阈值，对环境危害比较小。从这个意义上讲，畜禽污染的区域分布特征，本质上是由畜禽产业经济发展所造成的，而无论是区域布局还是产业组织创新，这都是市场调节的结果。

（三）畜禽养殖污染的环境压力

1. 畜禽粪污对耕地的环境压力

为了更直接地反映出畜禽养殖的环境污染程度，笔者根据各类畜禽的排污系数以及 2005 年我国各地区畜禽的饲养量，估算出 2005 年我国各地区畜禽养殖的粪便排放总量以及耕地对畜禽粪便的负荷水平。

可以看出，2005 年全国畜禽粪便产生量为 26.95 亿吨，是当年工业固体废弃物产生量的 2.0 倍。从各地区来看，仅有北京、天津、山西、辽宁、上海、江苏、浙江、福建和江西的畜禽粪便产生量低于当地工业固废产生量，其他地区的畜禽粪便量都相当大。部分地区如河南、湖南、海南、四川的这一比例已经接近或超过 4 倍。

进一步考察畜禽粪便对耕地的环境压力。首先，用各地畜禽粪便产生总量除以各地耕地面积，得出每公顷（1 公顷 =10 000 平方米，全书同）土地负荷的畜禽粪便实际水平。根据李国学（1999）的研究，尽管不同畜禽品种和不同区域特点会有所变化，但一般认为每公顷土地能够负荷的畜禽粪便在 30 ~ 45 吨左右，如果高出这一水平就会带来土壤的富营养化，对环境产生影响。从环境风险的角度考虑，以最低限度 30 吨为最大理论适宜量。其次，根据上海市农业科学研究院（1994）提出的相关家畜粪便负荷警报值的计算方法，用每公顷土地负荷的畜禽粪便实际水平除以最大理论适宜量，得出畜禽粪便负荷警报值。最后，按上海市农科院提出的警报值对应环境影响的分级标准（如表 7-8），确定各地畜禽养殖粪便对耕地的环境影响程度。从表 7-9 可以看出，我国总体的土地负荷警戒值已经达到了 0.69，体现了一定的环境胁迫水平。相对于耕地面积，大部分省份的畜禽污染都展现出一定的环境影响，北京、河南、湖南、海南等地已出现了较严重的环境压力水平。

2. 畜禽粪污对水体的环境影响

畜禽粪便和清粪污水随地表径流流失，对水体环境造成严重污染。但是，在不同的畜舍建造方位和环境管理水平下，畜禽粪便及污染物的流失程度差异很大。据国家环保总局南京环科所（1997）的研究，从全国来看，固态粪污中污染物进入水体的流失率处于 2% ~ 8% 的水平，而液体排泄物中污染物进入水体的流失率达到了 50%。具体到 COD 流失率：牛粪的 COD 流失率为 6.16%；猪粪的 COD 流失率为 5.58%；羊粪的 COD 流失率为 5.50%；家禽粪的 COD 流失率为 8.59%；牛猪尿的 COD 流失率为 50%。根据这个流失率指标，笔者计算出 2005 年我国各地区畜禽粪便中 COD 流失量（如表 7-9）。

计算表明，2005 年我国畜禽养殖 COD 进入水体的流失量为 672.31 万吨，超过当年的工业废水 COD 排放量，但比生活污水 COD 排放量要小。从各地区来看，我国大部分省份的畜禽粪污 COD 流失量要高于当地的工业废水 COD 排放量，以山东省、河南省、湖南省的流失量最大。部分省份如贵州省、云南省，畜禽养殖 COD 流失量甚至超过了工业废水与生活污水的 COD 排放量的总和。从畜禽品种来看，饲养牛的 COD 进入水体的流失量最高，饲养羊的这一指标值最小。由此足见，畜禽养殖对水体造成的污染也是相当严重的，已经超过或接近工业和生活的污染水平。

表 7-8　畜禽粪便土地负荷警报值分级的环境影响

警报值区间	<0.4	0.4-0.7	0.7-1.0	1.0-1.5	1.5-2.5	>2.5
对环境的影响	无	稍有	有	较严重	严重	很严重

资料来源：上海市农业科学院（1994）的研究。

表 7-9　2005 年我国各地畜禽养殖对土地的环境压力情况表

地　区	畜禽粪便产生量（万吨）	工业固废物产生量（万吨）	每公顷耕地畜禽粪便实际负荷水平（吨）	警报值 R	环境影响
北京	1 060.87	1 238	30.85	1.03	较严重
天津	1 078.23	1 123	22.20	0.74	有
河北	16 500.73	16 279	23.97	0.80	有
山西	3 952.05	11 183	8.61	0.29	无
内蒙古	12 621.98	7 363	15.39	0.51	稍有
辽宁	7 693.53	10 242	18.43	0.61	稍有
吉林	8 342.20	2 457	14.95	0.50	稍有
黑龙江	8 678.89	3 210	7.37	0.25	无
上海	455.86	1 964	14.47	0.48	稍有
江苏	5 479.11	5 757	10.82	0.36	无

续　表

地　区	畜禽粪便产生量（万吨）	工业固废物产生量（万吨）	每公顷耕地畜禽粪便实际负荷水平（吨）	警报值 R	环境影响
浙江	2 448.29	2 514	11.52	0.38	无
安徽	9 032.00	4 196	15.12	0.50	稍有
福建	3 204.56	3 773	22.34	0.74	有
江西	6 753.49	7 007	22.56	0.75	有
山东	21 845.79	9 175	28.41	0.95	有
河南	26 136.86	6 178	32.23	1.07	较严重
湖北	8 276.91	3 692	16.72	0.56	稍有
湖南	13 025.72	3 366	32.95	1.10	较严重
广东	9 031.48	2 896	27.60	0.92	有
广西	12 194.78	3 489	27.67	0.92	有
海南	2 297.87	127	30.15	1.01	较严重
重庆	4 367.13	1 777	9.44	0.31	无
四川	21 416.26	6 421	47.14	1.57	严重
贵州	11 377.36	4 854	23.20	0.77	有
云南	12 774.58	4 661	19.89	0.66	稍有
西藏	8 571.11	--	236.38	7.88	很严重
陕西	5 241.23	4 588	10.20	0.34	无
甘肃	7 455.34	2 249	14.84	0.49	稍有
青海	6 243.12	649	90.74	3.02	很严重
宁夏	1 733.44	719	13.66	0.46	稍有
新疆	10 171.91	1 295	25.52	0.85	有
全国总计	269 462.66	134 449	20.72	0.69	稍有

资料来源：畜禽粪便产生量是根据《中国农业年鉴 2006》数据计算得出，工业污染数据来自《中国环境年鉴 2006》。

表 7-10　2005 年我国各地畜禽养殖对水体的环境压力情况表

单位：万吨

地　区	畜禽粪便 COD 进入水体的流失量					工业 COD 排放量	生活 COD 排放量
	牛	猪	羊	家　禽	合　计		
北京	0.61	0.91	0.03	1.74	3.29	1.10	10.5
天津	1.11	1.06	0.02	0.95	3.14	5.91	8.7
河北	20.58	12.73	0.60	7.28	41.2	38.93	27.1
山西	5.44	1.93	0.25	0.36	7.98	16.82	21.9
内蒙古	14.35	3.07	1.31	1.50	20.23	15.48	14.2
辽宁	8.58	6.04	0.24	5.65	20.51	26.82	37.6
吉林	13.69	2.56	0.10	4.95	21.3	16.13	24.6
黑龙江	13.12	5.47	0.29	1.56	20.43	13.68	36.7
上海	0.14	0.65	0.01	0.79	1.59	3.66	26.8
江苏	1.61	8.01	0.28	6.36	16.26	33.78	62.8
浙江	0.88	5.04	0.05	2.23	8.21	28.96	30.5
安徽	10.75	8.45	0.22	5.03	24.45	13.65	30.7
福建	2.63	5.53	0.03	2.02	10.21	9.94	29.5
江西	9.26	6.51	0.03	3.64	19.43	11.14	34.6
山东	24.16	13.46	0.82	17.91	56.35	35.66	41.4
河南	36.02	18.45	0.96	7.14	62.57	34.26	37.8
湖北	10.33	9.73	0.08	3.69	23.83	17.67	43.9
湖南	15.10	18.43	0.17	4.04	37.74	29.38	60.1
广东	9.27	8.91	0.01	10.42	28.6	29.16	76.6
广西	18.31	12.53	0.06	2.80	33.7	66.44	40.5
海南	3.56	1.64	0.02	0.91	6.13	1.18	8.3
重庆	4.16	7.30	0.07	1.55	13.08	11.89	15
四川	28.63	23.87	0.38	4.91	57.8	29.77	48.6

续　表

地　区	畜禽粪便 COD 进入水体的流失量					工业COD排放量	生活COD排放量
	牛	猪	羊	家　禽	合　计		
贵州	19.74	8.20	0.11	0.73	28.78	2.24	20.3
云南	19.96	10.81	0.24	1.25	32.27	10.69	17.8
西藏	15.74	0.13	0.41	0.00	16.28	0.11	1.3
陕西	7.69	3.18	0.23	0.66	11.75	14.93	20.1
甘肃	11.87	2.70	0.37	0.38	15.32	5.88	12.3
青海	10.11	0.44	0.43	0.03	11	3.39	3.8
宁夏	2.44	0.51	0.12	0.19	3.27	10.75	3.5
新疆	12.55	0.95	1.05	1.07	15.62	15.33	11.8
全国总计	352.39	209.17	9.02	101.74	672.31	554.73	859.5

资料来源：畜禽养殖污染的有关数据是根据畜禽饲养量、污染物排泄系数，以及南京环科所（1997年）文献的有关指标计算出来的。工业和生活污染的相关数据来自《中国环境年鉴 2006 年》

三、专业户畜禽养殖污染的现状

由于对养殖专业户没有一个公认的饲养规模界定，因此有关专业户畜禽养殖污染的底数资料和统计数据很少，这给描述专业户畜禽污染现状带来了困难。在此，我们通过对一个养殖专业村即湖南湘潭市雨湖区长城乡新月村的案例分析，借以说明专业户畜禽污染的严重性。

新月村是一个典型的畜禽养殖专业村，全村共有 631 户农户，耕地面积 1 600 亩（1 亩 ≈ 667 平方米，全书同），村民以水稻种植、养猪、养鱼为主业。2005 年的村经济数据表明：全村有 48% 的农户以养猪为主业，建有畜禽舍面积 20 320 ㎡，存栏生猪 12 156 头，年出栏 3.5 万头以上，其中年出栏 500 头以上的养猪户达到 87 户，年出栏 300 头以上的有 346 户；养鸡专业户 3 户，户均年存栏 1 200 只；养鸭专业户 6 户，户均年存栏 1 990 只；养牛专业户 1 户，存栏 11 头。在新月村，畜禽养殖业规模化、集约化趋势相当明显。客观地说，畜禽养殖业对该村经济增长有很大贡献，但也造成了相当严重的环境污染问题。

表 7-11 新月村地表水体污染情况

项　目	池塘数	被污染数	比　例	地表水面积	被污染面积	比　例
新月村全村	104 口	69 口	66.3%	450 亩	208.8 亩	46.4%
其中，电机组	6 口			20.0 亩		

电机组池塘污染明细情况（单位：亩）

池塘名	面　积	污染程度	池塘名	面　积	污染程度
藕塘	6.0	严重	枫树塘	3.0	严重
弯塘	3.5	已废	屋前方塘	2.0	已废
老屋塘	4.5	严重	堤边塘		已废

资料来源：据湘潭市雨湖区环境保护局提供材料整理而成

　　首先，地表水体污染相当严重。据养殖户的测算，日温 25 ℃ ~ 35 ℃，每天必须洗猪、冲洗畜舍 3 ~ 5 次，每头猪的日用水量 0.1 吨，排出的废水 0.08 吨；低于 25 ℃的日温，每天必须洗猪冲栏 2 ~ 3 次，每头猪的日用水量为 0.05 吨，排出的废水为 0.04 吨。按新月村生猪年出栏数据测算，2005 年新月村生猪养殖废水排放量达 70 万吨。由于环保意识和污控设施建设滞后，大部分废水都被直接排放到池塘、沟渠之中。有资料表明（如表 7-11），全村被污染的池塘达到 69 口，占全村池塘总数的 66.3%；被污染池塘面积为 208.8 亩，占到该村总水面的 46.4%；全村 18 个村民小组，组组都有被污染的池塘，其中以电机组、民主组、和平组最为严重。水面上大面积地漂浮着猪粪渣，水体富营养化现象严重，许多池塘因此失去了利用价值，全部被废弃。

　　其次，居民饮用水污染严重。饮用水井已报废 20 多口，生活用水严重污染。2005 年 7 月 12 日，雨湖区环保局委托专业技术人员对新月村水质进行了抽样监测。监测结果（如表 7-12）表明：村民黄岳云、曹建军家饮用水井的大肠菌群分别超标 35.7 倍、40.7 倍；村民曹树林家废弃水井的大肠菌群超标 77.9 倍；该村畜禽养殖废水集中排污口的 COD 超标 7.14 倍，氨氮超标 4.95 倍。

　　再次，农田受到了一定程度的污染。由于地表水体富营养化，灌溉面积从原来的 1 360 亩，到现在全部农田只能依靠抽水排灌，种植成本也随之增加。种植的水稻面积逐年缩减，现有 200 多亩农田不能种植水稻。另外，还有 300 多亩专业鱼塘已经荒废，余下的鱼塘也已经严重污染。村民种植业和水产养殖业的经济损失比较严重。

表 7-12　2005 年 7 月新月村水质抽样监测结果

项目样点	pH	COD$_{cr}$（mg/L）	NH$_3$–N(mg/L)	总大肠菌群（个/L）
新月村生猪养殖场排污汇集口	7.05	814	892	/
执行 GB8978-1996《污水综合排放标准》一级标准	6 ~ 9	100	15	/
新月村方塘组村民黄岳云家饮水井	6.76	7.8	0.01	110
新月村和平组村民曹建军家饮水井	6.95	11.6	0.03	125
新月村集中组曹树林家饮水井（已废）	6.92	3.9	0.15	360
执行 GB/T14848-93《地下水质标准》三级标准	6.5 ~ 8.5	/	≤ 0.2	≤ 0.3

资料来源：湘潭市雨湖区环境保护局提供

最后，畜禽养殖污染给村民健康造成了严重危害。在新月村，空气中弥漫着浓烈的猪粪恶臭，蚊蝇繁生，加之地表水和饮用水都受到了相当程度的污染，村民居住环境十分恶劣。据该村医务室不完全统计，自 2001 年以来，仅 5 年时间，新月村有 25 名村民因患消化系统等疾病死亡或身患绝症，年龄最小的才 18 岁（如表 7-13）。虽然我们无法从病理学角度提供畜禽养殖污染对各种癌症的贡献率，但它至少能从某种程度上表明：该村村民赖以生存的生态环境已经被污染到严重影响居民健康的程度。

表 7-13　2001 年以来新月村村民患癌症情况

疾病类别	疾病名称	患者人数	最小年龄	疾病类别	疾病名称	患者人数	最小年龄
消化系统疾病	食道癌	4	53	生殖系统疾病	子宫癌	3	20
	直肠癌	2	57		乳腺癌	2	52
	肠癌	1	20	呼吸系统疾病	肺癌	8	48

疾病类别	疾病名称	患者人数	最小年龄	疾病类别	疾病名称	患者人数	最小年龄
消化系统疾病	胃癌	1	66	血液系统疾病	骨髓癌	1	57
	肝癌	2	34		血管癌	1	18

资料来源：据湘潭市雨湖区环境保护局提供的材料整理而成

当前，该村主要的畜禽养殖污染控制手段是修建沼气池对粪污进行厌氧发酵处理。在区、乡两级政府投资下，新月村至今共建有 51 口沼气池，其中大部分沼气池是按 10 m³ 的规格建造的。由于规模化饲养的趋势越来越突出，饲养规模加大，而现有沼气池容积仅能消纳 3 ~ 5 头猪的粪便量，因此大量畜禽粪便仍无法有效处理，污染问题并没有从根本上解决。应该说，新月村养猪污染问题是我国畜禽养殖专业户、专业村环境污染的一个写照，单个养殖专业户的环境影响是有限的，但是多个专业户集中在某个地域，这种"大面源"污染所带来的环境影响是相当大的。进一步地说，新月村养猪污染问题是我国农村经济结构调整过程中出现的伴生问题，这表明资源环境压力与农村经济增长之间的矛盾更加突出了。

第三节　畜禽养殖污染处理方式

一、养殖业污染防治模式和治理技术

传统的养殖业废弃物排放不当造成了严重的环境污染，为解决养殖业环境污染问题，我国开展了很多有意义的养殖业生态产业模式探索及示范，并取得了较好的成绩。这些养殖模式从养殖业污染物产生的源头、产生过程两方面削减、处理、综合利用养殖业废弃物，使养殖场污水、废弃物排放降到最低，取得了良好的环境效益。

目前，我国养殖业采用的污染防治模式主要有猪—沼—果（鱼）、猪—沼—菜（大棚）、鱼—桑—鸡等生态循环模式，沼气及沼气发电为主的废弃物处理及综合利用模式，生产有机肥、动物蛋白的畜禽粪便资源化利用模式。猪—沼—果（鱼）模式是指户建 1 口沼气池，年出栏 3 ~ 5 头猪，种 1 ~ 2 亩果树或建 1 个鱼池，用沼渣、液作为肥料或饲料进入果林或鱼池，形成小规模有机农业。猪—沼—菜（大棚）模

式是指户建 1 口 6 ～ 8 m³ 沼气池，养 2 头以上的猪，配套 1 亩左右的菜地或 0.8 亩大棚，猪粪入池、沼肥种菜，以沼渣做底肥，沼液做追肥，通过沼液叶面喷施来抑虫防病，沼气可做农户或大棚照明及取暖。鱼—桑—鸡模式是指池塘内养鱼、塘四周种桑树、桑园内养鸡这种生态养殖模式，鱼池淤泥及鸡粪做桑树肥料，蚕蛹及桑叶喂鸡，蚕粪喂鱼。沼气及沼气发电为主的废弃物处理及综合利用模式是指利用养殖场的沼气照明、消毒、取暖、做饭，或者利用沼气发电，供周围地区居民使用的一种方式。生产有机肥、动物蛋白的畜禽粪便资源化利用模式是指利用畜禽粪便，添加一些秸秆，通过发酵制成有机肥、菌类培养料用于种植业，或利用粪便中的蛋白质生产蚯蚓作为动物的饲料。这些技术在我国江西、浙江、江苏等地均有推广。

我国采用的主要治理技术有饲料管理（配方、限量等）技术、废弃物处理（收集、存放）技术、废弃物利用技术、屠宰场废弃物的收集和处理技术和生态养殖技术。饲料管理技术主要是从饲料生产及利用方面出发，在生产时通过科学配方，生产无臭味、消化吸收好、增重快、疾病少、磷及其他重金属排放少的饲料；饲料添加剂也采用无污染的微生态制剂、饲用酶制剂、中草药制剂、低聚糖等；推广污染少、效率高、利于生产的秸秆饲料。废弃物处理及利用技术主要是指将养殖场粪便通过干燥、堆肥、厌氧发酵等技术进行无害化处理，并将处理后的粪便等作为肥料使用。屠宰场废弃物收集和处理主要是指屠宰场污水处理技术，常见的屠宰场污水处理方法有好氧活性污泥法、好氧生物转盘技术、土地灌溉法、沉淀发酵池连续处理法、串联式生物滤池处理技术和厌氧消化法。新型发酵床养殖技术也称生物环保养殖技术，就是利用新型生物发酵圈舍，在垫料（锯末、稻壳、秸秆、米糠）中加入一定比例的微生物，与畜禽的排泄物混合并持续发酵，达到免冲和节能环保、提高效益的一种养殖方法。目前已被试用和推广到猪、鸡、鹅、鸭场以及其他需要保温除臭的动物饲养业。

二、管理模式与治理模式

（一）管理模式

散养户——完全自我管理模式。散养户普遍生产设备老化、饲养管理粗放、工艺原始、技术落后，机械化、规模化程度低，缺乏积极防疫的意识，防疫隐患大，废弃物处理技术低、处理力度不大。

养殖小区——自我管理＋集中管理模式。养殖小区管理模式和废弃物处理模式相对优于散养户，五个"统一"的管理模式保证了废弃物的有效处理。

养殖专业村集中管理模式。由于无统一规划，设计不规范，人畜混居，不同畜禽混养，加上技术与管理跟不上、标准化生产程度低，一旦遇到大的疫病，人畜损失将非常惨重。尤其是没有充分考虑畜禽粪便的处理，致使粪便到处排放，污染非常严重，亟待重点规范。

大规模养殖场（区）——自我管理＋国家管理模式。规模化生产布局有利统一管理，在畜禽管理和废弃物处理方面要优于前述3种模式，但仍存在防疫程序不规范、防疫措施不到位、动物福利观念淡薄等问题。

（二）治理模式

生态循环模式治理废弃物效果明显，有效解决了农村畜禽养殖过程中的环境污染问题，能充分利用畜牧业各个生产环节的有机废弃物，实现了农村经济的可持续发展。整体而言，此模式具有广泛的适用性，能够在短期内覆盖全国。

沼气及沼气发电已成为畜禽废弃物治理的一条重要途径，是实现生态农业，建设资源节约型、环境友好型社会主义新农村的有效途径。

资源化利用模式中，堆积有机肥可有效改善畜牧业废弃物污染状况，并且大量的用于种植业的养料；种植食用菌可以改良土壤，增加作物产量，实现废物利用，增值增效，良性循环，充分体现了循环经济生态农业的可持续发展；畜禽废弃物的资源化利用具有外部性，个体养殖户出于自身经济条件的考虑不愿意进行利用，只有在发达省份的富裕村，当地的财政进行补贴后才能实行。要大面积地推广上述3种资源化利用模式都需要财政的大力支持。

三、畜禽粪便综合处理和资源化工程分析

集约化养殖场畜禽粪便处理利用，其最大问题是畜禽粪便含水量高、恶臭，加之处理过程中容易发生 $NH_3—N$ 的大量挥发损失，畜禽粪便中含有的病原微生物与杂草种子等，均会对环境构成威胁，因此无害化、资源化和综合利用畜禽粪便是畜禽粪便处理的基本方向。

（一）自然青贮发酵法

鸡粪青贮发酵法制作饲料，即用干鸡粪（因干鸡粪比湿的或半湿的鸡粪好）、青草、豆饼（蛋白质来源）、米糠（促进发酵）按比例装入缸中，盖好缸盖，压上石头，进行乳酸发酵，经3～5周后，可变成调制良好的发酵饲料，适口性好，消化吸收率都很高，适于喂育成鸡，育肥猪和繁殖母猪。

用牛粪30%、鸡粪25%、麸皮5%～10%，豆饼5%～10%、青饲料15%～20%及营养盐混合进行青贮发酵可得到优质饲料。

（二）加曲发酵法

鸡粪70%、麸皮10%～15%、米糠15%、曲粉5%充分拌匀，密封发酵48～72小时。

（三）微生物发酵生产有机肥

利用高效微生物如EM（有效微生物），调节粪便中的碳氮比，控制适当的水分、温度氧气，酸碱度进行发酵，生产出有机肥料，用于无公害及有机食品生产。

厌氧堆肥法：在不通气的条件下，将有机废弃物（包括城市垃圾、人畜粪便、植物秸秆、污水处理厂的剩余污泥等）进行厌氧发酵，制成有机肥料，使固体废弃物无害化的过程。堆肥方式与好氧堆肥法相同，但堆内不设通气系统，堆温低，腐熟及无害化所需时间较长。然而，厌氧堆肥法简便、省工，在不急需用肥或劳力紧张的情况下可以采用。一般厌氧堆肥要求封堆后一个月左右翻堆一次，以利于微生物活动使堆料腐熟。

好氧堆肥法：现代化堆肥工艺大都采用好氧堆肥系统。发酵时以畜禽粪便为主，辅以有机废物（如食用菌废料）。

好氧堆肥法是在有氧的条件下，通过好氧微生物的作用使有机废弃物达到稳定化，转变为有利作物吸收生长的有机物的方法。堆肥的微生物学过程如下：

（1）发热阶段堆肥堆制初期，主要由中温好氧的细菌和真菌，利用堆肥中容易分解的有机物，如淀粉、糖类等迅速增殖，释放出热量，使堆肥温度不断升高。

（2）高温阶段堆肥温度上升到50℃以上，进入了高温阶段。由于温度上升和易分解物质的减少，好热性的纤维素分解菌逐渐代替了中温微生物，这时堆肥中除残留的或新形成的可溶性有机物继续被分解转化外，一些复杂的有机物如纤维素、半纤维素等也开始迅速分解。

由于各种好热性微生物的最适温度互不相同，因此随着堆温的变化，好热性微生物的种类、数量也逐渐发生着变化。在50℃左右，主要是嗜热性真菌和放线菌，如嗜热真菌属（Thermomyces）、嗜热褐色放线菌（Actinomyces thermofusous）、普通小单胞菌（Micromionospora vulgaris）等。温度升至60℃时，真菌几乎完全停止活动，仅有嗜热性放线菌与细菌在继续活动，分解着有机物。温度升至70℃时，大多数嗜热性微生物已不适应，相继大量死亡，或进入休眠状态。

高温对于堆肥的快速腐熟起到重要作用，在此阶段中堆肥内开始了腐殖质的形成过程，并开始出现能溶解于弱碱的黑色物质。同时，高温对于杀死病原性生物也是极其重要的，一般认为，堆温在50℃～60℃，持续6天～7天，可达到较好的杀死虫卵和病原菌的效果。

（3）降温和腐熟保肥阶段。当高温持续一段时间以后，易于分解或较易分解的有机物（包括纤维素等）已大部分分解，剩下的是木质素等较难分解的有机物以及新形成的腐殖质。这时，好热性微生物活动减弱，产热量减少，温度逐渐下降，中温性微生物又渐渐成为优势菌群，残余物质进一步分解，腐殖质继续不断地积累，堆肥进入了腐熟阶段。为了保存腐殖质和氮素等植物养料，可采取压实肥堆的措施，造成其厌氧状态，使有机质矿化作用减弱，以免损失肥效。

好氧堆肥工艺主要包括堆肥预处理、一次发酵、二次发酵和后处理四个阶段。堆肥工艺的主要参数为：一次发酵其含水率45%～60%，碳氮比30～35∶1，温度55 ℃～65 ℃，周期3天～10天。二次发酵其含水率小于40%，温度低于40℃，周期30天～40天。

（四）畜禽粪便厌氧微生物处理与资源化

畜禽粪便厌氧处理，无论是工艺、技术都已相当成熟。畜禽粪便经过厌氧发酵，可以有效地达到无害化和稳定化。但该技术能否成功地应用，关键在于资源化和二次污染的防止，农业区以畜禽饲养，粪便产沼，沼液沼渣制备肥这一套工程为龙头，带动生态农业建设，使洁净的生物能代替烧煤、烧柴，以有机肥代替，使环境改善，农牧业发展。

1. 厌氧—PSB—氧化塘工艺

由于不少养殖场缺乏就近还田利用沼液、沼渣的条件，而将他们排入环境仍然会造成严重污染。将厌氧处理、资源化技术与PSB处理、资源化技术和氧化塘生态工程技术结合起来，对畜禽粪便进行处理，可得到进一步降解净化，直至达标排放（图7-6）。

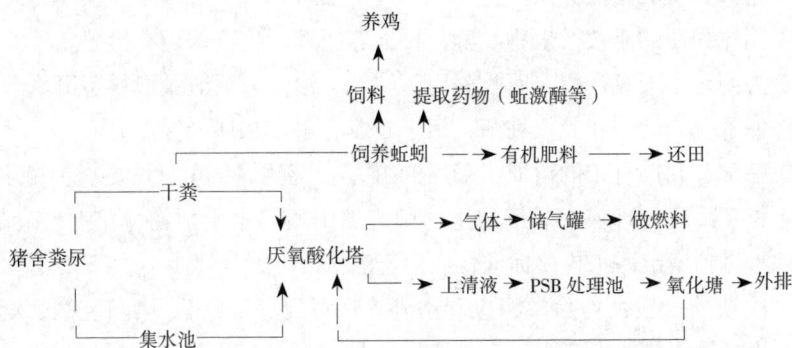

图7-6　猪粪尿处理工艺流程

2.微生物处理与资源化工程系统

在总结工艺的基础上，依据生态学、环境微生物学与环境工程学、肥料学与植物营养学，设计畜禽粪便微生物处理与资源化工程系统（图7-7），将畜禽粪便作为一种资源，通过微生物的作用，对畜禽粪便降解、转化，同时加以多级开发，变废为宝，从根本上消除畜禽粪便对环境的污染。

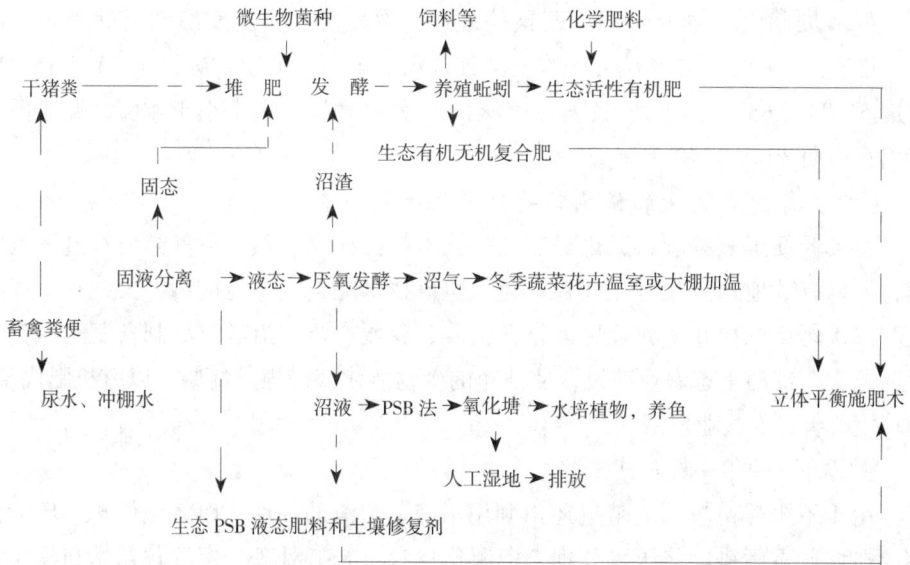

图7-7　畜禽粪便微生物处理与资源化工程系统图

（1）畜禽粪便的固液分离。

（2）固体粪便的高效微生物发酵，再饲养蚯蚓，生产优质有机肥。

（3）粪便污水厌氧产沼，回收利用甲烷气、沼液、沼渣做肥料还田。

（4）一部分粪液培养光合细菌，用于农业、水产和环境保护。

（5）一部分利用有余的沼液，采用PSB复合菌群好氧（自然复氧）净化处理。

（6）PSB净化处理液在后继的生物稳定塘中培养水生植物（花卉、蔬菜等），并使处理水达到城市污水排放标准，或用于灌溉。

（7）收获的水生植物除做相应利用外，还可以粉碎后以一定比例投入厌氧发酵装置，提高产沼量，生产饲料（单细胞蛋白）、肥料等产品。

（五）低等动物处理畜禽粪有机废弃物

采用家蝇、大平2号蚯蚓和褐云玛瑙蜗牛等低等动物，分别喂食畜禽粪、烂残菜叶、瓜果皮、生活垃圾等有机废弃物，通过封闭式培育蝇蛆，立体套养蚯蚓、玛瑙蜗牛，达到处理畜禽粪、生活垃圾的目的，在提供动物蛋白饲料的同时，提供优质有机肥。该方法经济、生态效益显著，但由于前期畜禽粪便灭菌、脱水处理和后期收蝇蛆、饲喂蚯蚓、蜗牛的技术难度大，加之所需温度较高而难以全年生产，故尚未得到大范围的推广应用，随着有关技术的解决，预计该项技术具有良好发展前景。

畜禽粪处理是在参照和引进国外先进技术，针对我国具体国情和经济状况基础上发展起来的，由于处理难度较大和各地情况差异，目前难有适合全国各地的新型高效处理技术。随着人们生活水平的提高和对环保要求的进一步上升，特别是随着我国生物技术水平的不断提高和有关机械及设备的进一步改进，形成高效低耗畜禽粪处理技术是完全有可能的。可以预料，畜禽粪便的资源化、无害化处理和综合利用是今后畜禽粪便处理利用的方向，将对我国农业可持续发展和农产品产量品质的提高及环境污染的治理带来良好效果。

我省集约化畜禽养殖场大多数采用堆肥自然发酵法，在资源化利用上研究不够，个体养殖户将畜禽粪便任意堆放，特别是郊区农村较为严重。我们应研究和改进国内外流行发酵技术的基础上，创立适合不同规模的新工艺，筛选出新型有效复合微生物菌种，将养殖场有机废弃物的脱水、发酵、除臭、无害化一次处理完成。随着有机农业的兴起，畜禽发酵有机肥料的应用将有广阔的前景。

第四节　畜禽养殖业污染治理技术

一、清粪工艺

规模化养殖清粪工艺主要有 3 种：水冲式、水泡粪和干清粪工艺。水冲式、水泡粪清粪工艺，耗水量大，并且排出的污水和粪尿混合在一起，给后处理带来很大困难，而且固液分离后的干物质肥料价值大大降低，粪中的大部分可溶性有机物进入液体，使得液体部分的浓度很高，增加了处理难度。采取干清粪方式清理畜禽养殖场，可以减少污水产生量，减轻后续废水处理难度，降低处理成本，提高畜禽粪便有机肥效，从而节约用水，保护环境。现有采用水冲粪、水泡粪清粪工艺的养殖场，应逐步改为干法清粪工艺。

表 7-14　不同清粪工艺比较

项　目	水冲式	水泡粪	干清粪
工艺流程	粪尿污水混合进入缝隙地板下的粪沟，由高压冲洗水冲入粪便干沟。	排粪沟中注入一定量水，粪尿、冲洗水等污水一并排入粪沟中，储存一定时间后，待粪沟装满，将粪水排出	粪便一经生产便分流干粪收集运走，尿及污水从下水道流出
污水水量（平均每头）（L/d）	35 ~ 40	20 ~ 25	10 ~ 15
污水水质（mg/L）	$BOD_5$5000 ~ 6000 COD_{cr}11000 ~ 13000 SS17000 ~ 20000	$BOD_5$8000 ~ 10000 COD_{cr}8000 ~ 24000 SS28000 ~ 350000	$BOD_5$200 ~ 800 COD_{cr}800 ~ 1500 SS350 ~ 3100
肥料价值	低	低	高
投资费用	粪污收集系统不需单独投资	粪污收集系统不需单独投资	人工清机械粪：低 清粪：高
运行费用	高	高	低
后处理难度	高	高	低
备　注	—	粪便长时间在粪沟停留，厌氧发酵产生臭气	

二、粪便处理技术

当前畜禽粪便处理的主要方法有土壤直接处理、干燥处理、堆肥处理和沼气发酵。

（一）土壤直接处理

土壤直接处理是把畜禽场的固体污物贮存在粪池中，直接用于土地做底肥，使其在土壤微生物作用下氧化分解。此法方便、简单，多为农村散养户采用。但粪便中的病菌、硝酸盐含量高，极易造成土壤、地表水、地下水等二次污染，我国畜禽业法律法规明确禁止未经无害化处理的粪便直接施用农田。

（二）干燥处理

干燥处理即利用能量（热能、太阳能、风能等）对粪便进行处理，减少粪便中的水分并达到除臭和灭菌的效果。此法多用于对鸡粪的处理，干燥处理后生产有机肥。

（三）堆肥处理

将畜禽粪便等有机固体废物集中堆放并在微生物作用下使有机物发生生物降解，形成一种类似腐殖质土壤的物质过程。堆肥是我国民间处理养殖场粪便的传统方法，也是国内采用最多的固体粪便净化处理技术，分为自然堆肥和现代堆肥两种类型。贮存在粪池中的粪便，也会进行一部分自然厌氧发酵。

（四）沼气发酵

沼气是利用畜禽粪便在密封的环境中，通过微生物的强烈活动将氧耗尽，形成严格厌氧状态，因而适宜产甲烷菌的生存与活动，最终生成可燃性气体。沼气技术将在后面单独论述，这里不进行分析。

表 7-15　不同粪便处理技术比较

分类处理		处理工艺或关键处理单元	优　点	缺　点	备　注
土壤直接处理		直接还田	处理方法简单	未经无害化处理，易造成病菌传播和环境污染	多为农村散户采用，法规明确禁止未经无害化处理的粪便直接施用于农田
干燥处理	自然干燥	土地或大棚	投资小、易操作、成本低	占地面积大，干燥效率低、受天气影响大、灭菌不彻底、臭味严重	多用于鸡粪干燥后进行后处理，也可用于生产有机肥
	机械干燥	干燥设备	干燥速度快、连续生产量大、杀菌除臭熟化快	投资高、能耗大，运行成本高	
堆肥	自然堆肥	自然堆放	处理方法简单，成本低，不受设备和场地限制	占地面积大，堆肥过程易出现臭味和霉变；无防渗措施容易污染地表水和地下水	大多数传统养殖场

分类处理		处理工艺或关键处理单元	优 点	缺 点	备 注
堆肥	现代堆肥	生物发酵塔（罐、池）	处理速度快，N、P等元素损失少，经济效益高，污染小	一次性投资较大	少数规模大，资金雄厚养殖场采用

表7-16　不同粪便处理经济、技术、环境指标

分类处理		经济指标			技术指标		环境指标	
		投 资	运行成本	生产效益	腐热度	灭菌效果	除臭效果	二次污染可能性
土壤直接处理		无	低	较高	低	无	无	很高
干燥处理	自然干燥	小	较小	较小	—	一般	较差	较高
	机械干燥	大	大	较小	—	好	好	小
堆肥	自然堆肥	小	较小	高	较高	较好	一般	较高
	现代堆肥	大 120元/t	较大 400元/t	较高 150元/t	高	好	好	小

　　不同粪便处理技术各有优缺点，畜禽养殖场应当结合自身具体情况，选择最适合的处理方式。根据实际情况，在一定范围内成立专业的有机肥生产中心，在农村大量用肥季节，养殖场通过各自分散堆肥处理直接还田；在用肥淡季，有机肥生产中心可将附近养殖场多余的粪便收集起来，集中进行好氧堆肥发酵干燥（尤其是现代堆肥法）制作优质复合肥。

三、废水处理技术

　　畜禽养殖业废水处理有还田利用、自然生物处理、好氧、厌氧及联合处理和沼气生态工程。沼气技术将在后面单独论述。

（一）还田利用

畜禽废水还田做肥料是一种传统、经济有效的处置方法，不仅能有效处理畜禽废弃物，还能将其中有用营养成分循环利用于土壤—植物生态系统，使畜禽废水不排往外环境，达到污染物的零排放，大多数小规模畜禽场采用此法。

（二）自然生物处理法

自然生物处理法是利用天然水体、土壤和生物的物理、化学与生物的综合作用来净化污水。其净化机理主要有过滤、截流、沉淀、物理和化学吸附、化学分解、生物氧化及生物吸收等。此法适宜周围有大量滩涂、池塘畜禽场采用。

（三）好氧处理法

利用好氧微生物的代谢活动来处理废水，在好氧条件下，有机物最终氧化为水和二氧化碳，部分有机物被微生物同化产生新的微生物细胞。此法有机物去除率高，出水水质好，但是运行能耗过高，适宜对污染物负荷不高的污水进行处理。

（四）厌氧处理法

在无氧条件下，利用兼性菌和厌氧菌分解有机物，最终产物是以甲烷为主体的可燃性气体（沼气）。厌氧法可以处理高有机物负荷污水，能够得到清洁能源沼气，但是有机物去除率低，出水不能达标。

（五）厌氧—好氧联合处理

联合两种生物处理方式，提高废水处理效率。不同废水处理技术列于下表：

表 7-17　畜禽养殖业废水常用的处理技术

分类处理	处理措施或处理工艺	出水去向	优缺点	备　注
还田利用	污水直接灌溉农田	出水还田	经济，但容易污染土壤和地下水	污染环境
自然生物处理法	氧化塘和养殖塘、土地处理和人工湿地等	出水还田或排入地表水或进入地下水	投资小，东西消耗少；占地面积大，净化效率相对较低，容易污染地表水和地下水	可实现污水的资源化利用
好氧处理法	氧化塘、土地处理、活性污泥法、生物滤池、生物转盘、生物接触氧化、SBR、A/O及氧化沟等	出水还田或排入地表水，生产的污泥还田	COD、BOD、SS去除率较高，可达到排放标准，但氮、磷去除率低，且工程投资大，运行费用高	实际单独应用较少

续　表

分类处理	处理措施或处理工艺	出水去向	优缺点	备　注
厌氧处理法	厌氧滤器（AF）、上流式厌氧污泥床（UASB）、污泥床滤器（UBF）、升流式污泥床反应器（USR）、内循环厌氧反应器（IC）、完全混合式厌氧反应器（CSTR）、两段厌氧硝化法	出水还田或排入地表水，产生的沼气作为能源	自身能耗少，运行费用低，且产生能源，但BOD处理效率低，难以达到排放标准，且产生硫化氢、氨气等恶臭污染物	实际应用多，UASB、USR作为核心工艺
厌氧—好氧联合处理	厌氧污泥床（UASB）+生物接触氧化或活性污泥法+氧化塘	出水灌溉、养殖或达标排入地表水，产生的沼气作为能源	投资少，运行费用低，净化效果好，综合效益高	

表7-18　畜禽养殖业废水常用处理技术经济、技术、环境指标

分类处理	处理措施处理工艺或关键处理单元	经济指标		技术指标	环境指标
		投资费用	运行费用	出水水质	环境效益
还田利用	污水直接灌溉农田	无	很低	污染物浓度很高	极易产生恶臭和地下水污染
自然生物处理法	氧化塘和养殖塘、土地处理和人工湿地等	很低	较低	较好	易产生臭气、地下水污染
好氧处理法	氧化塘、土地处理、活性污泥法、生物滤池、生物转盘、生物接触氧化、SBR、A/O及氧化沟等	较高10.0元/t	高46.6元/t	COD1%~98% BOD572%~95% TN74%>67% TP34%~42%	较好

续 表

分类处理	处理措施处理工艺或关键处理单元	经济指标		技术指标	环境指标
		投资费用	运行费用	出水水质	环境效益
厌氧处理法	厌氧滤器（AF）、上流式厌氧污泥床（UASB）、污泥床滤器（USR）、内循环厌氧反应器（IC）、完全混合式厌氧反应器（CSTR）、两段厌氧消化法	低9.9元/t	低1.0～2.0元/t	COD80%～90%BOD75%～90%30%	易产生臭气
厌氧—好氧联合处理	厌氧污泥床（UASB）+生物接触氧化或活性污泥法+氧化塘	较低17.3元/t	较低0.14～2.6元/t	95%90%90%TP90%	较好

综合来看，直接还田和自然生物处理法所需投资、运行费用低，适宜养殖规模小且有大量土地、滩涂、池塘地区采用，但需注意土壤及地表水、地下水污染。而大中型规模养殖场区污水生产量大、污染物浓度高，需根据不同条件采用厌氧、好氧或者联合处理工艺才能使污水处理达标。

四、规模化养殖场粪污处理工艺

规模化养殖场粪污的处理，目前多采用以生物处理为主的方法加以处理，其中，以沼气处理技术为核心的处理模式，其所有的处理技术过程符合生态学规律，运行成本较低，且能产生清洁能源，使得粪便、污水实现资源化利用，是规模化养殖场处理畜禽养殖污染物的首选工艺。

根据不同的养殖规模、资源量、污水排放标准、投资规模和环境容量等条件，畜禽场沼气工程项目的工艺流程有三种典型处理方式。

（一）能源生态型

1. 工艺流程

见图7-8。

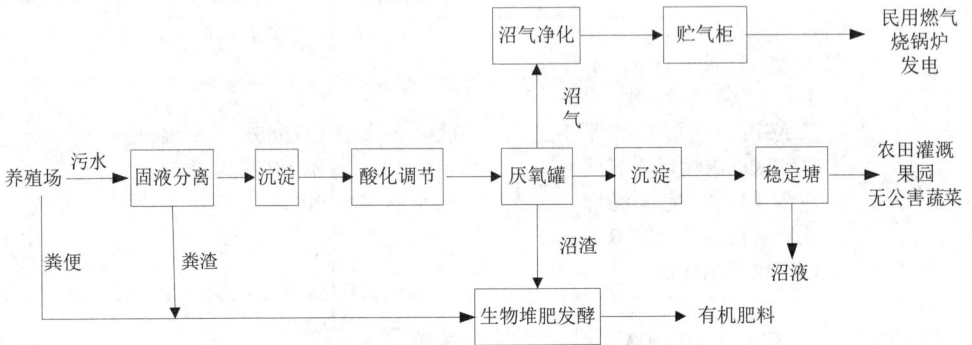

图7-8 能源环保型（中型）工艺流程

2. 工艺适用条件

养殖场规模：中小型养殖场规模，年出栏5 000头以下的猪场，或沼气资源量相当的养牛场、养鸡场，日处理污水量50 t以下。

养殖场周围应有较大规模的农田、果园、蔬菜地或鱼塘，可供沼液、沼渣的综合利用。

沼气用户与养殖场距离较近。

养殖场周围环境容量大，环境不太敏感和排水要求不高的地区。

3. 工艺特点

畜禽粪便污水可全部进入处理系统，进水COD_{cr}在10 000~20 000 mg/L。

厌氧工艺可采用全混合厌氧反应器（CSTR）、厌氧接触反应器（ACR）、升流式污泥床反应器（USR）。有机负荷1 ~ 2.5 kgCOD/（m³.d），HRT=8 ~ 10 d，COD去除率75% ~ 85%，池容产气率0.6 ~ 1.0 m³/（m³.d），厌氧出水COD在1 500 ~ 3 000 mg/L。

沼气利用方式：民用或小规模集中供气。

沼液、沼渣进行综合利用，建立以沼气为纽带的良性循环生态系统，提高沼气工程的综合效益。

4. 工程规模及投资分析

表7-18　工程规模及投资分析

养猪场规模（存栏量/头）	日处理量（m³）		厌氧罐规模（m³）	综合利用配套面积	日产沼气量（m³）	工程投资估算（万元）
	粪 便	污 水				
1 000	1.8	10	100	100亩农田、果园、鱼塘	80	30
3 000	5.4	30	300	300亩农田、果园、鱼塘	240	75
5 000	9.0	50	500	500亩农田、果园、鱼塘	400	120

注：1亩 =667m³

5. 优点

（1）工艺简单，管理、操作方便。

（2）沼气的可获得量高。

（3）工程投资少，运行费用低，投资回收期短。

6. 缺点

（1）工艺处理单元的效率不高。

（2）处理后的浓度仍很高，易污染周围环境。

（3）污染物就地消化综合利用，配套所占用的土地资源多。

（二）能源环保型

1. 工艺流程

见图7-9。

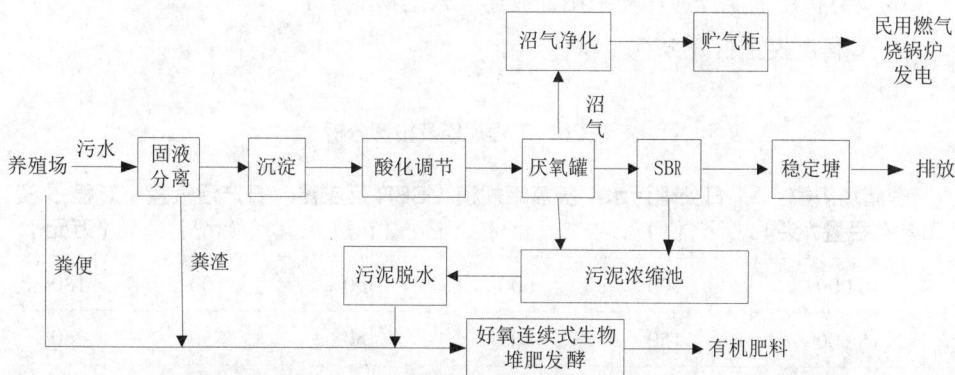

图7-9　能源环保型（大型）工艺流程

2.工艺适用条件

（1）养殖场规模：存栏 10 000 ~ 100 000 头的猪场，以及资源量相当的奶牛场、养鸡场。日处理量 100 ~ 1 000 吨，甚至 1 000 吨以上。

（2）排放要求高的城市郊区。

3.工艺特点

（1）养殖场必须实行严格清洁生产，干湿分离，畜禽粪便直接用于生产有机肥料，冲洗污水和尿进入处理系统，进水 COD_{cr} 在 5 000 ~ 12 000 mg/L，氨氮在 500 ~ 1 000 mg/L。

（2）污水必须先进行预处理，强化固液分离，沉淀，严格控制 SS 浓度。

（3）厌氧工艺可采用升流式厌氧污泥床反应器（UASB）或厌氧膨胀污泥床反应器（EGSB）。有机负荷 2.5 ~ 5 kgCOD/（m³·d），HRT=3 d，COD 去除率 80% ~ 85%，池容产气率 1.0 m³/（m³·d），厌氧出水 COD 在 700 ~ 1 000 mg/L。

（4）好氧处理工艺采用序批式好氧活性污泥法（SBR）反应器，在去除 COD 的同时，具有除磷脱氮效果，一般设两个反应器，交替曝气运行，每沉淀周期有进水、曝气、沉淀、滗水、闲置五个过程，每周期一般 8 小时，HRT=2 ~ 3 h，污泥负荷 0.08 ~ 0.15 kgBOD/（kgMLSS·d），容积负荷 0.2 ~ 0.5 kgBOD/（m³·d），COD 去除率 90% ~ 95%，氨氮去除率 95% 以上。此外该工艺自动化程度要求高，工艺运行技术参数可视实际情况灵活调整。

（5）出水达到畜禽养殖业污染物排放标准（GB18596 ~ 2001）。

（6）厌氧、好氧产生的污泥经浓缩、机械脱水压成含水率为 75% ~ 80% 的泥饼，可用于制作有机肥。

（7）沼气利用方式：发电、烧锅炉或肥料烘干。

（8）有机肥的生产应优先采用好氧连续式生物堆肥工艺。

4.工程规模及投资分析

表 7-20　工程规模及投资分析

养猪场规模 （年存栏量/头）	日处理污水 （t）	厌氧罐规模 （m³）	SBR 反应器 （m³）	日产沼气量 （m³）	工程投资 （万元）
10 000	100	600	300	500	180
15 000	150	900	450	750	260
20 000	200	1 200	600	1 000	350

续　表

养猪场规模 （年存栏量／头）	日处理污水 （t）	厌氧罐规模 （m³）	SBR 反应器 （m³）	日产沼气量 （m³）	工程投资 （万元）
40 000	400	2 400	1 200	2 000	700
60 000	500	3 600	1 800	3 000	1 000
80 000	800	4 800	2 400	4 000	1 250
100 000	1 000	6 000	3 000	5 000	1 500

5. 优点

（1）沼气回收与污水达标、环境治理结合的较好，适用范围广。

（2）工艺处理单元的效率高，工程规范化，管理、操作自动化水平高。

（3）对 COD、NH_3-N 的去除率高，出水能达标排放。

（4）有机肥料开发充分，资源得到综合利用。

（5）对周围环境影响小，没有二次污染。

6. 缺点

（1）工程投资较大，运行费用相对较高。

（2）管理、操作技术要求高。

（3）由于猪粪直接生产有机肥，沼气的获得量相对较少。

（4）占地面积较大。

（5）能源消耗大，净收益率低。

（三）热、电、肥联产零排放型

1. 工艺流程

见图 7-10。

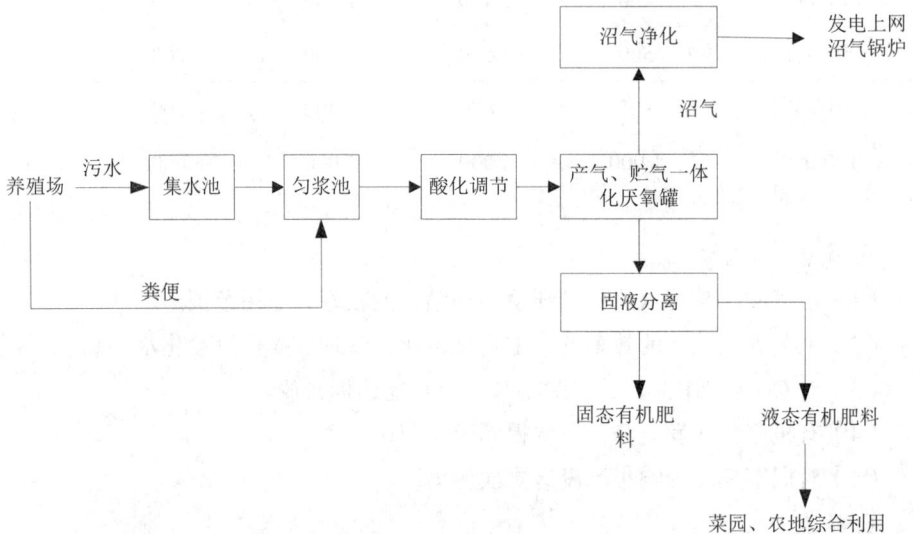

图 7-10　热、电、肥联产型工艺流程

2. 工艺适用条件

（1）养殖场规模：存栏量 1 000 头以上，实行干清粪的大中型猪场，或资源量相当的养牛场、养鸡场。

（2）周边有足够的农田、果园、饲料地等可以消纳沼肥。有配套的有机肥料厂，将高浓度的沼液、沼渣加工成商品有机肥。

3. 工艺特点

（1）养殖场粪尿分开，控制冲洗水及尿液加入量，控制厌氧进料的 TS 浓度。

（2）发酵物浓度高，一般 TS 在 8% ~ 12%，减小了装置规模，节省了用于物料增温的能耗，减少了沼肥的运输量，产气率可达 $1 ~ 2 \ m^3/(m^3 \cdot d)$。

（3）采用厌氧罐内搅拌，增强了罐内传质。

（4）产气、储气一体化，节省工程投资。

（5）脱硫工艺采用生物脱硫，比传统化学脱硫降低运行成本 70%。

（6）实现热电联供，余热用于冬季厌氧罐增温和蔬菜大棚供暖。夏季余热用于沼渣干化，生产有机肥料，净能源输出率 ≥ 90%。

（7）发酵后得到高浓度有机肥，并充分利用，实现废弃物零排放。

4.工程规模及投资分析

表7-21　工程规模及投资分析

养猪场规模 （存栏量/头）	日猪粪量 （TS 20%）（t）	日处理粪污 （t）	厌氧罐规模 （m³）	日产沼气量 （m³）	工程投资 （万元）
10 000	20	40	1 000	1 000	200
20 000	40	80	2 000	2 000	400
50 000	100	200	5 000	5 000	950
100 000	200	400	10 000	10 000	1 800
200 000	400	800	20 000	20 000	3 500

5.优点

（1）发酵原料浓度高，产气率高，用于物料增温的能耗少，降低了沼肥的运输量。

（2）采用先进的搅拌工艺及设备，罐内传质增强，减少了死区，解决了易酸化和易结壳等问题。

（3）产气、贮气一体化结构节省了工程投资。

（4）实现热电联供，余热用于冬季厌氧罐体增温，保证了系统全年正常稳定运行。

6.缺点

（1）工程规模大，投资较大。

（2）需要有足够的农田、果园或饲料地等消纳沼液沼渣，对配套设施要求高。

（四）干发酵工艺

1.干发酵发展情况

沼气干发酵是指以秸秆、畜禽粪便等有机废物为原料（干物质浓度在20%以上），利用厌氧菌将其分解为 CH_4、CO_2、H_2S 等气体的发酵工艺。沼气干发酵由于其发酵的干物质浓度高而导致的进出料难、传热传质不均匀、酸中毒等问题，是沼气干发酵的技术难点，对此国内外都进行了深入的研究。从20世纪40年代起，德国、法国和阿尔及利亚就开始运用批量式沼气干发酵技术。20世纪90年代，德国大量资助新型的间接式干法沼气发酵技术的研究，并与2000年投入实际运行。目前，国外沼气干发酵技术已经相对成熟，如车库型干发酵系统已经投入生产性应用，可进行规模化的沼气生产。

2.干发酵产气效果

国外大量研究结果表明，沼气干发酵产气效果良好。M.kottner利用车库型沼气干发酵系统，以牛粪和50%的接种物进行中温（35℃）发酵，在沼气干发酵开始后的 2 ~ 5 天后产气趋于稳定，甲烷含量保持在 60% ~ 65%，产气高峰在10 ~ 28 天内。F.kaiser等利用德国Bioferm公司的车库型干发酵系统进行中温发酵，牛粪产气率为 218.48L/kg TS，饲草的产气率为 191.36L/kg TS，绿化废弃物的产气率为 188.64L/kg TS，产气高峰都在前 30 天内。

3.干发酵造肥效果

营养成分是评价沼气干发酵造肥效果的一个重要方面。大量研究结果表明，沼气干发酵过程营养成分损失少，沼气干发酵、水压式沼气发酵、敞口沤肥、堆肥的全氮保存率分别为 91.7%、88.8%、74.9% 和 69.5%。而且，干发酵多采用高温工艺，杀卵灭菌效果好。

沼气干发酵技术能够保证畜禽粪便和作物桔梗在干物质浓度较高的情况下正常发酵，目前已在欧洲等国家开始生产应用。随着我国沼气技术的发展，大型干发酵将成为处理畜禽废弃物和农业废弃物的重要选择。

第五节　沼气与沼渣利用

一、沼气发电

目前，在大中型畜禽场沼气工程有许多成功应用沼气发电的实例，其所发电力可为自用或者上网，所采用的发电机组有两种形式：一是双燃料发电机组，二是单燃料发电机组。日期产气量少的可采用双燃料发电机组，大型沼气工程采用热电联供单燃料发电机组。

从发酵罐中出来的沼气通常含有 H_2O、水蒸气等杂质，且流量不太稳定，不能直接用于发电机组。要经过脱硫、脱水等净化处理，为调节峰值，需设贮气柜。朝气的热值在 20 ~ 23 kJ/ m^3 左右。根据经验，国产机组 1 m^3 沼气（ CH_4 含量 55% ~ 65% 之间）可发电 1.7 Kwh 左右，电效率在 30% ~ 35% 之间；国外机组可以达到 2.0 ~ 2.2 kWh，电效率 35% ~ 42%，总效率在 85% 以上。

（一）沼气发电的特点

发电机组可回收利用的余热有缸套水冷却系统和烟气回收系统。另外，有些机组的润滑油冷却系统和中冷器也可以实现余热回收。发电机组热效率可达40%以上，发电机组回收的热量，冬季可用于发酵罐的增温保温，以保证罐内发酵温度。另外，多余热量可用于居民采暖或蔬菜大棚等的供暖，节省燃煤。在夏季，发电机组余热可用于固态有机肥的干化处理，也可以与溴化锂吸收式制冷机连接，作为空调制冷。

（二）发电机组成

沼气发电是一个能量转换过程——沼气经净化处理后进入燃气内燃机，燃气内燃机利用高压点火、涡轮增压、中冷器、稀薄燃烧等技术，将沼气中的化学能转换为机械能。沼气与空气进入混合器后，通过涡轮增压器增压，冷却器冷却后进入气缸内，通过火花塞高压点火，燃烧膨胀推动活塞做功，带动曲轴转动，通过发电机送出电能。内燃机产生的废气经排气管、换热装置、消音器、烟囱排到室外。

根据德国沼气工程的经验，大型沼气发电机组均采用纯沼气的内燃发动机，中小型的工程多采用双燃料（柴油＋沼气）的发动机。

1.发电机

发电机将发动机的输出转变为电力，而发电机有同步发电机和感应发电机两种。同步发电机能够自己发出电力作为励磁电源，因此它可以单独工作。

2.余热回收

发电机组可利用的余热有中冷器、润滑油、缸套水和烟道气等。有些余热利用系统只对后两部分回收利用，有些则可实现上述四部分回收利用。经过一系列换热，可以从机组得到90℃的循环热水47.5 m³/h，供热用户使用。使用完后，循环水冷却至70℃左右，重新进行余热回收系统进行增温。热水由分水器分配至各处热用户。

二、沼气锅炉

在畜禽沼气工程中，沼气锅炉的主要用途是用于厌氧罐冬季增温和为场内生产和生活供热或蒸汽，可采用热水锅炉，也可采用蒸汽锅炉，主要取决对热能形式的需要。沼气锅炉的热效率较高，一般在90%以上，即沼气锅炉能把沼气中90%以上能量转换为热水或蒸汽加以利用，高于其他沼气应用方式的转换效率。

在使用沼气作为锅炉燃料时有两种情况，第一种，在沼气产量不很充足时，将沼气作为辅助燃料，与煤进行混燃。通常在普通煤锅炉（一般6 t/h以下）上改装，选择或制造合适该锅炉的沼气燃烧器，其优点是安全性好，并能提高燃煤效率。而缺点是如果脱硫不干净，有可能损伤锅炉。第二种是采用专门设计的燃气

锅炉，由于采取了全自动安全检查、吹风、

点火等措施，使用方便，热效率较高，安全性也较好。

三、居民燃气及集中供气

沼气作为民用燃料是畜禽场沼气工程最常应用的沼气利用方式。

沼气的热值常在 5 000 ～ 6 000 kcal/m³，高于城市煤气而低于天然气，是一种优良的民用燃料。沼气在经过净化、脱水和过滤后通过沼气输送管道进入用户，整个输配气系统类似于城市煤气，但由于沼气的燃烧速度较低，其燃烧器需要专门设计或到专用设备厂商处理购买，一般采用大气式燃烧器，燃烧器的头部一般均为圆形火盖式，火孔形式有圆形、方形、梯形、缝隙形。

一个 5 000 头猪场的沼气工程，冬季除去用于厌氧罐自身加热增温外，沼气可供 200 ～ 300 户集中供气使用。

四、沼气利用方式比较

在沼气利用时以上三种方式各有利弊和适用的场合。

在中小型畜禽养殖场或附近有较大量的居民时，沼气作为民用燃料直接燃烧是比较合适的选择。这是由于前两种用途需沼气量较大，而中小型畜禽养殖场沼气工程的沼气产量并不能满足其要求。同时，通过建立沼气输配气系统将沼气作为民用燃料仍是一种稳定而高收益的收入来源。

对于大中型畜禽养殖场而附近又不具备将沼气作为民用燃料直接出售条件的情况下，可选用前两种用气方式。沼气化作沼气发动机燃料和作为沼气锅炉燃料也各有优劣，沼气锅炉运行可靠，热效率较高，可用于生产蒸汽或热水，但其应用受季节限制，冬季需要蒸汽的养殖场较多，而在夏季需要蒸汽的养殖场较少。沼气发电机的配电系统与接网工程较为复杂，沼气直燃机国内目前还缺少大功率的合适产品。

较理想的情况是上述两种或三种应用的结合，如一部分沼气用于民用，而大部分沼气用于其他用途，如以热联供机组为主，配备小型沼气锅炉。沼气除了以上应用还可用于制冷、储粮、孵化和柑橘保鲜等。

五、沼液综合利用

将沼气发酵料液作为一般农家有机肥使用已经普及。沼液作为蔬菜生产肥料起了重大的作用，它可以提高蔬菜产量和品质、提高作物的抗病能力、提高种子发芽率、提高抗冻性等。

　　沼液成分相当复杂，在沼液中不仅有沼气微生物未利用的原料，即"残留物"，还有微生物的代谢产物。这些产物可分为三大类：第一类是作物的营养物；第二类是一些金属或微量元素的离子；第三类是对生物生长有调控作用、对某些病毒有杀灭作用的物质。这些代谢产物的农业利用开拓了沼气综合利用的新领域，在此基础上开展一些新的利用方法的研究和实践，如沼液浸种、沼液液面喷施、沼液水培、沼液喂猪、沼液养鱼等。

六、沼渣利用

　　沼渣含有较全面的养分和丰富的有机物，除了含有丰富的 N、P、K 和大量的元素外，还含有对作物生长起重要作用的 B、Cu、Fe、Mn、Zn 等微量元素，是一种缓速兼备具有改良土壤功效的优质肥料。连年施用沼气炸飞的试验表明，使用沼渣的土壤中，有机质与氮磷含量都比未施沼渣肥的土壤有所增加，而土壤容重下降，孔隙率增加，土壤的理化性状得到改善，保水保肥能力增强。施用沼渣肥后土壤理化性质的变化见表 7-22。

　　沼渣制取有机肥提高肥效、方便运输，但是有机肥设备投资较大。

表 7-22　　　　　　　　　　　　　　　施用沼渣肥后土壤理化性质的变化

项　目	PH	有机质 /%	含量 /%			有效量 /（mg/L）			容量 /（g/cm³）	孔隙率 /%
			氮	磷	钾	氮	磷	钾		
对照	7.62	1.37	0.062	0.154	1.58	73.5	32.9	79.4	1.37	48.7
施沼肥	7.62	2.17	0.080	0.156	1.64	96.2	36.3	112.8	1.18	55.0

第八章
我国的畜禽粪便污染防治政策

第一节　畜禽粪便污染防治的管理规定

一、中央层面的畜牧业环境污染防治政策

畜牧业环境污染问题引起了我国中央政府的高度重视。2014年1月1日，国务院颁布实施了《畜禽规模养殖污染防治条例》（国务院令第643号），该条例遵循"源头控制、分类管理、综合利用、激励引导"的原则，对畜禽规模养殖污染预防、综合利用与治理、激励扶持、法律责任等做了全面规定，目的在于为畜牧业环境污染防治提供法制保障，着力解决畜牧业发展与环境保护不够协调、养殖者的污染防治义务不够明确、养殖废弃物综合利用的规范和要求不够具体、污染防治和综合利用的激励机制不够完善等突出问题，提高畜牧业可持续发展能力，提升产业发展水平和综合效益，推动畜牧业转型升级。2012年11月14日，环境保护部、农业部联合印发《全国畜禽养殖污染防治"十二五"规划》，分析了我国畜禽养殖污染防治现状、问题和面临形势，提出了"十二五"时期畜禽养殖污染防治工作目标、主要任务和保障措施，为各地开展畜禽养殖污染防治工作提供了科学指导。纵观我国中央层面出台的畜牧业环境污染防治政策，主要可分为命令控制型政策和经济激励型两类。

（一）命令控制型政策

2001年以前，我国缺乏专门性的畜牧业环境污染防治法律法规，仅靠《环境

保护法》《水污染防治法》和《畜牧法》等法律法规，无法有效地防治畜牧业发展造成的环境污染。2001年以后，面对严峻的畜牧业环境污染形势，环境保护部相继出台了针对性的政策法规及标准（表8-1），其中：《畜禽养殖业污染物排放标准》首次明确规定了畜禽养殖业污染物排放标准（表8-2～表8-4），并提出了"无害化处理、综合利用"的总原则，规定，"畜禽养殖业应积极通过废水和粪便的还田或其他措施对所排放的污染物进行综合利用，实现污染物的资源化"；《畜禽养殖污染防治管理办法》（国家环境保护总局令第9号）规定，"畜禽养殖污染防治实行综合利用优先，资源化、无害化和减量化的原则"；《畜禽养殖业污染防治技术规范》（HJ/T 81-2001）规定，"沼液尽可能进行还田利用，不能还田利用并需外排的要进行进一步净化处理，达到排放标准"；《畜禽养殖业污染防治技术政策》（环发〔2010〕151号）从技术政策层面鼓励畜禽污染防治的专业化，鼓励因地制宜开展畜禽污染防治，并优先考虑畜禽粪便的综合利用。

表8-1　中央层面颁布的畜牧业环境污染防治政策法规

编　号	政策法规名称	发布单位	发布时间	实施时间
1	《畜禽养殖业污染物排放标准》（GB 18596-2001）	环境保护总局 国家质量监督检验检疫总局	2001-12-28	2003-01-01
2	《畜禽养殖业污染防治技术规范》（HJ/T 81-2001）	环境保护总局	2001-12-19	2002-04-01
3	《畜禽养殖污染防治管理办法》（国家环境保护总局令 第9号）	环境保护总局	2001-05-08	2001-05-08
4	《畜禽场环境质量及卫生控制规范》（NY/T 1167-2006）	农业部	2006-07-10	2006-10-01
5	《畜禽粪便无害化处理技术规范》（NY/T 1168-2006）	农业部	2006-07-10	2006-10-01
6	《畜禽养殖业污染治理工程技术规范》（HJ 497-2009）	环境保护部	2009-09-30	2009-12-01
7	《畜禽养殖业污染防治技术政策》（环发〔2010〕151号）	环境保护部	2010-12-30	2010-12-30

续　表

编　号	政策法规名称	发布单位	发布时间	实施时间
8	《畜禽养殖场（小区）环境监察工作指南》（试行）（环办〔2010〕84号）	环境保护部	2010-06-03	2010-06-03
9	《规模畜禽养殖污染防治最佳可行技术指南》（试行）（HJ-BAT-10）	环境保护部	2013-07-17	2013-07-17
10	《畜禽规模养殖污染防治条例》（国务院令第643号）	国务院	2013-11-11	2014-01-01

表8-2　集约化畜禽养殖业污染物日均排放浓度上限

控制项目	BOD_5（mg/L）	COD_{cr}（mg/L）	悬浮量（mg/L）	氨氮（mg/L）	总磷（以P计）（mg/L）	粪大肠菌群数（个/kg）	蛔虫卵（个/L）
标准值	150	400	200	80	8	1 000	2

注：数据来源于《畜禽养殖业污染物排放标准》（GB 18596-2001）。

表8-3　畜禽养殖业废渣无害化环境标准

控制项目	指　标
蛔虫卵	死亡率≥95%
粪大肠菌群数	≤ 10^3 个/kg

注：数据来源于《畜禽养殖业污染物排放标准》（GB 18596-2001）。

表8-4　集约化畜禽养殖业恶臭污染物排放标准

控制项目	指　标
臭气浓度（无量纲）	70

注：数据来源于《畜禽养殖业污染物排放标准》（GB 18596-2001）。

（二）经济激励型政策

　　面对严峻的畜牧业环境污染形势，我国政府陆续出台了一系列以沼气治污为主的经济激励政策（表8-5），鼓励畜禽养殖场配套建设沼气工程，促进了农村沼气工程建设快速增长。截至 2009 年底，我国建成沼气工程年累计 56 856 处，对我国畜牧业环境污染防治起到了显著的推动作用。

表 8-5　中央层面颁布的沼气治污经济激励政策

编　号	政策法规名称	发布单位	发布时间	政策要点
1	农村沼气建设国债项目管理办法（试行）	农业部	1993	农村沼气建设项目被纳入中央政府专项国债扶持领域
2	《大中型畜禽养殖场能源环境工程建设规划》（2001—2005 年）	农业部	2000	国家每年投入 6 000 万元用于畜禽养殖场沼气工程建设，重点建设 300 个示范工程，基本解决重点区域畜禽养殖场对周围环境的污染问题
3	《农村小型公益设施建设补助资金管理试点办法》（财办农〔2001〕74 号）	财政部	2001	对存栏 500 头以上的养猪场建 1 处向 100 户居民供气的小型沼气工程，国家财政补贴 10 万元
4	《可再生能源发电有关管理规定》（发改能源〔2006〕13 号）;《可再生能源发电价格和费用分摊管理试行办法》（发改价格〔2006〕17 号）;《可再生能源电价附加收入调配暂行办法》（发改价格〔2007〕144 号）	发改委	2006—2007	提出生物质发电的价格及费用分摊原则，电价标准由各省（自治区、直辖市）2005 年脱硫燃煤机组标杆上网电价加补贴电价组成。补贴电价标准为每千瓦时 0.25 元。发电项目自投产之日起，15 年内享受补贴电价；运行满 15 年后，取消补贴电价
5	关于进一步加强农村沼气建设管理的意见（农计发〔2007〕29 号）	农业部、国家发改委	2007	加大财政补贴力度，加快养殖场沼气工程建设，积极推广"统一建池、集中供气、综合利用"的沼气工程建设模式，加强沼气服务体系建设
6	关于印发养殖小区和联户沼气工程试点项目建设方案的通知（农办计〔2007〕37 号）	农业部、国家发改委	2012	鼓励发展养殖小区集中供气沼气工程和联户沼气工程，中央按沼气工程供农户数量予以补贴，中央资金主要用于沼气池及沼气输配设施建设

编　号	政策法规名称	发布单位	发布时间	政策要点
7	关于进一步加强农村沼气建设的意见（发改农经〔2012〕589号）	国家发改委农业部	2001	加快发展大中型沼气工程，提高向农户供气率和沼液沼渣利用率，建设一批技术装备水平高、推广潜力大的示范工程；进一步加大沼气的科技投入，提升沼气科技和装备的整体水平

注：数据来源于已发布的正式文件。

二、现有养殖业环境污染防治法规

1. 相关法律奠定养殖业污染防治法制基础

《中华人民共和国环境保护法》（1989）是我国畜禽养殖业污染防治法律法规最基本的法律依据。该法第二十条规定了各级政府应加强农业环境保护的责任，第二十四条明确了产污企业需履行环境保护及污染防治的责任，第二十八条对超标排放单位的处罚做出了明确规定。

《中华人民共和国农业法》（2002）第六十五条规定了从事畜禽、水产养殖的单位和个人须对废弃物采取无害化或综合利用，以防止造成环境污染和生态破坏。

《中华人民共和国固体废物污染环境防治法》（2005）第二十条、第七十一条分别对规模畜禽养殖场粪便污染防治处理及环境污染处罚做出了明确规定，指出了畜禽规模养殖场造成环境污染的，可处以5万元以下的罚款。

《中华人民共和国畜牧法》（2006）第三十九条明确规定了畜禽养殖场、养殖小区必须建设污染处理设施，第四十条对畜禽养殖场或养殖小区的选址做出了明确规定，第四十六条对畜禽养殖场、养殖小区的污染处理设施运转及污染赔偿做出了明确的规定。该法是我国第一部对畜禽养殖污染防治作了详细规定的法律。

《中华人民共和国动物防疫法》（2007）第二十一条首次对染疫动物及其排泄物、染疫动物产品，病死或者死因不明的动物尸体，运载工具中的动物排泄物以及垫料、包装物、容器等污染物无害化处理做出了规定。

《中华人民共和国水污染防治法》（2008）第四十九条对畜禽养殖场及养殖小区的废水及废弃物无害化及综合利用做出明确规定，第五十条明确了水产养殖应确定科学的养殖密度、合理使用饲料及药物等，以防止水产养殖造成环境污染。

《中华人民共和国循环经济促进法》（2008）第三十四条明确规定国家鼓励和

支持综合利用畜禽粪便，开发利用沼气等生物质能源，首次将养殖业污染物综合利用明确地写入法律。

《中华人民共和国清洁生产促进法》（2012）第二十二条提出改进养殖技术，实现农产品的优质、无害和农业生产废弃物的资源化，防止农业环境污染的规定。

2.规章文件为养殖业环境污染防治明确操作措施

为加强养殖业环境污染防治管理，有效解决养殖业造成的环境污染问题，我国先后制定并颁布了4项管理办法及条例等文件，有效促进了养殖业环境污染防治工作，特别是畜禽养殖业环境污染防治工作的开展。

2001年，国家环境保护总局颁布的《畜禽养殖污染防治管理办法》对我国境内畜禽养殖场的污染防治提供了规章依据。该管理办法确定了养殖场污染防治原则，在养殖场的环境评价、选址、污染控制设施"三同时"（《畜禽养殖污染防治管理办法》第八条规定，畜禽养殖场污染防治设施必须与主体工程同时设计、同时施工、同时使用，畜禽废渣综合利用措施必须在畜禽养殖场投入运营的同时予以落实），对排污申报登记、排放标准、排污许可证、排污费、超标准排污费、污染控制设施及措施、违法的法律责任等方面做出了具体的规定。2010年，环境保护部组织制定了《畜禽养殖业污染防治技术政策》，从清洁养殖与废弃物收集，废弃物无害化处理与综合利用，畜禽养殖废水处理，畜禽养殖空气污染防治，畜禽养殖二次污染防治，鼓励开发应用的新技术，设施的建设、运行和监督管理等七大方面，做出了畜禽养殖业在污染防治上如何从污染物产生源头进行减量化，污染物产生过程的减量化与处理等明确的规定，有效地指导了我国畜禽养殖业的环境污染防治工作，该政策的颁布标志着我国畜禽养殖业环境污染防治工作取得了巨大进步。

2011年，国务院颁布《饲料及饲料添加剂管理条例》明确指出，饲料、饲料添加剂新产品审定和首次进口饲料、饲料添加剂等应提供产品的环境影响报告和污染防治措施，以此防止饲料及饲料添加剂的生产、引进造成的环境污染。

2012年，环境保护部会同农业部完成了《畜禽养殖污染防治条例（征求意见稿）》，确定了畜禽养殖场、养殖小区的养殖污染预防，污染物综合利用及治理，污染预防及治理激励措施及污染防治相关机构人员的法律责任。该条例首次将激励措施纳入政府文件当中。

不仅如此，为了加强规模养殖场污染排放与治理的监督管理，环境保护部先后在《全国生态环境保护纲要》（2000）、《建设项目环境保护管理条例》（2002）、《关于加强农村生态环境保护工作的若干意见》（2004）、《关于加强农村环境保护工作的意见》（2007）、《关于实行"以奖促治"加快解决突出的农村环境问题实施方案》（2009）、《关于进一步加强农村环境保护工作的意见》（环发〔2011〕29号）中，对规模养殖场环境影响评价执行"三同时"制度，规模养殖场污水处理设施或畜禽粪便综合利用设施建设，畜禽养殖场分布区域选址，养殖废弃物的减量化、资源化、无害化处理，依据土地、水体承载能力确定养殖的种类、数量，鼓励生态养殖场和养殖小区建设，实施"以奖促治"等方式促进畜禽养殖污染整治做出了更加详细的规定。

这些管理条例、文件规章的颁布使我国养殖业污染防治方法措施、监督管理制度体系不断完善，标志着我国养殖业环境污染防治工作得到了相关政府管理部门及企业的重视，促进了我国养殖业环境污染防治管理效率的提高。

养殖业污染防治标准规范为污染防治管理提供技术支撑，除上述法律法规、管理条例、文件等对养殖污染防治做出明确规定外，我国也颁布了一些标准规范，为养殖业特别是畜禽养殖业环境污染防治提供了技术支持。例如，《粪便无害化卫生标准》（GB 7959-1987）对畜禽粪便的高温堆肥和沼气发酵的卫生标准做了相应规定。《畜禽养殖业污染物排放标准》（GB 18596-2001）对集约化、规模化的畜禽养殖场和养殖小区的布局，污染物控制项目，污染物的减量化、无害化和资源化，不同规模养殖小区水污染物、恶臭气体的最高允许日均排放浓度、最高允许排放量，畜禽养殖业废渣无害化环境标准做出了明确的规定。《畜禽养殖业污染治理工程技术规范》（HJ 497-2009）以我国当前的污染物排放标准和污染控制技术为基础，规定了集约化和规模化畜禽养殖场（区）在新建、改建、扩建中的污染治理工程设计、施工、验收和运行维护的技术要求，并对集约化和规模化畜禽养殖场（区）污染治理工程的污染物与污染负荷、总体设计、工艺选择、废水处理、固体粪便处理、病死畜禽尸体处理与处置、恶臭控制、劳动安全与职业卫生、施工与验收、运行与维护等做出了详细规定。

3.地方法规及管理办法等促进各地养殖业污染防治工作开展

各地为了控制畜禽养殖污染，纷纷制定地方性法律法规及规章制度。例如，早在1995年，上海市就制定了《上海市畜禽污染防治暂行规定》，除了对污染防治原则、养殖场选址、畜禽粪便处理、排污口设置、排污许可证、排污收费、病死畜体处理等相关内容做了常规性规定外，还细化了排污标准。2004年，上海市人民政府为了规范畜禽养殖行为，防治畜禽养殖污染，又制定了《上海市畜禽养殖管理办法》，对大中型畜禽养殖场、小型畜禽养殖场和散养畜禽的农户实行分类管理，对畜禽养殖污染防治、污染排放的监督，违反养殖规定的法律责任等做了详细规定。2006 年，天津市制定了《天津市畜禽养殖管理办法》，内容涉及畜禽污染防治。2007 年，成都市制定了《成都市畜禽养殖管理办法》。2010 年，常德市制定了《常德市畜禽养殖管理办法》。2012 年，四川省发布《关于加强畜禽养殖业污染防治推进生态畜牧业发展的意见》（川环发〔2012〕14 号），规定到 2015 年，生猪适度规模养殖比重达到 69.5%，出栏 500 头以上的规模养殖场 80% 完成配套建设固体废物和废水贮存处理设施，实施废弃物资源化利用，并提出构建利用畜禽粪污从事有机肥生产的生态畜牧业产业体系。此外，还确定畜禽养殖业污染防治的主要任务包含提高规模化畜禽养殖场排泄物治理水平、严格执行环境影响评价和"三同时"制度、加强畜禽养殖业环境保护长效监管等。

第二节　畜禽粪便污染物的排放标准

畜禽养殖业污染物排放标准 （GB 18596-2001）
批准日期　2001-12-28　实施日期　2003-01-01

为贯彻《环境保护法》《水污染防治法》《大气污染防治法》，控制畜禽养殖业产生的废水、废渣和恶臭对环境的污染，促进养殖业生产工艺和技术进步，维护生态平衡，制定本标准。

本标准适用于集约化、规模化的畜禽养殖场和养殖区，不适用于畜禽散养户。根据养殖规模，分阶段逐步控制，鼓励种养结合和生态养殖，逐步实现全国养殖业的合理布局。

根据畜禽养殖业污染物排放的特点，本标准规定的污染物控制项目包括生化指标、卫生学指标和感观指标等。为推动畜禽养殖业污染物的减量化、无害化和资源化，促进畜禽养殖业干清粪工艺的发展，减少水资源浪费，本标准规定了废渣无害化环境标准。

本标准为首次制定。

本标准由国家环境保护总局科技标准司提出。

本标准由农业部环境保护科研监测所、天津市畜牧局、上海市畜牧办公室、上海市农业科学院环境科学研究所负责起草。

本标准由国家环境保护总局于 2001 年 11 月 26 日批准。

本标准由国家环境保护总局负责解释。

1 主题内容与适用范围

1.1 主题内容

本标准按集约化畜禽养殖业的不同规模分别规定了水污染物、恶臭气体的最高允许日均排放浓度、最高允许排水量，畜禽养殖业废渣无害化环境标准。

1.2 适用范围

本标准适用于全国集约化畜禽养殖场和养殖区污染物的排放管理以及这些建设项目环境影响评价、环境保护设施设计、竣工验收及其投产后的排放管理。

1.2.1 本标准适用的畜禽养殖场和养殖区的规模分级，按表 8-6 和表 8-7 执行。

表 8-6 集约化畜禽养殖场的适用规模（以存栏数计）

类别 规模分级	猪（头） （25 kg 以上）	鸡（只）		牛（头）	
		蛋 鸡	肉 鸡	成年奶牛	肉 牛
I 级	≥ 3 000	≥ 100 000	≥ 200 000	≥ 200	≥ 400
II 级	500 ≤ Q<3 000	15 000 ≤ Q <100 000	30 000 ≤ Q <200 000	100 ≤ Q<200	200 ≤ Q <400

表 8-7 集约化畜禽养殖区的适用规模（以存栏数计）

类别 规模分级	猪（头） （25 kg 以上）	鸡（只）		牛（头）	
		蛋 鸡	肉 鸡	成年奶牛	肉 牛
I 级	≥ 6 000	≥ 200 000	≥ 400 000	≥ 400	≥ 800
II 级	3 000 ≤ Q<6 000	100 000 ≤ Q<200 000	200 000 ≤ Q<400 000	200 ≤ Q<400	400 ≤ Q<800

注：Q 表示养殖量。

1.2.2 对具有不同畜禽种类的养殖场和养殖区，其规模可将鸡、牛的养殖量换算成猪的养殖量，换算比例为：30 只蛋鸡折算成 1 头猪，60 只肉鸡折算成 1 头猪，1 头奶牛折算成 10 头猪，1 头肉牛折算成 5 头猪。

1.2.3 所有 I 级规模范围内的集约化畜禽养殖场和养殖区以及 II 级规模范围

内且地处国家环境保护重点城市、重点流域和污染严重河网地区的集约化畜禽养殖场和养殖区，自本标准实施之日起开始执行。

1.2.4　其他地区Ⅱ级规模范围内的集约化养殖场和养殖区，实施标准的具体时间可由县级以上人民政府环境保护行政主管部门确定，但不得迟于2004年7月1日。

1.2.5　对集约化养羊场和养羊区，将羊的养殖量换算成猪的养殖量，换算比例为：3只羊换算成1头猪，根据换算后的养殖量确定养羊场或养羊区的规模级别，并参照本标准的规定执行。

2　定义

2.1　集约化畜禽养殖场

指进行集约化经营的畜禽养殖场。集约化养殖是指在较小的场地内，投入较多的生产资料和劳动，采用新的工艺与技术措施，进行精心管理的饲养方式。

2.2　集约化畜禽养殖区

指距居民区一定距离，经过行政区划确定的多个畜禽养殖个体生产集中的区域。

2.3　废渣

指养殖场外排的畜禽粪便、畜禽舍垫料、废饲料及散落的毛羽等固体废物。

2.4　恶臭污染物

指一切刺激嗅觉器官，引起人们不愉快及损害生活环境的气体物质。

2.5　臭气浓度

指恶臭气体（包括异味）用无臭空气进行稀释，稀释到刚好无臭时所需的稀释倍数。

2.6　最高允许排水量

指在畜禽养殖过程中直接用于生产的水的最高允许排放量。

3　技术内容

本标准按水污染物、废渣和恶臭气体的排放分为以下三部分。

3.1　畜禽养殖业水污染物排放标准

3.1.1　畜禽养殖业废水不得排入敏感水域和有特殊功能的水域。排放去向应符合国家和地方的有关规定。

3.1.2　标准适用规模范围内的畜禽养殖业的水污染物排放分别执行表8-8、表8-9和表8-10的规定。

表8-8　集约化畜禽养殖业水冲工艺最高允许排水量

种　类	猪（m³/百头·天）		鸡（m³/千只·天）		牛（m³/百头·天）	
季节	冬季	夏季	冬季	夏季	冬季	夏季
标准值	2.5	3.5	0.8	1.2	20	30

注：废水最高允许排放量的单位中，百头、千只均指存栏数。春、秋季废水最高允许排放量按冬、夏两季的平均值计算。

表8-9　集约化畜禽养殖业干清粪工艺最高允许排水量

种　类	猪（m³/百头·天）		鸡（m³/千只·天）		牛（m³/百头·天）	
季节	冬季	夏季	冬季	夏季	冬季	夏季
标准值	1.2	1.8	0.5	0.7	17	20

注：废水最高允许排放量的单位中，百头、千只均指存栏数。春、秋季废水最高允许排放量按冬、夏两季的平均值计算。

表8-10　集约化畜禽养殖业水污染物最高允许日均排放浓度

控制项目	五日生化需氧量（mg/L）	化学需氧量（mg/L）	悬浮物（mg/L）	氨氮（mg/L）	总磷（以P计）（mg/L）	粪大肠菌群数（个/L）	蛔虫卵（个/L）
标准值	150	400	200	80	8	1 000	2

3.2　畜禽养殖业废渣无害化环境标准

3.2.1　畜禽养殖业必须设置废渣的固定储存设施和场所，储存场所要有防止粪液渗漏、溢流措施。

3.2.2　用于直接还田的畜禽粪便，必须进行无害化处理。

3.2.3　禁止直接将废渣倾倒入地表水体或其他环境中。畜禽粪便还田时，不能超过当地的最大农田负荷量，避免造成面源污染和地下水污染。

3.2.4　经无害化处理后的废渣，应符合表8-11的规定。

表 8-11　畜禽养殖业废渣无害化环境标准

控制项目	指　标
蛔虫卵	死亡率 ≥ 95%
粪大肠菌群数	≤ 10^3 个 / kg

3.3　畜禽养殖业恶臭污染物排放标准

3.3.1　集约化畜禽养殖业恶臭污染物的排放执行表 8-12 的规定。

表 8-12　集约化畜禽养殖业恶臭污染物排放标准

控制项目	标准值
臭气浓度（无量纲）	70

3.4　畜禽养殖业应积极通过废水和粪便的还田或其他措施对所排放的污染物进行综合利用，实现污染物的资源化。

4　监测

污染物项目监测的采样点和采样频率应符合国家环境监测技术规范的要求。污染物项目的监测方法按表 8-13 执行。

表 8-13　畜禽养殖业污染物排放配套监测方法

序　号	项　目	监测方法	方法来源
1	生化需氧（BOD_5）	稀释与接种法	GB 7488-87
2	化学需氧（COD_{cr}）	重铬酸钾法	GB 11914-89
3	悬浮物（SS）	重量法	GB 11901-89
4	氨氮（NH_3-N）	钠氏试剂比色法 水杨酸分光光度法	GB 7479-87 GB 7481-87
5	总 P（以 P 计）	钼蓝比色法	1）
6	粪大肠菌群数	多管发酵法	GB5750-85
7	蛔虫卵	吐温 – 80 柠檬酸缓冲液离心沉淀集卵法	2）

续　表

序　号	项　目	监测方法	方法来源
8	蛔虫卵死亡率	堆肥蛔虫卵检查法	GB 7959-87
9	寄生虫卵沉降率	粪稀蛔虫卵检查法	GB 7959-87
10	臭气浓度	三点式比较臭袋法	GB 14675

注：分析方法中，未列出国标的暂时采用下列方法，待国家标准方法颁布后执行国家标准。

1）水和废水监测分析方法（第三版），中国环境科学出版社，1989。

2）卫生防疫检验，上海科学技术出版社，1964。

5　标准的实施

5.1　本标准由县级以上人民政府环境保护行政主管部门实施统一监督管理。

5.2　省、自治区、直辖市人民政府可根据地方环境和经济发展的需要，确定严于本标准的集约化畜禽养殖业适用规模，或制定更为严格的地方畜禽养殖业污染物排放标准，并报国务院环境保护行政主管部门备案。

第三节　畜禽粪便污染防治的技术要求

一、完善畜牧业环境污染防治技术标准和规范

1.完善畜禽养殖污染物排放标准

以生猪养殖为例，现行的《畜禽养殖业污染物排放标准》（GB 18596-2011）仅对年存栏 500 头以上生猪养殖场纳入监管范围，根据《中国畜牧业年鉴》（2011年）发布的统计数据，2010 年我国存栏 500 头以上的畜禽养殖场年存栏生猪 16 131.15 万头，仅占全国当年生猪存栏的 34.54%（生猪存栏数据按出栏数据的一半折算），应进一步完善畜禽养殖污染物排放标准，扩大畜禽养殖环境监管范围。同时，各地要根据国家有关标准，结合当地畜禽养殖污染防治工作实际，制定地方性的畜禽养殖污染物排放标准。

2.完善畜禽养殖污染防治技术规范

一方面，地方政府尤其是县级政府应根据当地的自然条件和人文社会环境，结合国家相关技术规范标准，研究制定适于本地区的畜禽污染防治技术指南，作

为开展畜禽污染防治的技术依据；另一方面，围绕畜禽粪污资源化综合利用，研究制定适于本地区的沼液沼渣利用、粪肥还田利用、沼气制取、有机肥生产等技术规范。

3.探索建立畜牧业温室气体减排的技术体系

积极开展畜牧业温室气体排放监测技术与方法的研究，建立科学、可信和适于我国国情的畜牧业全生命周期温室气体排放清单，探索建立促进畜牧业温室气体减排的技术体系，科学评估我国畜牧业温室气体减排潜力，有助于我国畜牧业温室气体减排政策的制定。

二、加强畜牧业环境污染防治技术研发、示范和推广

以源头削减和综合利用为重点，鼓励开展畜牧业环境污染防治实用技术的研发，重点研发粪污处理和"三沼"综合利用等技术；以污染防治技术的经济适用性为重点，根据各地污染治理的实践，积极开展畜牧业环境污染防治技术筛选和评估，总结适于某一地区的污染防治的技术模式；选取建设成本低、运行费用低和易于管理维护的畜牧业环境污染防治技术模式，根据各地的实际情况，建设一批技术示范点，逐步摸索出有效的技术和管理模式，为技术推广提供经验；建立相应的畜牧业环境污染防治技术推广与服务体系，定期组织专家和技术人员，开展污染防治科技下乡活动，指导畜禽养殖场采用适宜技术开展污染防治。

三、畜禽养殖业污染防治技术规范

1　主题内容

本技术规范规定了畜禽养殖场的选址要求、场区布局与清粪工艺、畜禽粪便贮存、污水处理、固体粪肥的处理利用、饲料和饲养管理、病死畜禽尸体处理与处置、污染物监测等污染防治的基本技术要求。

2　技术原则

2.1　畜禽养殖场的建设应坚持农牧结合、种养平衡的原则，根据本场区土地（包括与其他法人签约承诺消纳本场区产生粪便污水的土地）对畜禽粪便的消纳能力，确定新建畜禽养殖场的养殖规模。

2.2　对于无相应消纳土地的养殖场，必须配套建立具有相应加工（处理）能力的粪便污水处理设施或处理（置）机制。

2.3　畜禽养殖场的设置应符合区域污染物排放总量控制要求。

3 选址要求

3.1 禁止在下列区域内建设畜禽养殖场：

3.1.1 生活饮用水水源保护区、风景名胜区、自然保护区的核心区及缓冲区。

3.1.2 城市和城镇居民区，包括文教科研区、医疗区、商业区、工业区、游览区等人口集中地区。

3.1.3 县级人民政府依法划定的禁养区域。

3.1.4 国家或地方法律、法规规定需特殊保护的其他区域。

3.2 新建、改建、扩建的畜禽养殖场选址应避开 3.1 规定的禁建区域。在禁建区域附近建设的，应设在 3.1 规定的禁建区域常年主导风向的下风向或侧风向处，场界与禁建区域边界的最小距离不得小于 500 米。

4 场区布局与清粪工艺

4.1 新建、改建、扩建的畜禽养殖场应实现生产区、生活管理区的隔离，粪便污水处理设施和禽畜尸体焚烧炉应设在养殖场的生产区、生活管理区的常年主导风向的下风向或侧风向处。

4.2 养殖场的排水系统应实行雨水和污水收集输送系统分离。在场区内外设置的污水收集输送系统，不得采取明沟布设。

4.3 新建、改建、扩建的畜禽养殖场应采取干法清粪工艺。采取有效措施将粪及时、单独清出，不可与尿、污水混合排出，并将产生的粪渣及时运至贮存或处理场所，实现日产日清。采用水冲粪、水泡粪湿法清粪工艺的养殖场，要逐步改为干法清粪工艺。

5 畜禽粪便的贮存

5.1 畜禽养殖场产生的畜禽粪便应设置专门的贮存设施，其恶臭及污染物排放应符合《畜禽养殖业污染物排放标准》。

5.2 贮存设施的位置必须远离各类功能地表水体（距离不得小于 400 m），并应设在养殖场生产及生活管理区常年主导风向的下风向或侧风向处。

5.3 贮存设施应采取有效的防渗处理工艺，防止畜禽粪便污染地下水。

5.4 对于种养结合的养殖场，畜禽粪便贮存设施的总容积不得低于当地农林作物生产用肥的最大间隔时间内本养殖场所产生粪便的总量。

5.5 贮存设施应采取设置顶盖等防止降雨（水）进入的措施。

6 污水的处理

6.1 畜禽养殖过程中产生的污水应坚持种养结合的原则，经无害化处理后尽量充分还田，实现污水资源化利用。

6.2　畜禽污水经治理后向环境中排放，应符合《畜禽养殖业污染物排放标准》的规定，有地方排放标准的应执行地方排放标准。

污水作为灌溉用水排入农田前，必须采取有效措施进行净化处理（包括机械的、物理的、化学的和生物学的），并须符合《农田灌溉水质标准》（GB 5084-92）的要求。

6.2.1　在畜禽养殖场与还田利用的农田之间应建立有效的污水输送网络，通过车载或管道形式将处理（置）后的污水输送至农田，要加强管理，严格控制污水输送沿途的弃、撒和跑、冒、滴、漏。

6.2.2　畜禽养殖场污水排入农田前必须进行预处理（采用格栅、厌氧、沉淀等工艺、流程），并应配套设置田间储存池，以解决农田在非施肥期间的污水出路问题。田间储存池的总容积不得低于当地农林作物生产用肥的最大间隔时间内畜禽养殖场排放污水的总量。

6.3　对没有充足土地消纳污水的畜禽养殖场，可根据当地实际情况选用下列综合利用措施：

6.3.1　经过生物发酵后，可浓缩制成商品液体有机肥料。

6.3.2　进行沼气发酵，对沼渣、沼液应尽可能实现综合利用，同时要避免产生新的污染，沼渣及时清运至粪便贮存场所；沼液尽可能进行还田利用，不能还田利用并需外排的要进行进一步净化处理，达到排放标准。

沼气发酵产物应符合《粪便无害化卫生标准》（GB 7959-87）。

6.3.3　制取其他生物能源或进行其他类型的资源回收综合利用，要避免二次污染，并应符合《畜禽养殖业污染物排放标准》的规定。

6.4　污水的净化处理应根据养殖种类、养殖规模、清粪方式和当地的自然地理条件，选择合理、适用的污水净化处理工艺和技术路线，尽可能采用自然生物处理的方法，达到回用标准或排放标准。

6.5　污水的消毒处理提倡采用非氯化的消毒措施，要注意防止产生二次污染物。

7　固体粪肥的处理利用

7.1　土地利用

7.1.1　畜禽粪便必须经过无害化处理，并且须符合《粪便无害化卫生标准》后，才能进行土地利用，禁止未经处理的畜禽粪便直接施入农田。

7.1.2　经过处理的粪肥作为土地的肥料或土壤调节剂来满足作物生长的需要，其用量不能超过作物当年生长所需养分的需求量。

在确定粪肥的最佳使用量时需要对土壤肥力和粪肥肥效进行测试评价，并应符合当地环境容量的要求。

7.1.3 对高降雨区、坡地及沙质容易产生径流和渗透性较强的土壤，不适宜施用粪肥或粪肥使用量过高易使粪肥流失引起地表水或地下水污染时，应禁止或暂停使用粪肥。

7.2 对没有充足土地消纳利用粪肥的大中型畜禽养殖场和养殖小区，应建立集中处理畜禽粪便的有机肥厂或处理（置）机制。

7.2.1 固体粪肥的堆制可采用高温好氧发酵或其他适用技术和方法，以杀死其中的病原菌和蛔虫卵，缩短堆制时间，实现无害化。

7.2.2 高温好氧堆制法分自然堆制发酵法和机械强化发酵法，可根据本场的具体情况选用。

8 饲料和饲养管理

8.1 畜禽养殖饲料应采用合理配方，如理想蛋白质体系配方等，提高蛋白质及其他营养的吸收效率，减少氮的排放量和粪的产生量。

8.2 提倡使用微生物制剂、酶制剂和植物提取液等活性物质，减少污染物排放和恶臭气体的产生。

8.3 养殖场场区、畜禽舍、器械等消毒应采用环境友好的消毒剂和消毒措施（包括紫外、臭氧、双氧水等方法），防止产生氯代有机物及其他的二次污染物。

9 病死畜禽尸体的处理与处置

9.1 病死畜禽尸体要及时处理，严禁随意丢弃，严禁出售或作为饲料再利用。

9.2 病死畜禽尸体处理应采用焚烧炉焚烧的方法，在养殖场比较集中的地区，应集中设置焚烧设施，同时焚烧产生的烟气应采取有效的净化措施，防止烟尘、一氧化碳、恶臭等对周围大气环境的污染。

9.3 不具备焚烧条件的养殖场应设置两个以上安全填埋井，填埋井应为混凝土结构，深度大于 2 米，直径 1 米，井口加盖密封。进行填埋时，在每次投入畜禽尸体后，应覆盖一层厚度大于 10 厘米的熟石灰，井填满后，须用黏土填埋压实并封口。

10 畜禽养殖场排放污染物的监测

10.1 畜禽养殖场应安装水表，对用水实行计量管理。

10.2 畜禽养殖场每年应至少两次定期向当地环境保护行政主管部门报告污水处理设施和粪便处理设施的运行情况，提交排放污水、废气、恶臭以及粪肥的无害化指标的监测报告。

10.3 对粪便污水处理设施的水质应定期进行监测，确保达标排放。

10.4　排污口应设置国家环境保护总局统一规定的排污口标志。

11　其他

养殖场防疫、化验等产生的危险废水和固体废弃物应按国家的有关规定进行处理。

第四节　一些地方性的畜禽粪便污染防治政策

一、北京市畜牧业环境污染防治政策

2002年，北京市农业局发布《北京市畜禽养殖场污染治理规划》，主要规定如下：一是合理调整养殖业区域布局，明确畜禽禁养区。养殖业逐步从近郊向远郊和山区转移，凡是新建的养殖加工企业一律要远离水源保护区、远离城镇、远离居民区；公路一环以内不再发展新的养殖业，现有的除特种养殖外，养殖场3年内都要逐步搬迁，县级以上公路和地表水源一级保护区、地下水防护区内禁止新建畜禽养殖场，做好现有养殖场搬迁。二是强化畜禽养殖场建场环保审批制度。新建规模养殖场（小区）要依照国家环保总局《畜禽养殖污染防治管理办法》的有关规定办理相关手续，由市农委、市农业局、市环保局联合审批；新建畜禽规模养殖场（小区）需严格执行环保"三同时"制度，提倡干清粪工艺，引导家庭散养向集约化养殖小区集中，从源头上防治畜禽养殖污染。结合畜禽粪便的综合利用和治理，建立有机肥厂，推广使用有机肥，促进有机农业的发展。三是按照"资源化、无害化、减量化"的原则对畜禽粪便进行综合利用和治理。采取人工捡拾清粪、建立场外或田间储粪池等措施，达到畜禽场外粪便收集贮存发酵不渗漏、不外溢，实现达标排放；粪便经加工处理后水分含量低于6%以下；畜禽场缓冲区有毒有害气体含量达到畜禽场环境质量标准；畜禽粪便经治理后实现与种植业有机结合的目标。2005年，北京市环保局继续开展规模化畜禽养殖场粪污治理工作，治理以猪场为主的养殖场50家，建成大型沼气工程10处，新增供气户500余户。2004年，北京市出台生态环境保护专项规划，强调结合农业结构调整和生态农业建设，控制郊区畜禽养殖业污染，要求2004年前五环路内、饮用水源保护区等地区的畜禽养殖业全部迁出或关闭，其他规模化畜禽养殖场的污水到2007年全部实现达标排放，粪便综合利用率达到90%以上。2006年，北京市出台《北京市"十一五"时期环境保护和生态建设规划》，认为郊区养殖业粗放式经营导致的

畜禽粪便污染仍未得到有效控制，提出按照生态农业建设的思路，开展规模化畜禽养殖场污染治理。2011 年，北京市印发《"十二五"时期主要污染物总量减排工作方案》，启动畜禽养殖污染减排，要求适度控制畜禽养殖规模，使北京市畜禽养殖规模控制在"十一五"末水平。

二、上海市畜牧业环境污染防治政策

上海市开展畜禽污染防治行动较早。早在 1995 年，上海市政府就颁布《上海市畜禽污染防治暂行规定》，要求"新建、改建和扩建大中型畜禽牧场，应当按照建设项目环境保护的有关规定办理申请审批手续"，并结合上海市水污染防治的要求，早于国家环保总局提出畜禽养殖业水污染排放标准，规定畜禽牧场应当严格按照规定的排放标准排放污染物，其中污水的排放标准为：（1）位于黄浦江上游水源保护区及准水源保护区内的，化学耗氧量（COD_{cr}）≤ 350 mg/L，生物耗氧量（BOD5）≤ 180 mg/L，氨氮（NH_3–N）≤ 80 mg/L；（2）位于上述地区以外的，化学耗氧量（COD_{cr}）≤ 400 mg/L，生物耗氧量（BOD5）≤ 200 mg/L，氨氮（NH_3–N）≤ 100 mg/L。2004 年，上海市政府发布《上海市畜禽养殖管理办法》，根据全市畜禽养殖污染防治的需要，把全市划分为畜禽禁养区、控制养殖区和适度养殖区，在适度养殖区鼓励发展规模化畜禽养殖。2000 年以来，上海市滚动实施环保三年行动计划，截至 2011 年底，第四轮环保三年行动计划结束，全市关闭、搬迁了273 家分布在黄浦江水源保护区、城镇周边等禁养区内以及规模小、污染重、管理差、布点不合理的畜禽养殖场，结合禽流感防治关闭了 890 家小型畜禽场；建成45 个畜禽粪便处理加工中心（工厂），年处理畜禽鲜粪便 60 余万吨，占畜禽粪便总量的 30%，解决了一大批畜牧场产生的畜禽粪便对周围河道环境污染的影响。同时，结合生态农业、循环农业建设，基本完成 30 个生态还田项目。

三、重庆市畜牧业环境污染防治政策

2007 年 9 月，重庆市政府出台《畜禽养殖区域划分管理规定和畜禽养殖区域划分及养殖污染控制实施方案》（渝府发〔2007〕103 号），结合全市畜牧业发展规划，按照总量控制的思路，划定畜禽养殖禁养区、限养区、适养区，对不同养殖区域实行不同的畜禽养殖污染防治办法，分年度对禁养区畜禽养殖场取缔、关闭、搬迁和限养区、适养区畜禽养殖场污染综合整治提出了目标任务。2010 年 11 月，重庆市政府印发《关于进一步加强畜禽养殖环境管理的通知》（渝府发〔2010〕343 号），进一步从严划定了全市畜禽养殖禁养区和限养区，并加大了对重点区域的畜禽养殖污染防治力度。截至 2013 年 5 月，重庆市共关停累计搬迁禁养区内规模化养殖场（户）3 516 个、畜禽 429.3 万头（只），拆迁圈舍面积 172.3 万平方米。2011 年 12 月，重庆市政府印发《重庆市"十二五"节能减排工作方案》（渝府发〔2011〕109 号），鼓励通过建设畜禽养殖场沼气治污工程，推广畜禽养殖零污染生态养殖技术。2012 年，重庆市环保局落实市级财政畜禽养殖减排专项资金 1 亿元，实施了 149 个畜禽养殖减排项目。自 2013 年实施的"田园行动"，从 2013 年至 2017 年，市级财政计划投资约 5 亿元，将实施 1 210 个规模化养殖场综合整治项目（130 万个生猪当量）、生态循环养殖 2 万户、清洁养殖示范 25 个养殖场、有机肥生产企业 10 家等，全面推动畜禽养殖业环境污染治理工作。

四、广东省畜牧业环境污染防治政策

2002 年 12 月，广东省委、省政府印发《关于加强珠江综合整治工作的决定》（粤发〔2002〕16 号），要求各市对辖区内的畜禽养殖场进行全面整治，对禁养区内的畜禽养殖场限期搬迁或关闭。由于《畜禽养殖业污染物排放标准》（GB 18596–2001）设定的纳入环境监管的畜禽养殖规模较大，广东省大部分规模化蛋鸡、肉鸡、肉鸭、肉牛养殖场无法纳入环境监管，导致国标监管范围之外的规模畜禽养殖污染难以有效控制。为此，2009 年 8 月，结合广东省畜禽养殖污染防治的需要，出台实施地方标准《畜禽养殖业污染排放标准》（DB 44/613–2009），该标准对畜禽养殖污染物排放的规定高于国标，并要求畜禽养殖场采用干清粪工艺，提倡畜禽粪污的综合利用。同时，《标准》对珠三角畜禽养殖污染物的排放制定了更为严格的标准。2010 年 7 月，广东省环境保护厅、农业厅联合印发《关于加强规模化畜禽养殖污染防治促进生态健康发展的意见》（粤环发〔2010〕78 号），认为加强畜禽养殖业污染防治和监督管理，对促进广东省污染物减排、改善农村人居环境、保障饮用水源安全和推动畜禽养殖业可持续发展具有十分重要的意义，要求在 2012 年前全面完成广东省禁养区畜禽养殖场（区）清理工作，广东省规模化养殖场（区）废弃物资源利用率达到 80%以上；2015 年，广东省规模化养殖场（区）废弃物资源利用率达到 90% 以上。大力推广生态养殖和标准化规模养殖模式，将污染治理、农村清洁能源开发和资源回收利用有机结合，不断提高养殖废弃物的综合利用水平，做到畜禽养殖废弃物减量化、无害化、资源化，减少对环境的污染。2012 年 5 月，广东省农业厅、省环保厅联合印发《广东省规模化畜禽养殖场（小区）主要污染物减排技术指南》（粤农〔2012〕140 号），为规模化畜禽养殖场（小区）新建、改建和扩建污染治理工程从设计、施工到运行的全过程管理提供了技术依据。

五、江苏省畜牧业环境污染防治政策

2012 年 8 月，江苏省农业委员会、省环保厅联合印发《关于进一步加强农业源污染减排工作的意见》（以下简称《意见》），认为以畜禽养殖业为主体的农业污染物排放量在总排污量中比重逐步增加，已经成为水污染物减排的重点。以畜禽养殖业为重点，开展农业源污染减排工作是促进江苏农业经济发展方式转变，改善农村环境质量，推进农村生态文明建设的必由之路。《意见》要求大力推动畜禽养殖场（小区）污染治理工程建设，"十二五"期间，每年建设完善 1 000 家左右的规模化畜禽养殖治污工程，积极转变畜禽养殖方式，并结合农村环境连片整治试点工作，合理规划建设区域畜禽粪污处理中心，通过政策激励、资金支持、技术指导等手段，对养殖场（小区）的污染物统一收集和处理，确保到 2015 年，全省规模化畜禽养殖场（小区）全部建设治污设施并稳定达标运行，实现畜禽养殖面源减排。

六、四川省畜牧业环境污染防治政策

为加强畜禽养殖污染防治，四川省委、省政府于 2007 年将规模化畜禽养殖污染治理纳入了全省"民生工程和惠民行动"，结合全省畜牧业发展规划，对规模化畜禽养殖的禁养区、限养区和适养区予以划定。2007 年 6 月，省环保局、省畜牧食品局出台了《省政府挂牌督办畜禽养殖污染源综合整治验收办法》，对重点畜禽养殖污染企业采取省政府挂牌督办的方式予以治理。2012 年 2 月，省环保厅、省畜牧食品局联合印发《关于加强畜禽养殖业污染防治，推进生态畜牧业发展的意见》（川环发〔2012〕14 号），要求以水污染防治重点区域内的规模化畜禽养殖场污染防治为重点，充分考虑区域资源环境承载力，科学划定畜禽养殖禁养区、限养区和适养区，开展畜禽养殖污染防治，加强畜禽养殖业环境保护长效监管，推动畜禽废弃物资源化利用，发展生态畜牧业，确保在 2015 年，全省出栏 500 头以上的规模养殖场 80% 完成配套建设污染防治设施，实现畜禽废弃物资源化利用，主要污染物化学需氧量、氨氮净削减率达 10 %。2012 年 4 月，四川省被环保部列为规模化畜禽养殖污染减排试点省，"十二五"期间，全省规模化畜禽养殖污染治理和综合利用率需达到 80%。2012 年 6 月，四川省政府发布《关于开展规模化畜禽养殖粪污综合利用试点示范工作的通知》（川环发〔2012〕16 号），在四川省选择 18 个县作为试点，开展规模化畜禽养殖粪污综合利用示范工作，并印发了《四川省规模化畜禽养殖粪污综合利用示范项目实施的技术要求》。为顺利推进试点示范县的畜禽养殖污染减排工作，明确了环保、发改、农业、畜牧四大部门的目标责任和工作任务。

第九章
畜禽养殖业清洁生产的国际经验

畜禽养殖业环境污染是世界各国都面临的问题，各个国家都经过先污染后治理这个阶段。早在 20 世纪 60—70 年代，世界上许多畜牧业发达的国家和地区就出现了畜禽粪便污染问题，在畜禽高度密集的地区，畜禽废弃物已成为主要的环境污染源。

许多发达国家在长期的环境污染防治管理过程中积累了一定的经验。对于畜禽养殖业的污染防治，发达国家主要是通过立法管理和简单利用来限制污染物的排放，大体分为以美国、加拿大为代表的农田利用、以欧洲国家为代表的农田限养和以日本为代表的达标排放等。

（1）美国、加拿大模式——农田利用

美国主要通过严格细致的立法从源头防治养殖业污染。立法将养殖业划分为点源性污染和非点源性污染进行分类管理。在 1977 年的《清洁水法》里将工厂化养殖业与工业和城市设施一样视为点源性污染，排放必须获得国家污染减排系统许可。明确规定超过一定规模的畜禽养殖场建场必须报批，获得环境许可，并严格执行国家环境政策法案。非点源性污染（散养户）主要是通过采取国家、州和民间社团制订的污染防治计划、示范项目、推广良好农业规范、生产者的教育和培训等综合措施科学合理地利用养殖业废弃物。同时，美国十分注重利用农牧结合来化解养殖业的污染问题。养殖业规模决定着种植业结构的调整，种植业面积反过来调节养殖数量，使得养殖业与种植业之间在饲草饲料、农作物和肥料 3 个物质经济体系间相互促进、相互协调，养殖场的动物粪便或通过输送管道或直接干燥固化成有机肥还农田，既防止环境污染又提高了土壤的肥力。

（2）欧盟模式——农田限养

20 世纪 90 年代，欧盟各成员国通过了新的环境法，规定了每公顷动物单位

（载畜量）标准、畜禽粪便废水用于农田的限量标准和动物福利（圈养家畜和家禽密度标准），鼓励进行粗放式畜牧养殖，限制养殖规模扩大，凡是遵守欧盟规定的牧民和养殖户都可获得养殖补贴。从1984年起，荷兰不再允许养殖户扩大经营规模，并通过立法规定每公顷2.5个畜单位的标准，超过该指标农场主必须缴纳粪便费。为了让畜禽粪便与土地的消纳能力相适应，英国限制建立大型畜牧场，规定1个畜牧场最高动物数限制指标为奶牛200头、肉牛1 000头、种猪500头、肥猪3 000头、绵羊1 000只和蛋鸡7 000只。德国则规定畜禽粪便不经处理不得排入地下水源或地面。凡是与供应城市或公用饮水有关的区域，每公顷土地上家畜的最大允许饲养量不得超过规定数量：牛3～9头、马3～9匹、羊18只、猪9～15头、鸡1 900～3 000只或鸭450只。

（3）日本模式——达标排放

日本的畜禽养殖业的清洁生产模式为达标排放型。20世纪70年代，日本养殖业造成的环境污染十分严重，此后日本便制定了《废弃物处理与消除法》《防止水污染法》和《恶臭防治法》等7部法律，对畜禽污染防治和管理做了明确的规定。例如，《废弃物处理与消除法》规定，在城镇等人口密集地区，畜禽粪便必须经过处理，处理方法有发酵法、干燥或焚烧法、化学处理法、设施处理等。《防止水污染法》则规定了畜禽场的污水排放标准，即畜禽场养殖规模达到一定的程度（养猪超过2 000头、养牛超过800头、养马超过2 000匹）时，排出的污水必须经过处理，并符合规定要求。《恶臭防治法》中规定畜禽粪便产生的腐臭气中8种污染物的浓度不得超过工业废气浓度。为防治养殖业污染，日本政府还实行了鼓励养殖企业保护环境的政策，即养殖场环保处理设施建设费50%来自国家财政补贴，25%来自都、道、府、县，农户仅支付25%的建设费和运行费用。

第一节　美国畜禽养殖业清洁生产

美国是世界上水体防治水平最高的国家之一，其科学的管理措施对我国畜禽养殖污染防治仍具有重要的借鉴意义。高度规模化是美国畜禽养殖的一大特点，2005年，奶牛养殖场的规模大都超过1 000头，80%的生猪养殖场规模都在1 000头以上，其中30%超过5 000头；畜禽养殖机械化程度高，其喂食、清洁等全部交由机械完成；畜牧业快速发展的同时，环境保护的工作也很到位，1990年针对100家牛场的调查中发现，有75%建设了人工粪池，73%进行了水体治理，42%进行了草场植树；充分发挥民间协会的力量，帮助政府推广环保计划，为农民提供信息和技术培训资助。实行点源和非点源结合是美国畜禽养殖的另一大特点，通过立法对养殖业的污染方式进行划分，设有专门的管理部门，对点源污染进行调控；政府通过各项污染防治计划、示范项目及生产者的综合素质教育等措施，对非点源层层把关，达到对养殖废物科学合理的利用；在环境保护方面形成了联邦、州和地方三级环境保护政策体系，并通过教育和培训提高各阶层养殖人员的生存竞争能力，为他们提供资金的支持，不仅解决了由于资金不足导致的经营中断，而且也提高了养殖者的积极性；通过农牧结合来防治养殖污染，在农场内部形成"饲草、饲料、肥料循环"的体系，合理利用废物以提高土壤的肥力，还解决了环境污染的问题。

（一）相关法规和政策

1.《清洁水法》

美国主要通过严格细致的立法来防治养殖业污染，立法将养殖业污染划分为点源性污染和非点源性污染进行管理。1977年的《清洁水法》将工厂化养殖业与工业和城市设施一样视为点源性污染，排放必须达到国家污染减排系统许可。明确规定超过一定规模的畜禽养殖场建场必须报批，获得环境许可，并严格执行国家环境政策法案。非点源性污染（散养户）主要是通过采取国家、州和民间社团制订的污染防治计划、示范项目、推广良好农业规范、生产者的教育和培训等综合措施科学合理地利用养殖业废弃物。该法案对畜禽养殖业生产规模给予了认真的考虑。例如，最初联邦政府企业污染物排放制度规定，饲养牲畜数量在1 000标准畜牧单位（如1 000头肉牛、700头奶牛、2 500头体重25千克以上的猪、12 000只绵羊或山羊、55 999只火鸡、18 000只蛋鸡或29 000只肉鸡）及以上但不向水域排放污染物的企业不需要领取排污许可证，因为这种企业不被认为是点污染源。该法案于1978年进行了修改和补充，任何畜牧饲养企业只要饲养牲畜数量达1 000标准畜牧单位就被认为是点污染源。

2.《联邦水污染法》

美国《联邦水污染法》中的规定侧重于畜牧场建场管理：规定1 000标准畜牧单位及以上的工厂化畜牧场必须得到许可才能建场；1 000标准畜牧单位以下，300标准畜牧单位以上的畜牧场，其污水无论排入贮粪池，还是排入水体中均需得到许可；300标准畜牧单位以下，若无特殊情况，可不经审批。

3.各州法规

畜牧业环境污染控制法规是由联邦政府制定的，原则上联邦政府的政策只是对某些州的环境提出质量标准，而对实现环境质量标准需要采取哪些政策措施，州一级政府会制定出更为详细的规章制度。艾奥瓦州负责水、空气质量管理的部门是自然资源局和环境保护委员会。这两个政府组织负责制定和监督全州水和空气的质量标准。自然资源局对畜舍建筑标准和获得畜牧业经营权制定了一系列的规章制度，环境保护委员会则对各种畜牧企业在生产过程中所采用的粪便、废水处理设施和操作程序提出了十分具体的要求。

（1）畜牧业经营许可证。露天敞开畜舍饲养牲畜数量在1 000标准畜牧单位以上的需要申请经营许可证，除非经营者能够提出书面证明，由于地形地貌等自然原因，该畜牧饲养场不会向州内任何水域排放污染物。目前，获得畜牧生产经营许可证的申请费用为3 000～5 000美元。

（2）建筑许可证。对采用封闭式畜舍，饲养牲畜数量少于200标准畜牧单位并用土坑作为粪便贮存设施的畜牧企业不需要申请建筑许可证。对采用同样的牲畜粪便贮存设施，但饲养牲畜数量达200标准畜牧单位以上者需要申请建筑许可证。采用厌氧粪便池作为粪便贮存设备的生产企业必须申请建筑许可证。采用地上粪便贮存池技术，饲养2 000标准畜牧单位以上的畜牧企业需要申请建筑许可证。任何畜牧饲养场的粪便处理设施的工程设计必须符合联邦政府和州政府的规定标准。

（3）粪便的土地利用限制。艾奥瓦州自然资源局与水质量委员会对土地施用粪便标准提出了如下指导性意见：第一年每亩作物地施用氮肥的最大数量不得超过181.6千克，以后每年氮肥的施用量应控制在113.5千克以下；每亩地磷肥的施用量不能超过作物所能吸收的水平。虽然这些建议还未能对生产者构成法律上的约束，但对牲畜粪便的土地利用方式起到了一定的限制作用。

近年来，美国政府对养猪场的环境保护格外重视，政府对猪场粪污的管理和要求很严格，尤其对大规模猪场。例如，在养猪者向所在州政府申请建一定规模猪场时，政府要求业主须有一定面积的土地供消纳粪污；在允许使用粪污做肥料之前，养猪场需派人到政府授权的州立大学去培训，经培训合格方可获得有关证书。

目前，大多数的美国猪场已经或即将面临严格的限制，即要求经处理合格的猪场废水也不允许进入场外的任何水体，不允许任何水体外排。而且美国对畜牧场造成污染的处罚相当严格，各州环境保护部门一般采用下列两种方法：每天罚金100美元以上，直至污染排除为止；可先清除污染，所花费用由造成污染的污染者负担。

（二）防治畜禽养殖环境污染的经验

美国十分注重利用农牧结合来化解养殖业的污染问题。养殖业规模决定着种植业结构的调整，种植业面积反过来调节养殖数量，使得养殖业与种植业在饲草饲料、农作物和肥料3个物质经济体系之间相互促进、相互协调，养殖场的动物粪便或通过输送管道或直接干燥固化成有机肥归还农田，既防止环境污染又提高了土壤的肥力。要求畜牧企业规模与土地面积相适应，即牲畜的饲养规模应该与农场主拥有的土地面积相适应，以保证生产者有足够的土地用于处理牲畜粪便。此外，美国十分重视经济手段的作用，畜禽场需要缴纳环境污染费用；部分州政府规定养猪者在修建猪舍之前预先交付一定数量的费用，保证金的多少根据畜禽场标准畜牧单位的多少决定，用于治理由环境污染可能带来的破坏后果。

第二节　欧盟畜禽养殖业清洁生产

欧盟是工业化最先起步的地区，由于在二战后过度追求经济效益，无科学的养殖计划、经营模式单一及过于集中放牧，导致环境污染的问题非常严重。在意识到环境保护的重要性后，欧盟出台了一系列政治法规，如实施了共同农业政策（CAP）和良好农业规范（GAP），在提高农民生活质量的同时，也改善了地方环境质量。在欧盟颁布的《饮用水指令》（1980）、《硝酸盐指令》（1991）和《农业环境条例》（1992）中，确定了饮用水中污染物的浓度标准，要求各成员国必须采取行动控制养殖废物产生的污染；采取经济奖励，鼓励粗放式放牧，通过减少放牧量、养殖适宜的品种、减少化肥的使用量来减轻环境的负担。欧盟对于畜禽养殖污染的治理态度是一致的，但欧盟各个国家在控制污染的过程中所实施的具体策略是有差异的。

20世纪90年代，欧盟各成员国通过了新的环境法，规定了每公顷动物单位（载畜量）标准、畜禽粪便废水用于农田的限量标准和动物福利（圈养家畜和家禽密度标准），鼓励进行粗放式畜牧养殖，限制养殖规模的扩大，凡是遵守欧盟规定的牧民和养殖户都可获得养殖补贴。根据农场的耕作面积安装粪便处理设备，通过减少载畜量、选择适当的作物品种、减少无机肥料的使用、合理施肥等良好农业规范减少对环境造成的负面影响。

从1984年起，荷兰不再允许养殖户扩大经营规模，并通过立法规定每公顷2.5个畜单位的标准，超过该指标农场主必须缴纳粪便费。

随着养殖业造成的污染不断增加，英国政府制定了有关的管理法律条文，如1991年颁布的《水资源法》是水污染控制的基本法律，该法第八十五条规定，未经批准不得将有毒有害或固体粪便排入任何受控水体；另外《保护土壤的农业活动导则》（MAFF1993）中规定，包括有粪便贮存的设施应距离水源100米以上，同时应保证设施有4个月的贮存能力。为防止源于养殖业的硝酸盐污染，英国划分了硝酸盐敏感区（NSA）和硝酸盐易损区（NVZ）。此外，《城乡总体发展规划法令》中规定，养殖场与任何保护性建筑之间应有400米以上的隔离区域；为了让畜禽粪便与土地的消纳能力相适应，英国限制建立大型畜牧场，规定1个畜牧场最高头数限制指标为奶牛200头、肉牛1 000头、种猪500头、肥猪3 000头、绵羊1 000只和蛋鸡7 000只。

法国的养殖业污染问题也十分突出，法国国家有关管理部门颁布了一系列的条文和规定，包括限制农场主的养殖规模。环境保护部规定了扩建畜禽场的特定区域，禁止在土地上直接播撒猪粪，防止污染空气和水源。法国的农业部和环境保护部共同颁布了《农业污染控制计划》（PCPAO），规定了养殖业生产状况的调整以及对氮、磷肥施用的限制。

德国在养殖业发展比较集中的地区存在一些环境问题，主要包括畜禽粪便对地下水、空气和土壤的污染，为此德国颁布了《回收利用与（养殖业）粪便法》（1994）和《肥料法》，规定了粪便回用于农田的标准，而且规定畜禽粪便不经处理不得排入地下水源或地面，凡是与供应城市或公用饮水有关的区域，每公顷土地上家畜的最大允许饲养量不得超过规定数量：牛3～9头、马3～9匹、羊18只、猪9～15头、鸡1 900～3 000只、鸭450只（表9-1）。

表9-1 部分欧盟国家关于畜禽废弃物贮存设施以及粪便还田的规定

国家	最低贮存时间（月）	是否规定贮存加盖（防止氨排放）	允许饲养的畜禽数量（头/公顷）	氨施用量 [千克/（公顷·年）]	是否允许秋季农田施用
丹麦	6～9	是	2.3		否
芬兰	12	否	2.5		是
法国	4～6	否	—	170	是
德国	6	否	3.0		否
荷兰	6	是	—		否
意大利	4～6	否	—	150～170	是
瑞典	8～10	是	2.5		是

荷兰作为欧盟畜禽养殖产业及环保政策的主要决策参与者，在污染防治、清洁生产、循环发展政策管理上形成了先进的理念和经验。从 20 世纪七八十年代起，荷兰陆续颁布实施了一系列法律法规，有效遏制了环境的恶化。鞭策性监管政策覆盖动物生产、物质流通、治污设施、施肥控制等各个方面，明确限定了每单位动物每年的氨气最大排放量，并要求粪污存储设施必须密封以阻止氨气泄漏；减少动物粪便贮存流失量，在适当耕作季节施粪肥；制定氮肥施入标准，减少施肥操作损失量，合理供给作物的养分。推行积极稳健的引导性财税政策，运用财政资金和补贴支持来刺激研究机构、企业和高校的研究积极性，使得创新技术和优质高效环保管理得以发展和实施。强化落实"以地定畜、种养结合"的畜禽养殖污染防治理念，以因地制宜的养殖方式，在一定区域内实现了种养平衡。优化废弃物中营养物质的综合利用技术，结合精细化管理和全程化的管控手段，实现高产、高效、低污染的目标。

丹麦除了遵守欧盟出台的各种政策法律法规外，还深度规范了本国的管理措施和执行标准。严格的法律法规约束手段和多种政策鼓励措施相结合，对畜禽养殖废弃物进行管理。由于不同的土壤对有机物的消纳额度不同，不同作物生长过程不同阶段需要的养分也不同，所以丹麦对于粪便的施用量和时间进行了严格的限定。中小型畜禽养殖场将种植业和养殖业有机结合，其中作物肥料和灌溉用水来自无害化处理后的畜禽粪便和冲洗废水，这在减少经营成本的同时，保持了种养平衡。在最初的农场规划中，为保证畜禽排泄物远离水源，要对土壤、坡度及环境风险等做细致的评估规划；运用多元化的管理渠道，注重在源头控制废弃物的排放，采取改变原料或通过先进技术达到减排的效果。在生态补偿机制方面，尊重农民的意愿，提供丰厚的经济补贴，让农民不仅愿意配合政府，还能够积极响应政府的号召。

第三节　加拿大畜禽养殖业清洁生产

加拿大土地资源丰厚，但其畜禽饲养量极少，对土地的负担较轻。长期以来，随着相关法律法规和技术管理的不断完善，在政府的财政鼓励及农牧协会的大力支持和引导下，加拿大对环境的保护意识愈加强烈。加拿大主要通过立法对畜禽养殖业的污染进行防治和管理。各省都制定了畜禽养殖环境管理相关的法律和技术规范，畜禽养殖场的选址及建设、畜禽粪便的储存与土地使用必须严格按相应要求执行。例如，拟建或扩建养殖场必须向市政主管部门提出申请，主管部门根据其规模和周边环境状况，确定最小间距，并审核是否符合要求。农场主必须制订对畜禽粪便处理的营养管理计划。畜禽粪便的土地消纳利用是主要的污染治理方法，养殖过程产生的污水不得排放到河流中，以减少污水处理资金的投入。政府还会每年检查养殖场深井水水样的粪便污染情况，有违规或是造成环境污染的，地方环境保护部门将依据《联邦渔业法》及本省的有关法规条款对其进行处罚。加拿大也与其他发达国家一样，禁止畜禽排泄物流入水体中，实行循环种养模式，减少环境污染及不必要的资金投入。

加拿大对畜禽养殖业环境污染的管理主要集中在各联邦省，由各联邦省制定本辖区畜禽污染控制措施。目前，畜禽粪便环境污染的管理还没有专门法规，但为了加强畜禽污染防治工作，由各省制定畜禽养殖业环境管理的技术规范，主要针对水源的污染，臭气的散发，土壤中磷、氮的污染等问题。

加拿大政府认为畜禽养殖场建设是控制畜禽污染的重要措施，通过对畜禽养殖场建设的管理来控制畜禽养殖污染的源头。为此，加拿大实行了新办牧场审批制度。凡新办牧场，在申报表中必须注明牧场所在的地貌条件、与水源的距离、可消纳粪便的土地面积、土壤养分平衡条件、化粪池容积、死亡畜禽的管理情况等内容。新的审批制度要求新建养殖场须确定最小间隔距离（畜禽养殖场距邻近建筑的最小间隔距离）、制订营养管理计划（畜禽养殖场对畜禽粪便的贮存、使用所采取措施等计划）并通过评审（营养管理计划必须提交市政主管部门或由第三方进行评审，经批准后方可发放生产许可证）。

加拿大各省制定畜禽养殖业环境管理技术规范，其目的就是向新建、扩建集约式畜禽饲养场提供指导，包括粪肥管理的指导，如何保护地下水、地表水及土地资源，减小畜禽饲养对环境及土地的影响，降低集约式畜禽饲养的不利影响等。主要内容包括：

1.畜禽养殖场选址及建设

加拿大各省对畜禽养殖场选址极为重视，为防止畜禽养殖场对周围居民的影响，畜禽养殖场与周围居民建筑之间必须符合最小间隔距离。最小间隔距离与畜禽养殖场的养殖类型和规模有关，养殖规模越大，最小间隔距离越远。另外还与养殖场周围的人口密度、环境功能类型等因素有关。为防止污染和臭气散发对周围的影响，一般要求养殖场必须距离城镇和村庄800米以上。

2.畜禽粪便土地利用（处理）要求

加拿大对畜禽粪便主要采取土地消纳的政策，通过有效的管理解决畜禽粪便污染问题。根据牧场规模不同，对粪便施放的要求也不同。例如，饲养 30 头以下母猪（或 58 头肥猪），可随时把粪便直接撒到地里；30～150 头母猪就要每 2 周撒施 1 次；150～400 头母猪的规模要有贮粪池，每半年清空 1 次；400 头以上规模则要建化粪池，每年清空 1 次，因此需要有足够的容积。

3. 粪便贮存设施

粪便贮存场址的选择要考虑对地下水的影响。其地下水埋深、洪水发生可能、土壤渗透性等应符合规定的要求；贮存设施要有防渗措施，以防止粪肥贮存过程中污染地下水。若黏土层上建粪池，可直接建造土坑，也可用一层不渗水的塑胶膜填在坑内；在沙土上建粪池，要求用水泥或玻璃钢做成不渗漏的贮粪池。粪便贮存容积要满足要求，一般要求贮存池的设计容量必须达到能够容纳 9 个月粪便的贮存量。

4. 畜禽粪便的土地利用

畜禽粪便的土地利用是解决粪便污染的有效措施，但也会造成对环境的面源污染。因此，为了安全使用畜禽肥，在技术规范中规定应根据当地土壤性质、肥力状况、水文条件，制订该地区具体的畜禽粪便使用方法、使用量、使用次数和使用时期。

应充分考虑到在对周围邻居的气味影响最小时施用粪便。例如，利用有利天气播撒粪便，风等能很好地帮助掩盖臭味，并减小养分损失；粪便应在施用的 48 小时内混入土地，耕地、犁地和直接融入土壤是可行的混合方法；除非播撒粪便土地的负责者能够证明播撒不会对地下水和地表水产生负面影响，或不会产生大的臭味，否则绝不能在冰雪覆盖的土壤上播撒粪便等；要求土地面积与粪便总量相平衡，一般要求每公顷土地的猪粪尿用量为 57～114 吨，或每亩地用 2 头育肥猪的粪便。

从加拿大畜禽污染的管理状况可以看出，对畜禽粪便环境污染的管理主要以充足的土地进行消纳作为解决畜禽污染的出发点，对畜禽污染的治理以畜禽粪便的利用为主，实现畜牧业与种植业的高度结合，产生的粪便及污水经还田得到利用，基本没有污染物的排放，无须投入大量污染治理设施。在一些邻近城市的集约化养殖场，产生的污水也经处理再进入城市污水管网，粪便经堆肥、发酵后还田使用或生产成商品有机肥。同时，加强对畜禽养殖场建设的管理，严格核发生产许可证，从源头控制畜禽养殖业对环境的污染。

第四节　日本畜禽养殖业清洁生产

日本注重运用法律手段来解决畜禽养殖污染问题。20世纪60年代，该国的环境污染愈演愈烈，国会于1970年11月举行特别会议集中讨论如何解决环境公害问题，随后制定与修改了一系列的政策法规对环境污染进行治理。其中与畜禽养殖污染防治相关的法律主要有1967年制定的《公害基本法》、1970年制定的《防治水污染法》《废弃物处理法》《农业用地土壤污染防治法》、1971年制定的《恶臭防治法》等。《公害基本法》扮演着环境污染治理基本法的角色，在畜禽养殖污染防治上发挥了重要作用，直到1993年被废止，其地位被同年制定的《环境基本法》所取代。日本《环境基本法》是在环境污染问题由局部地区向全球扩散的背景下制定的，政府意识到不仅是生产行为，还包括普通民众的个体行为都会对环境产生不利影响。《环境基本法》第十五条规定，国家和地方政府必须制定环境基本计划。2006年的国家环境基本计划显示：畜禽养殖污染环境问题还没有得到有效的解决，来自畜禽粪便和污水中的硝酸盐氮、亚硝酸盐氮对水体造成了严重污染。《防治水污染法》对畜禽污水的排放标准进行了详尽的阐述，对达到一定数量标准的养殖场要求其必须按照法律的规定对污水进行处理。如规模在2 000头以上的养猪场或养马场以及800头以上的养牛场，向公共水体排放污水之前必须向都、道、府、县申报设置污水处理设施，并按排水标准表排放养殖污水。《废弃物处理与消除法》对畜禽粪便与尿液的处理方式做了详细的规定，包括粪尿分离、设施处理、化学处理、发酵处理、充分盖土、焚烧等方法。被定义为"工业废弃物"的畜禽尸体与排泄物必须严格按照法律的规定处理，在自己的土地上随意丢弃或埋葬畜禽尸体的行为是违法的。《恶臭防治法》详细罗列了由畜禽粪便引发的八种恶臭气体的排放浓度标准，并要求其排放要低于工业废气排放的浓度。

日本政府对畜禽养殖业的投入机制比较成熟，经济上的资助与科研上的投入有利于畜禽养殖业的持续发展。达到一定规模的畜禽养殖者在购置农用机械、设置污染防治设施以及进行污染治理上会得到政府的补贴，50%的费用来自中央政府，25%的费用来自都、道、府、县，剩下25%的费用可以从金融机构贷款，大大减轻了畜禽养殖者进行污染防治的经济压力。在治理畜禽粪便的科技研究投入方面，中央政府和地方政府拨给公立科研机构的研究经费超过了国内农业生产总值的2%，对民间科研经费的投入占全国科研经费的五分之二。日本农林水产局指导畜禽养殖业的发展与污染治理工作，要求畜禽养殖场设置污染防治设施，促进畜禽养殖户与种植户的互动与合作，利用土地的容纳能力消解畜禽粪便。农林水产局会补助与畜禽环境保护相关的项目，如改善畜禽经营的环境项目、实现畜禽粪尿处理的新技术利用项目、防治畜禽环境污染的对策项目、促进畜禽业合理布局的项目等。

　　日本重视行业组织制度建设，形成了现代化的产业组织体系。日本的畜禽养殖业与美国、加拿大相比生产规模较小，主要以家庭式的经营方式为主。但是这种分散式的经营并没有影响体系化与组织化的发展，因为各种畜禽养殖行业协会及互助合作组织将畜禽养殖的整个过程与每个环节有机地结合在一起，形成了力量强大的组织体系。各种类型的行业协会与合作组织为内部成员提供畜禽养殖与污染防治的咨询与服务，包括科学的养殖知识、先进的污染防治经验、可靠的市场供求信息、生产行为的指导、销售的渠道与途径等。在行业协会与合作组织的指导与协调下，单个畜禽养殖者将饲养、加工、销售、流通以及污染防治的行为纳入到整个行业的组织体系中，这种现代化的产业组织体系可以节约各方面的成本支出，增加养殖者的经济收益，引导整个行业健康发展。

第十章
我国畜禽养殖业清洁生产的对策及建议

第一节 我国畜禽养殖业清洁生产之法律法规完善

国内外十多年的清洁生产实践证明，推行清洁生产是实现可持续发展的必由之路已成共识，在推行清洁生产的初始阶段，必要的政策扶持、资金倾斜必不可少，但要长期持续有效地推行清洁生产，必须把推行清洁生产纳入法制轨道。

对此，全球的发展趋势都一致。例如，美国的《污染预防法》，丹麦的《环境法》，加拿大的《投资法》《环保法》等，都从法律上明确了污染预防的法律地位。我国的《中华人民共和国环境保护法》确定了环境保护在中国的法律地位，修订后的《中华人民共和国水污染防治法》《中华人民共和国大气污染防治法》《中华人民共和国固体废物污染防治法》都不同程度地加进了清洁生产的内容。

一、加大对养殖业环境污染的防控力度

加大对养殖业环境污染的防控力度，将养殖业污染排放纳入地区总量控制目标，建立农村养殖业环境污染的政府考核制度和责任追究机制。综合运用税收、信贷、价格等优惠政策鼓励企业和农户进行污染防治。

（一）制定实施养殖业环境污染防治条例

研究制定养殖业污染相关法律法规，加大养殖业污染执法力度。在对养殖业环境污染的问题和发展趋势进行全面研究的基础上，出台包含畜禽、水产、特种养殖行业的环境污染防治条例及管理办法。

养殖业环境保护法律法规同时应着重考虑废弃物资源化和循环利用等原则，因地制宜地处理和利用养殖业废弃物，保证资源的有效利用。对养殖业的用地、用水的管理应有细化的法律条文规定，对生活饮用水水源保护区、风景名胜区、自然保护区的核心区及缓冲区要严格限制畜禽、水产和特种养殖的发展，水产养殖要在满足环境保护标准的基础上合理规划、适度开发利用河流和滩涂。完善养殖业的排污费和污水处理费征收政策，建立养殖生态环境补偿制度与取水权、用水权机制；建立养殖业可持续发展认证制度，促进养殖行业对养殖场、渔场等环境的改善和防止特定养殖动物传染性疾病蔓延的措施，确保养殖业的可持续发展。

根据《中华人民共和国环境保护法》《中华人民共和国畜牧法》《中华人民共和国水污染防治法》和《中华人民共和国固体废物污染环境防治法》等法律研究制定《畜禽养殖污染防治条例》。提高对养殖业环境污染行为的惩罚力度，提高畜禽养殖环境保护法律法规的法律地位，促进执法的顺利开展，进一步扩大对畜禽行业的管理范围。进一步细化《畜禽养殖业污染物排放标准》的相关规定以及相关技术标准。针对水产养殖的特殊性，研究出台水产养殖防治污染办法，针对水产养殖过量投料和无限制扩大养殖量的现状，要研究出台对养殖水域进行严格管理的环境管理法律法规。高度重视特种养殖的潜在环境威胁，在相关的环境应急法律法规中应将特种养殖的环境问题纳入管理范围。

（二）将农村的污水排放纳入总量控制范围

基于总量控制的原则，根据区域的环境容量、养殖结构、排污状况划定区域的畜禽养殖总量控制区，根据水产养殖的不同鱼种进行养殖量的总量控制，减少养殖业对水体的污染。个别污染严重、生态敏感性强的地区应严格控制养殖或禁止养殖，对不堪重负的水域实施"休养生息"。加大对养殖业项目的环境影响评价力度，完善养殖业建设项目环境影响评价制度，制定包括畜禽、水产、特种动物行业养殖废弃物的综合利用方案和措施。同时加大"三同时"政策力度，未经环保部门验收，相关的养殖场（小区）不得投入生产和使用。

（三）将农村环境指标纳入地方政府考核制度

将污染排放总量控制和群众环境健康两项指标纳入地方政府的考核制度。要将县、乡两级政府作为养殖业环境考核的重点，县一级主要考核其污染排放总量指标。将养殖业环境保护的两项指标纳入县、乡一级行政首长的年度和任期目标管理。

（四）运用多种方式推进养殖业的环保力度

积极运用税收、信贷、价格等手段推进养殖业的环保力度。对养殖业废弃物综合利用的企业实施所得税优惠制度，鼓励有关农业银行、农村发展银行、农村商业银行等金融机构积极与环境保护部门联合，将企业的环境指标纳入银行信贷管理中，对不履行环保责任的企业停止贷款。环保部门应针对养殖行业建立环保认证体系，并以此作为税收、信贷手段的参考依据。对废弃物综合利用设备买卖人实行增值税优惠，地方对进行养殖业环境综合整治的企业在用地和用电上实施优惠政策，支持铁路、公路、仓储等交通运输和物流部门对有机肥等养殖业废弃物综合利用产品予以价格优惠。

二、基础环境法中关于畜禽养殖业污染防治的管理规定

畜禽养殖污染主要带来的是对水体、大气以及其固体废弃物的污染。因此，畜禽养殖业的清洁生产和污染防治与环境管理要依据我国现行的《中华人民共和国环境保护法》《中华人民共和国水污染防治法》《中华人民共和国大气污染防治法》《中华人民共和国固体废物污染防治法》等基础环境法。《中华人民共和国大气污染防治法》第15条和《中华人民共和国水污染防治法》第22条规定：企业应当采用原材料利用效率高，污染物排放量少的清洁生产工艺；《中华人民共和国固体废物污染防治法》第4条规定：国家管理支持清洁生产。这些法律中关于清洁生产的条文对推行畜禽养殖业的清洁生产提供了法律保障。

三、专门的法律法规

（一）《清洁生产促进法》

《清洁生产促进法》是我国第一部旨在动员各级政府、有关部门、生产和服务性企业推行和实施清洁生产的专项法律。《清洁生产促进法》从国家计划、财政、金融、税收、投资等各领域明确了国家对实行清洁生产的支持、鼓励和指导。《清洁生产促进法》规定：国家鼓励和促进清洁生产。国家和县级以上的地方人民政府，应当将清洁生产纳入国民经济和社会发展计划以及环境保护、资源利用、产业发展、区域开发等；国家建立清洁生产表彰奖励制度，对在清洁生产工作中做出显著成绩的单位和个人，由政府给予表彰和鼓励，并从资金支持、减征或者免征增值税等多方面给予实施清洁生产企业以利益。国家鼓励开展有关清洁生产的科研、技术开发和国际合作，制定有利于实施清洁生产的财政税收政策和有利于实施清洁生产的产业政策、技术开发和推广政策及对清洁生产的宣传、教育、推广、实施和监督。

《清洁生产促进法》要求政府为清洁生产技术的推广提供政策、技术和资金支

持，扫除影响清洁生产技术推行中的各种障碍，提高企业实施清洁生产的责任感，并且通过绿色环境标志制度的建立，扩大公众参与环保行动的机会。《清洁生产促进法》通过立法手段来协调各方面的关系，可以大大推动清洁生产的实施，以实现经济快速发展和追求资源永续利用、环境质量日益提高的双赢目标。具体内容如下：

中华人民共和国清洁生产促进法

（2002 年 6 月 29 日第九届全国人民代表大会常务委员会第二十八次会议通过 根据 2012 年 2 月 29 日第十一届全国人民代表大会常务委员会第二十五次会议《关于修改〈中华人民共和国清洁生产促进法〉的决定》修正）

目录

第一章 总则

第一条 为了促进清洁生产，提高资源利用效率，减少和避免污染物的产生，保护和改善环境，保障人体健康，促进经济与社会可持续发展，制定本法。

第二条 本法所称清洁生产，是指不断采取改进设计、使用清洁的能源和原料、采用先进的工艺技术与设备、改善管理、综合利用等措施，从源头削减污染，提高资源利用效率，减少或者避免生产、服务和产品使用过程中污染物的产生和排放，以减轻或者消除对人类健康和环境的危害。

第三条 在中华人民共和国领域内，从事生产和服务活动的单位以及从事相关管理活动的部门依照本法规定，组织、实施清洁生产。

第四条 国家鼓励和促进清洁生产。国务院和县级以上地方人民政府，应当将清洁生产促进工作纳入国民经济和社会发展规划、年度计划以及环境保护、资源利用、产业发展、区域开发等规划。

第五条 国务院清洁生产综合协调部门负责组织、协调全国的清洁生产促进工作。国务院环境保护、工业、科学技术、财政部门和其他有关部门，按照各自的职责，负责有关的清洁生产促进工作。

县级以上地方人民政府负责领导本行政区域内的清洁生产促进工作。县级以上地方人民政府确定的清洁生产综合协调部门负责组织、协调本行政区域内的清洁生产促进工作。县级以上地方人民政府其他有关部门，按照各自的职责，负责有关的清洁生产促进工作。

第六条　国家鼓励开展有关清洁生产的科学研究、技术开发和国际合作，组织宣传、普及清洁生产知识，推广清洁生产技术。

国家鼓励社会团体和公众参与清洁生产的宣传、教育、推广、实施及监督。

第二章　清洁生产的推行

第七条　国务院应当制定有利于实施清洁生产的财政税收政策。

国务院及其有关部门和省、自治区、直辖市人民政府，应当制定有利于实施清洁生产的产业政策、技术开发和推广政策。

第八条　国务院清洁生产综合协调部门会同国务院环境保护、工业、科学技术部门和其他有关部门，根据国民经济和社会发展规划及国家节约资源、降低能源消耗、减少重点污染物排放的要求，编制国家清洁生产推行规划，报经国务院批准后及时公布。

国家清洁生产推行规划应当包括：推行清洁生产的目标、主要任务和保障措施，按照资源能源消耗、污染物排放水平确定开展清洁生产的重点领域、重点行业和重点工程。

国务院有关行业主管部门根据国家清洁生产推行规划确定本行业清洁生产的重点项目，制定行业专项清洁生产推行规划并组织实施。

县级以上地方人民政府根据国家清洁生产推行规划、有关行业专项清洁生产推行规划，按照本地区节约资源、降低能源消耗、减少重点污染物排放的要求，确定本地区清洁生产的重点项目，制定推行清洁生产的实施规划并组织落实。

第九条　中央预算应当加强对清洁生产促进工作的资金投入，包括中央财政清洁生产专项资金和中央预算安排的其他清洁生产资金，用于支持国家清洁生产推行规划确定的重点领域、重点行业、重点工程实施清洁生产及其技术推广工作以及生态脆弱地区实施清洁生产的项目。中央预算用于支持清洁生产促进工作的资金使用的具体办法，由国务院财政部门、清洁生产综合协调部门会同国务院有关部门制定。

县级以上地方人民政府应当统筹地方财政安排的清洁生产促进工作的资金，

引导社会资金，支持清洁生产重点项目。

第十条　国务院和省、自治区、直辖市人民政府的有关部门，应当组织和支持建立促进清洁生产信息系统和技术咨询服务体系，向社会提供有关清洁生产方法和技术、可再生利用的废物供求以及清洁生产政策等方面的信息和服务。

第十一条　国务院清洁生产综合协调部门会同国务院环境保护、工业、科学技术、建设、农业等有关部门定期发布清洁生产技术、工艺、设备和产品导向目录。

国务院清洁生产综合协调部门、环境保护部门和省、自治区、直辖市人民政府负责清洁生产综合协调的部门、环境保护部门会同同级有关部门，组织编制重点行业或者地区的清洁生产指南，指导实施清洁生产。

第十二条　国家对浪费资源和严重污染环境的落后生产技术、工艺、设备和产品实行限期淘汰制度。国务院有关部门按照职责分工，制定并发布限期淘汰的生产技术、工艺、设备以及产品的名录。

第十三条　国务院有关部门可以根据需要批准设立节能、节水、废物再生利用等环境与资源保护方面的产品标志，并按照国家规定制定相应标准。

第十四条　县级以上人民政府科学技术部门和其他有关部门，应当指导和支持清洁生产技术和有利于环境与资源保护的产品的研究、开发以及清洁生产技术的示范和推广工作。

第十五条　国务院教育部门，应当将清洁生产技术和管理课程纳入有关高等教育、职业教育和技术培训体系。

县级以上人民政府有关部门组织开展清洁生产的宣传和培训，提高国家工作人员、企业经营管理者和公众的清洁生产意识，培养清洁生产管理和技术人员。

新闻出版、广播影视、文化等单位和有关社会团体，应当发挥各自优势做好清洁生产宣传工作。

第十六条　各级人民政府应当优先采购节能、节水、废物再生利用等有利于环境与资源保护的产品。

各级人民政府应当通过宣传、教育等措施，鼓励公众购买和使用节能、节水、废物再生利用等有利于环境与资源保护的产品。

第十七条　省、自治区、直辖市人民政府负责清洁生产综合协调的部门、环境保护部门，根据促进清洁生产工作的需要，在本地区主要媒体上公布未达到能源消耗控制指标、重点污染物排放控制指标的企业的名单，为公众监督企业实施清洁生产提供依据。

列入前款规定名单的企业，应当按照国务院清洁生产综合协调部门、环境保护部门的规定公布能源消耗或者重点污染物产生、排放情况，接受公众监督。

<h2 style="text-align:center">第三章　清洁生产的实施</h2>

第十八条　新建、改建和扩建项目应当进行环境影响评价，对原料使用、资源消耗、资源综合利用以及污染物产生与处置等进行分析论证，优先采用资源利用率高以及污染物产生量少的清洁生产技术、工艺和设备。

第十九条　企业在进行技术改造过程中，应当采取以下清洁生产措施：

（一）采用无毒、无害或者低毒、低害的原料，替代毒性大、危害严重的原料；

（二）采用资源利用率高、污染物产生量少的工艺和设备，替代资源利用率低、污染物产生量多的工艺和设备；

（三）对生产过程中产生的废物、废水和余热等进行综合利用或者循环使用；

（四）采用能够达到国家或者地方规定的污染物排放标准和污染物排放总量控制指标的污染防治技术。

第二十条　产品和包装物的设计，应当考虑其在生命周期中对人类健康和环境的影响，优先选择无毒、无害、易于降解或者便于回收利用的方案。

企业对产品的包装应当合理，包装的材质、结构和成本应当与内装产品的质量、规格和成本相适应，减少包装性废物的产生，不得进行过度包装。

第二十一条　生产大型机电设备、机动运输工具以及国务院工业部门指定的其他产品的企业，应当按照国务院标准化部门或者其授权机构制定的技术规范，在产品的主体构件上注明材料成分的标准牌号。

第二十二条　农业生产者应当科学地使用化肥、农药、农用薄膜和饲料添加剂，改进种植和养殖技术，实现农产品的优质、无害和农业生产废物的资源化，防止农业环境污染。

禁止将有毒、有害废物用作肥料或者用于造田。

第二十三条　餐饮、娱乐、宾馆等服务性企业，应当采用节能、节水和其他有利于环境保护的技术和设备，减少使用或者不使用浪费资源、污染环境的消费品。

第二十四条　建筑工程应当采用节能、节水等有利于环境与资源保护的建筑设计方案、建筑和装修材料、建筑构配件及设备。

建筑和装修材料必须符合国家标准。禁止生产、销售和使用有毒、有害物质超过国家标准的建筑和装修材料。

第二十五条　矿产资源的勘查、开采，应当采用有利于合理利用资源、保护环境和防止污染的勘查、开采方法和工艺技术，提高资源利用水平。

第二十六条 企业应当在经济技术可行的条件下对生产和服务过程中产生的废物、余热等自行回收利用或者转让给有条件的其他企业和个人利用。

第二十七条 企业应当对生产和服务过程中的资源消耗以及废物的产生情况进行监测，并根据需要对生产和服务实施清洁生产审核。

有下列情形之一的企业，应当实施强制性清洁生产审核：

（一）污染物排放超过国家或者地方规定的排放标准，或者虽未超过国家或者地方规定的排放标准，但超过重点污染物排放总量控制指标的；

（二）超过单位产品能源消耗限额标准构成高耗能的；

（三）使用有毒、有害原料进行生产或者在生产中排放有毒、有害物质的。

污染物排放超过国家或者地方规定的排放标准的企业，应当按照环境保护相关法律的规定治理。

实施强制性清洁生产审核的企业，应当将审核结果向所在地县级以上地方人民政府负责清洁生产综合协调的部门、环境保护部门报告，并在本地区主要媒体上公布，接受公众监督，但涉及商业秘密的除外。

县级以上地方人民政府有关部门应当对企业实施强制性清洁生产审核的情况进行监督，必要时可以组织对企业实施清洁生产的效果进行评估验收，所需费用纳入同级政府预算。承担评估验收工作的部门或者单位不得向被评估验收企业收取费用。

实施清洁生产审核的具体办法，由国务院清洁生产综合协调部门、环境保护部门会同国务院有关部门制定。

第二十八条 本法第二十七条第二款规定以外的企业，可以自愿与清洁生产综合协调部门和环境保护部门签订进一步节约资源、削减污染物排放量的协议。该清洁生产综合协调部门和环境保护部门应当在本地区主要媒体上公布该企业的名称以及节约资源、防治污染的成果。

第二十九条 企业可以根据自愿原则，按照国家有关环境管理体系等认证的规定，委托经国务院认证认可监督管理部门认可的认证机构进行认证，提高清洁生产水平。

第四章 鼓励措施

第三十条 国家建立清洁生产表彰奖励制度。对在清洁生产工作中做出显著成绩的单位和个人，由人民政府给予表彰和奖励。

第三十一条 对从事清洁生产研究、示范和培训，实施国家清洁生产重点技术改造项目和本法第二十八条规定的自愿节约资源、削减污染物排放量协议中载明的技术改造项目，由县级以上人民政府给予资金支持。

第三十二条　在依照国家规定设立的中小企业发展基金中，应当根据需要安排适当数额用于支持中小企业实施清洁生产。

第三十三条　依法利用废物和从废物中回收原料生产产品的，按照国家规定享受税收优惠。

第三十四条　企业用于清洁生产审核和培训的费用，可以列入企业经营成本。

第五章　法律责任

第三十五条　清洁生产综合协调部门或者其他有关部门未依照本法规定履行职责的，对直接负责的主管人员和其他直接责任人员依法给予处分。

第三十六条　违反本法第十七条第二款规定，未按照规定公布能源消耗或者重点污染物产生、排放情况的，由县级以上地方人民政府负责清洁生产综合协调的部门、环境保护部门按照职责分工责令公布，可以处十万元以下的罚款。

第三十七条　违反本法第二十一条规定，未标注产品材料的成分或者不如实标注的，由县级以上地方人民政府质量技术监督部门责令限期改正；拒不改正的，处以五万元以下的罚款。

第三十八条　违反本法第二十四条第二款规定，生产、销售有毒、有害物质超过国家标准的建筑和装修材料的，依照产品质量法和有关民事、刑事法律的规定，追究行政、民事、刑事法律责任。

第三十九条　违反本法第二十七条第二款、第四款规定，不实施强制性清洁生产审核或者在清洁生产审核中弄虚作假的，或者实施强制性清洁生产审核的企业不报告或者不如实报告审核结果的，由县级以上地方人民政府负责清洁生产综合协调的部门、环境保护部门按照职责分工责令限期改正；拒不改正的，处以五万元以上五十万元以下的罚款。

违反本法第二十七条第五款规定，承担评估验收工作的部门或者单位及其工作人员向被评估验收企业收取费用的，不如实评估验收或者在评估验收中弄虚作假的，或者利用职务上的便利谋取利益的，对直接负责的主管人员和其他直接责任人员依法给予处分；构成犯罪的，依法追究刑事责任。

第六章　附　则

第四十条　本法自 2003 年 1 月 1 日起实施。

（二）《畜禽养殖业污染物排放标准》和《畜禽养殖污染防治技术规范》

《畜禽养殖业污染物排放标准》规定了畜禽养殖业污染物控制项目，包括生化指标、卫生学指标和感观指标及废渣无害化标准。《畜禽养殖污染防治技术规范》规定了畜禽养殖场的选址要求、场区布局与清粪工艺、畜禽粪便贮存、污水处理、固体粪肥的处理利用、饲料和饲养管理、病死畜禽尸体处理与处置、污染物监测等污染防治的基本技术要求，为推动畜禽养殖业污染物的减量化、无害化、资源化，促进畜禽养殖业采用清洁养殖技术，减少资源浪费，保护生态环境提供了技术法规标准。

《畜禽养殖业污染物排放标准》和《畜禽养殖污染防治技术规范》在第八章第二节和第三节已经列出，这里不再赘述。

（三）《畜禽养殖污染防治管理办法》

《畜禽养殖污染防治管理办法》规定了畜禽养殖场的选址与布局建设，划分禁养区，规定畜禽养殖场污染防治设施实行"三同时"制度及排污申报排污许可证制度、符合区域污染物总量控制的管理。《畜禽养殖污染防治管理办法》从加强环境管理的角度为推行清洁生产提供了管理法规标准。

《畜禽养殖污染防治管理办法》的具体内容如下：

第一条　为防治畜禽养殖污染，保护环境，保障人体健康，根据环境保护法律、法规的有关规定，制定本办法。

第二条　本办法所称畜禽养殖污染，是指在畜禽养殖过程中，畜禽养殖场排放的废渣，清洗畜禽体和饲养场地、器具产生的污水及恶臭等对环境造成的危害和破坏。

第三条　本办法适用于中华人民共和国境内畜禽养殖场的污染防治。

畜禽放养不适用本办法。

第四条　畜禽养殖污染防治实行综合利用优先，资源化、无害化和减量化的原则。

第五条　县级以上人民政府环境保护行政主管部门在拟定本辖区的环境保护规划时，应根据本地实际，对畜禽养殖污染防治状况进行调查和评价，并将其污染防治纳入环境保护规划中。

第六条　新建、改建和扩建畜禽养殖场，必须按建设项目环境保护法律、法规的规定，进行环境影响评价，办理有关审批手续。

畜禽养殖场的环境影响评价报告书（表）中，应规定畜禽废渣综合利用方案和措施。

第七条　禁止在下列区域内建设畜禽养殖场：

（一）生活饮用水水源保护区、风景名胜区、自然保护区的核心区及缓冲区；

（二）城市和城镇中居民区、文教科研区、医疗区等人口集中地区；

（三）县级人民政府依法划定的禁养区域；

（四）国家或地方法律、法规规定需特殊保护的其他区域。

本办法颁布前已建成的、地处上述区域内的畜禽养殖场应限期搬迁或关闭。

第八条　畜禽养殖场污染防治设施必须与主体工程同时设计、同时施工、同时使用；畜禽废渣综合利用措施必须在畜禽养殖场投入运营的同时予以落实。

环境保护行政主管部门在对畜禽养殖场污染防治设施进行竣工验收时，其验收内容中应包括畜禽废渣综合利用措施的落实情况。

第九条　畜禽养殖场必须按有关规定向所在地的环境保护行政主管部门进行排污申报登记。

第十条　畜禽养殖场排放污染物，不得超过国家或地方规定的排放标准。

在依法实施污染物排放总量控制的区域内，畜禽养殖场必须按规定取得《排污许可证》，并按照《排污许可证》的规定排放污染物。

第十一条　畜禽养殖场排放污染物，应按照国家规定缴纳排污费；向水体排放污染物，超过国家或地方规定排放标准的，应按规定缴纳超标准排污费。

第十二条　县级以上人民政府环境保护行政主管部门有权对本辖区范围内的畜禽养殖场的环境保护工作进行现场检查，索取资料，采集样品、监测分析。被检查单位和个人必须如实反映情况，提供必要资料。

检察机关和人员应当为被检查的单位和个人保守技术秘密和业务秘密。

第十三条　畜禽养殖场必须设置畜禽废渣的储存设施和场所，采取对储存场所地面进行水泥硬化等措施，防止畜禽废渣渗漏、散落、溢流、雨水淋失、恶臭气味等对周围环境造成污染和危害。

畜禽养殖场应当保持环境整洁，采取清污分流和粪尿的干湿分离等措施，实现清洁养殖。

第十四条　畜禽养殖场应采取将畜禽废渣还田、生产沼气、制造有机肥料、制造再生饲料等方法进行综合利用。

用于直接还田利用的畜禽粪便，应当经处理达到规定的无害化标准，防止病菌传播。

第十五条　禁止向水体倒畜禽废渣。

第十六条　运输畜禽废渣，必须采取防渗漏、防流失、防遗撒及其他防止污染环境的措施，妥善处置贮运工具清洗废水。

第十七条　对超过规定排放标准或排放总量指标，排放污染物或造成周围环境严重污染的畜禽养殖场，县级以上人民政府环境保护行政主管部门可提出限期治理建议，报同级人民政府批准实施。

被责令限期治理的畜禽养殖场应向做出限期治理决定的人民政府的环境保护行政主管部门提交限期治理计划，并定期报告实施情况。提交的限期治理计划中，应规定畜禽废渣综合利用方案。环境保护行政主管部门在对畜禽养殖场限期治理项目进行验收时，其验收内容中应包括上述综合利用方案的落实情况。

第十八条　违反本办法规定，有下列行为之一的，由县级以上人民政府环境保护行政主管部门责令停止违法行为，限期改正，并处以 1 000 元以上 3 万元以下罚款：

（一）未采取有效措施，致使储存的畜禽废渣渗漏、散落、溢流、雨水淋失、散发恶臭气味等对周围环境造成污染和危害的；

（二）向水体或其他环境倾倒、排放畜禽废渣和污水的。

违反本办法其他有关规定，由环境保护行政主管部门依据有关环境保护法律、法规的规定给予处罚。

第十九条　本办法中的畜禽养殖场，是指常年存栏量为 500 头以上的猪、3 万羽以上的鸡和 100 头以上的牛的畜禽养殖场，以及达到规定规模标准的其他类型的畜禽养殖场。其他类型的畜禽养殖场的规模标准，由省级环境保护行政主管部门根据本地区实际，参照上述标准做出规定。

地方法规或规章对畜禽养殖场的规模标准规定严于第一款确定的规模标准的，从其规定。

第二十条　本办法中的畜禽废渣，是指畜禽养殖场的畜禽粪便、畜禽舍垫料、废饲料及散落的毛羽等固体废物。

第二十一条　本办法自公布之日起实施。

第二节　我国畜禽养殖业清洁生产之分类模式研究

启动养殖业污染防治重大科技专项研究，实施防治养殖业环境污染的国家战略，探索新型的养殖业循环经济发展模式，加大养殖业生态化和污染防治技术研究，并广泛开展新型实用技术推广及试点示范。

一、目前我国养殖业清洁生产模式研究如下

（一）开展养殖业循环经济生产模式研究

探索养殖业和种植业的循环经济发展模式。大力加强养殖业废弃物的综合利用技术，根据不同区域的种养结构进行合理搭配，建立包括养殖、种植业的生态型产业链，并针对不同规模的养殖业进行差异化利用模式的探索。

协调发展养殖业及其相关产业。建立针对与养殖业相关的饲料生产、设备制造、污染处理设备等工业生产的联动开发机制，提高养殖业和相关设备制造业的协同程度，保证环境治理技术装备满足养殖业环境治理的需求，提升相关设备制造业的科技水平。

（二）加大养殖业污染防治实用技术研究

提倡健康养殖，加大生态化养殖技术及模式的研究力度，从源头治理环境污染。同时，加大对畜禽养殖场恶臭气体排放规律、恶臭防治技术的研究，重点攻关人畜共患病等生物污染预防措施及防治技术的研究。加强基于遥感与地理信息系统（GIS）技术的水产养殖环境污染监测技术、污染治理和生态修复技术、废水处理与资源化等清洁生产技术的重点研发，从营养调控技术、育种技术、改善动物营养物质利用技术、粪污综合处理技术等方面研究综合的特种养殖业污染防治技术，并在技术成果评价中渗入污染防治的理念。

（三）健全养殖业实用治污技术推广体系

1.加大现有养殖业污染治理科技成果的转化力度从源头把关，确保养殖业污染治理技术的实用性

在立项研究时应该注重农业科技成果的推广应用、可行性分析，实地调查了解，列出对农民治污效率高、成本低的治污技术研究项目，并有针对性地立项，以促进治理技术成果的广泛推广。加大先进成果的推广力度，组织各方专家队伍研究先进治污技术的普及化途径，并编写相关的普及性技术教材及培训材料。

2.建立健全完备的养殖业实用治污技术的推广体系

（1）基础设施建设。加大对乡镇一级农技站治污技术及设备方面的投入，加强基础设施建设，确保农技站有服务场所、办公学习环境，以便乡镇农技人员能及时地学习到国内外先进的农业生产技术。

（2）实用治污技术培训。每年对农技人员组织一次系统的养殖业环境污染技术专业知识培训，提高农技推广人员的环保技术推广水平，以适应不断发展的环境保护要求，并把培训学习的成绩作为人员聘用、职称晋升、职务聘任的重要依

据之一，激励专业技术人员自觉提高业务素质，学习业务知识。

（四）建立畜禽养殖业循环经济发展模式

畜禽养殖业、种植业都是农业的重要组成部分，它们是相互依存、互为利用的耦合体，种植业的副产品可用来做畜禽养殖业的饲料，畜禽养殖业产生的粪便又是种植业的良好肥源，这种"天然联系"的特性，正是循环经济所要求的，是建设畜禽养殖业循环经济发展模式的基础。基于这一特性，遵循生态规律，按照可持续发展思想和循环经济理念，进行人工设计和组装成不同类型畜禽养殖业循环经济发展模式，实现废物资源化、再利用、再循环，达到整个活动过程无废物或微废物排放到环境中、对环境无影响或减少到最小影响，实现畜禽养殖业可持续发展、人与环境和谐共处。

1. 畜禽养殖业清洁生产发展模式

畜禽养殖业清洁生产是解决畜禽养殖业环境问题，生产出安全、健康、无污染的无公害、绿色及有机畜禽产品，实施畜禽养殖业可持续发展战略的重要手段。畜禽养殖业清洁生产发展模式主要内容有：一是优化畜禽养殖场所的选址、布局与设计。在选址、布局时应考虑生态养殖模式的需要，要远离人口稠密区和环境敏感区，畜禽养殖规模要与周围种植业耕作面积相适度，要严格按照国家《畜禽养殖业污染防治技术规范》（HJ/T 81-2001），既保证畜禽养殖业生产发展的需要，又要符合生态环境保护的要求。设计时要遵循循环经济发展模式的理念，处理好各种工艺之间的相互衔接。二是采用科学的饲养配方、饲养方式和管理技术。一方面保证畜禽生长所需的营养成分，促进健康成长。另一方面可降低生产成本，减少污染物的产生。三是选取科学的清粪工艺。通过改变传统的末端治理模式，采用"干湿分离"清粪工艺，实现干粪制有机肥还田或加工制颗粒饲饵料进行再利用等，分离及冲洗废水经发酵处理达标后综合利用等。

2. 畜禽粪便沼气工程发展模式

沼气工程是畜禽粪便资源化的重要途径，是实施畜禽养殖业可持续发展的有效措施。畜禽粪便等有机物在沼气池厌氧环境中通过沼气微生物分解转化产生的沼气、沼液、沼渣等再生资源，建立畜禽养殖与种植资源综合利用生态链。沼气除做洁净能源外，可以保鲜、储存农产品等；沼液可以浸种，可以做叶面喷洒，为作物提供营养并杀灭某些病虫害，可以做培养液水培蔬菜，可以做果园滴灌，可以喂鱼、猪、鸡等；沼渣可以做有机肥料，可以做营养基栽种食用菌，可以养殖蛆虫等。它既有降本增效的功能，又能改善环境、保护生态，实现畜禽养殖业废物循环利用。

3. 种养结合协调发展模式

基于畜禽养殖与种植紧密相连、互为利用的"耦合体"这一特性，按照生态学原理，采取生物（物理）工程措施，进行人工设计、组装成"畜禽养殖（种植）—生物（物理）工程—种植（畜禽养殖）"生态链，把畜禽粪便或种植业副产品等有机废弃物转变为有用的资源进行综合利用，建立种养结合协调发展模式。主要有：

畜（猪、牛等）—沼—果（茶、菜、粮、猪、鱼、食用菌、中药材等）、禽（鸡、鸭、鹅、鹌鹑等）—加工—果（茶、菜、粮、鱼、鸡、中药材等）等，形成畜禽养殖与沼气池、果园、茶园、鱼塘、蔬菜种植、中药材基地及农田种植等有机结合起来，使畜禽养殖业与种植业资源循环利用，实现畜禽养殖业在内的农业可持续发展。

4. 畜禽粪便制颗粒肥（饲）料发展模式

畜禽粪便含有丰富的 N，P，K 及微量元素，通过处理及加工后是理想的有机肥料或饲料，是解决规模化畜禽养殖场粪便污染的有效措施，也是实现规模化畜禽养殖场粪便资源化的重要途径之一。对规模化畜禽养殖场应配套建设专业化有机肥（饲）料生产加工厂，将畜禽粪便通过"干湿分离"、除臭、发酵、烘干、造粒加工成便于运输和储存的系列有机肥料或饲料，供给无公害、绿色及有机食品生产基地做有机肥或有机饲料，促进生态农业及有机农业的发展。分离的污水进入沼气池或发酵池，通过发酵处理后，用于养殖和种植，实现废水再利用。

二、建设畜禽养殖业循环经济发展模式建议

畜禽养殖业循环经济发展模式在我国还处在起步阶段，需要不断地探索和实践。在开展和推广畜禽养殖业循环经济发展模式过程中，一是要大力宣传发展畜禽养殖业循环经济的重大意义；二是要提高科技含量，采用高新技术改造传统畜禽养殖业发展模式，设计和完善接口工程措施，把养殖、种植和加工有机结合起来，因地制宜地把畜禽粪便等废弃物最大限度地转化为可再生资源进行循环利用，提高资源利用率；三是要与无公害、绿色和有机食品基地建设结合起来，为基地建设提供有机肥来源；四是要充分发挥政府协调和服务职能，制定相关配套政策；五是要与农村人居环境建设和环境综合整治、生态建设和产业结构调整结合起来；六是要加强试点示范基地建设，开发适合我国国情的种养加接口工程的工艺和设备，并具有可操作性和推广性。只有这样，才能使畜禽养殖业走向经济与环境双赢的可持续发展之路。

第三节　我国畜禽养殖业清洁生产之环保意识培养

一、公众意识

我国多数规模化畜禽养殖场处于偏僻地区，周围住户少，造成的环境污染对城镇居民影响不明显，加上养殖业主环保意识较低和饲养人员知识水平有限，公众环保意识普遍较薄弱。但近年来，随着国家对环境保护的大力宣传以及新农村建设的开展和农村居民知识水平的提高，畜禽养殖环境污染逐渐被社会各界关注和重视，公众环保意识得到提升，对养殖场环境污染的举报呈现上升趋势。

自 2000 年以来，国家加大了环境保护力度，2008 年国家环境保护总局升格为环境保护部，人们的环保意识逐渐加强，畜禽养殖污染的严重性也逐渐被社会所重视。2002 年颁布的《环境影响评价法》第八条和 2009 年颁布的《规划环境影响评价条例》第二条，均规定了畜牧业专项规划应当进行环境影响评价。2005 年颁布的《畜牧法》第三十九条和第四十六条规定，畜禽养殖场和养殖小区应建设配套粪污处理设施并保证其正常运行，保证污染物达标排放。随着国家执法力度的加强和养殖业主环保意识的增强，规模化养殖场（小区）的环境将得到有效改善。

当前，畜禽养殖业的环境污染问题已经引起社会的广泛关注，2001 年的《畜禽养殖业污染物排放标准》（GB 18596–2001）规定了畜禽养殖业水污染物、恶臭气体的最高允许日均排放浓度、最高允许排水量，是畜禽养殖业废渣无害化环境标准。之后，相关部门陆续发布《畜禽养殖污染防治管理办法》《畜禽养殖业污染防治技术规范》（HJ/T 81–2001）、《畜禽粪便无害化处理技术规范》（NY/T 1168–2006）和《畜禽养殖业污染治理工程技术规范》（HJ 497–2009）等相关规范，对畜禽养殖业污染治理提出了明确的要求。目前，环境保护部"十二五"水污染物总量控制首次把农业源纳入总量控制范围；同时，《畜禽养殖污染防治条例》即将颁布实施，其必将对畜禽养殖业未来的发展产生深刻影响。

二、强化宣传教育活动

应利用电视、报纸和网络等宣传媒体，对《畜禽养殖业污染物排放标准》《畜禽养殖污染防治管理办法》和《畜禽养殖业污染防治技术规范》等相关政策进行大力宣传，加大环保法规宣传力度和环境污染惩治力度，让业主认清"谁污染谁治理"的环境污染治理原则，企业是污染治理的主导，防治污染是企业的义务，政府的补贴只是起引导和扶持作用。同时，积极开展多层次、多种形式的技术培训，对环境保护知识进行宣传教育，树立生态文明理念，提高农民的环境意识，推广健康文明的生产、生活和消费方式，促进畜禽饲养污染防治工作的高效开展，使环境保护的理念深入人心。通过各种技术培训，实现饲养废弃物的减量化、资源化、无害化，向资源循环型社会发展，形成与农村环境相协调的可持续发展的畜牧产业。

第四节　我国畜禽养殖业清洁生产之基地示范作用

一、积极探索最优化示范模式

目前，我国畜禽养殖、水产养殖等污染物产生和排放还没有纳入环保日常监测的范围，污染物产生量、去向、危害等变化情况大多来自估计和推测，污染底数总体不清，无法对养殖环境污染状况做出及时准确的评估和风险预警，制约着监管工作的针对性和效率。同时，由于养殖业污染防治工作数量大、任务重、基础薄弱，还没有建立起符合实际、具有可操作性的监测指标体系和评估方法，如何在全国实施养殖业污染监测需要不断探索。因此，建议选择养殖业典型区域、流域开展污染监测评估试点，在建立监测指标体系和评估方法的基础上，开展养殖业污染监测、评估、治理和考核工作试点，为全国养殖业污染监测探索道路，积累经验。

二、充分发挥基地示范作用

（一）建立养殖业新型生产试点示范工程

鼓励地方相关部门根据当地的养殖业发展现状进行新型养殖业循环经济发展模式的探索。各相关部委应根据不同部门特点，安排相应的新型养殖业循环经济模式，探索专项研究及推广应用示范项目。在政府的倡导和支持下，形成科研部门创新研究、农户主动参与、企业积极探索的地方发展模式。

（二）各级政府应加大试点示范工作开展的保障力度

中央政府和地方政府应在先进模式的试点示范上各自承担相应的职责，先进模式探索研究的经费应由农业、渔业等相关部委进行专项投入。在针对先进模式的地方推广资金上，中央应进一步加大投入力度，结合以奖促治政策，出台相关鼓励地方对创新模式先行先试的奖励政策。中央财政应设立专门的资金和项目，对小规模的养殖户进行新型养殖业循环经济探索进行奖励，包括使用专项补贴，技术援助等。地方政府应在税收方面对创新模式探索的企业予以适当减免，鼓励企业的创新积极性，在用地、用水方面给予试点示范的企业和农户最大的支持。

三、我国畜禽养殖业清洁生产之技术体系建设

建立畜禽养殖清洁生产发展模式是我国畜禽养殖业实施可持续发展战略的必然选择，因此需要加强畜禽养殖业清洁生产技术研究，制定畜禽养殖业清洁生产与资源综合利用相关政策、法规，建立有利于发展畜禽养殖业清洁生产的综合决策和协调管理机制，开展畜禽养殖业废弃物无害化、资源化研究，加强畜禽养殖业清洁生产能力建设，建立健全畜禽养殖业清洁生产管理体制和运行机制，促进传统畜禽养殖业向畜禽养殖业循环经济转型。

（一）加强发展畜禽养殖业清洁生产的舆论宣传

发展畜禽养殖业清洁生产的主战场在农村，只有让农民明白其科学道理和综合经济效益，才能变为自觉行动。因此，要通过各种媒体进行畜禽养殖业清洁生产知识的宣传和技术的普及，提高广大农民的参与意识。同时要积极引导科技人员进行畜禽养殖业废弃物资源化开发，并在农村搞好模式试点，以点带面，推广、普及畜禽养殖业清洁生产的发展。

（二）建立、健全畜禽养殖业清洁生产的管理体制和运行机制

畜禽养殖业清洁生产是一种新型的、先进的畜禽养殖业经济形态，是集资源、环境、经济、技术和社会于一体的系统工程。因此，单靠某一部门、单项技术是难以实施的，需要建立健全"政府引导，市场运作，专家指导，龙头带动，农民经营"的管理体制和运行机制，逐步形成发展畜禽养殖业清洁生产的持续推动力。

（三）编制畜禽养殖业清洁生产发展规划，确定其重点发展模式

要根据畜禽养殖业可持续发展战略要求，加快编制畜禽养殖业清洁生产发展规划，把建立与完善畜禽养殖业清洁生产管理体系，推行畜禽养殖业绿色生产，开展畜禽养殖业废弃物减量化、资源化、无害化和产业化，发展无公害、绿色和有机食品生产为重点，推动畜禽养殖业清洁生产的发展。

（四）加强畜禽产品清洁生产关键技术支撑体系建设

对畜禽产品清洁生产一些关键技术进行集中攻关，如畜牧生产环境中有毒有害物质对畜禽产品质量安全的影响、环境修复技术、新型无公害投入品的研究与

开发、粪便污染处理等重点技术还要进行攻关研究。

（五）加强畜禽产品生产技术推广体系建设

将已经研究开发形成的各种畜禽产品清洁生产技术体系，通过技术培训等手段进行技术辐射，通过市场机制来引导拉动生产者积极生产、消费者乐于消费清洁畜禽产品，让规模畜禽养殖户掌握畜禽生产技术要领，进而带动整个畜禽产品清洁生产技术体系建设，提高畜禽产品的清洁安全水平。

（六）加快畜禽养殖业清洁生产法律、法规的制定

应借鉴西方国家等发展畜禽养殖业清洁生产的先进思想和成功经验，加快制定适合我国畜禽养殖业清洁生产的规章制度和相关经济政策等，保证畜禽养殖业清洁生产的健康发展。

（七）加强畜禽产品质量安全法律体系建设

虽然我国在食品安全方面已经有了一些法律法规，但从总体上看，我国动物源性食品安全管理的法制体系仍然滞后，现有的法律、法规不能涵盖动物饲养、运输、屠宰、加工等各个方面，在各个环节中，对各种有毒有害物质的监督抽样和处理办法也不健全。特别需要理顺畜禽产品监管执法机构职能和执法主体，分工明确，互为制约。要对现有的法律法规进行清理和修订，加快研究制定新法律法规，形成覆盖生产、加工、流通和消费各个领域的食品安全法律体系。

（八）加强畜禽产品质量安全标准体系建设

根据清洁生产总体目标，在无公害、绿色、有机畜禽产品标准的基础上，抓住产地环境、生产过程、流通环节3个重点，建立健全畜禽产品质量安全标准、生产技术规程、兽药、饲料投入品控制、环境监测、动物防疫、加工、储运、销售等标准。

（九）抓好典型模式培育，建立畜禽养殖业清洁生产体系

要把发展畜禽养殖业清洁生产同传统畜禽养殖业经济增长模式的根本性转变和畜禽养殖业产业结构战略性调整结合起来，抓好典型模式的培育，逐步建立畜禽养殖业清洁生产经济体系。

参 考 文 献

[1] 农业部.中国畜牧业统计年鉴 [M].北京：中国农业出版社，2011.

[2] 王凯军，金冬霞等.畜禽养殖污染技术与防治对策 [M].北京：化学工艺出版社，2004.

[3] 席北斗，魏自民.农村生态环境保护与综合治理 [M].北京：新时代出版社，2008.

[4] 段舰.畜禽养殖污染防治技术 [M].贵州：贵州科技出版社，2007：4.

[5] 程波.畜禽养殖业规划环境影响评价方法与实践 [M].北京：中国农业出版社，2012.

[6] 马国霞，於芳，曹东，等.中国农业面源污染物排放量计算及中长期预测 [J].环境科学学报，2012，32（2）：489-497.

[7] 张淑瑛，卢映东.规模化畜禽养殖污染危害与防治对策 [J].黑龙江环境通报，2004，28（1）：29-30.

[8] 李贤辉.农村畜禽养殖污染及治理措施 [J].中国畜牧杂志，2003，39（5）：58-59.

[9] 周元军.畜禽粪便对环境的污染及治理对策 [J].医学动物防制，2003（06）：350-354.

[10] 陈梅雪，杨敏，贺涨.日本畜禽产业排泄物处理与循环利用的现状与技术 [J].环境污染治理技术与设备，2005（3）.

[11] 曹文栋，李梅昊，郭青.论我国农村环境污染及其法律防治对策 [J].河北农业科学，2007，11（4）.

[12] 国家环境保护局自然生态保护司.全国规模化畜禽养殖业污染情况调查及防治对策 [M].北京：中国环境科学出版社，2002：25.

[13] 王浩文，马奇文，窦争霞，等.中国畜禽粪便产生量估算及环境效应 [J].中国环境科学，2006，26（5）：614–617.

[14] 刘健，李长安，王卫平，张雍.畜禽养殖清洁生产研究思路 [J].今日科技，2011，（02）：46.

[15] 文建国，陈明华.攀枝花市畜禽养殖清洁生产模式探讨 [J].攀枝花科技与信息，2011，36（02）：49–54.

[16] 仇焕广，井月，廖绍攀，蔡亚庆.我国畜禽污染现状与治理政策的有效性分析 [J].中国环境科学，2013，33（12）：2268–2273.

[17] 刘月仙，刘娟，吴文良.北京地区畜禽温室气体排放的时空变化分析 [J].中国生态农业学报，2013，21（07）：891–897.

[18] 谢标，尤文鹏，刁品春，张纪兵.发展有机畜禽养殖，实现养殖业可持续发展 [J].中国家禽，2005，（03）：1–4.

[19] 刘昕.保护环境实现畜禽养殖产业可持续发展 [J].饲料广角，2005，（01）：31–33+38.

[20] 刘帮文.发展有机畜禽养殖来实现养殖业可持续发展 [J].农业与技术，2014，34（03）：163.

[21] 李建华.畜禽养殖业的清洁生产与污染防治对策研究 [D].浙江大学，2004.

[22] 郭晓.规模化畜禽养殖业控制外部环境成本的补贴政策研究 [D].西南大学，2012.

[23] 刘燕.我国农村畜禽养殖污染防治法律问题研究 [D].华中农业大学，2013.

[24] 王星.区域畜禽养殖产业可持续发展研究 [D].重庆大学，2008.

[25] 安晶潭.畜禽养殖资源环境承载力分析、预测及预警研究 [D].中国农业科学院，2015.

[26] 盛巧玲.基于氮平衡的北京地区畜禽环境承载力研究 [D].西南大学，2010.

[27] 畜禽养殖业污染物排放标准.GB 18596–2001.